SOLIDWORKS 2024 中文版
曲面造型从入门到精通

胡仁喜　　刘昌丽　编著

机械工业出版社
CHINA MACHINE PRESS

本书详细介绍了 SOLIDWORKS 2024 曲面造型的设计方法，内容包括 SOLIDWORKS 2024 概述、草图绘制、创建曲线、创建曲面、编辑曲面、生活用品造型实例、电器产品造型实例、机械产品造型实例、电子产品造型实例、航天飞机和火箭建模实例。

本书突出实用性和技巧性，使读者可以快速掌握使用 SOLIDWORKS 2024 进行曲面造型的方法，同时还可以学会曲面造型设计的各种技巧和方法。

本书除了提供传统的纸质内容外，随书还配送了多功能电子资料包。电子资料包中包含了全书讲解实例和练习实例的源文件素材，以及全程实例动画同步录音讲解 MP4 文件。利用电子资料包中编者精心设计的多媒体界面，读者可以形象直观地学习本书内容。

本书可以作为大、中专院校相关专业的教学参考书，也适合广大的技术人员学习使用。

图书在版编目（CIP）数据

SOLIDWORKS 2024 中文版曲面造型从入门到精通 / 胡仁喜，刘昌丽编著. -- 北京：机械工业出版社，2024. 8.
-- ISBN 978-7-111-76009-2

Ⅰ. TH122

中国国家版本馆 CIP 数据核字第 2024AJ8646 号

机械工业出版社（北京市百万庄大街 22 号　邮政编码 100037）
策划编辑：黄丽梅　　　　　　　　　　责任编辑：黄丽梅　王春雨
责任校对：韩佳欣　薄萌钰　韩雪清　　责任印制：任维东
北京中兴印刷有限公司印刷
2024 年 8 月第 1 版第 1 次印刷
184mm×260mm · 25 印张 · 636 千字
标准书号：ISBN 978-7-111-76009-2
定价：89.00 元

电话服务　　　　　　　　　网络服务
客服电话：010-88361066　机 工 官 网：www.cmpbook.com
　　　　　010-88379833　机 工 官 博：weibo.com/cmp1952
　　　　　010-68326294　金 书 网：www.golden-book.com
封底无防伪标均为盗版　　　机工教育服务网：www.cmpedu.com

前　言

SOLIDWORKS 是基于 Windows 开发的三维实体设计软件，全面支持微软的 OLE 技术。它支持 OLE 2.0 的 API 后继开发工具，并且已经改变了 CAD/CAE/CAM 领域传统的集成方式，使不同的应用软件能集成到同一个窗口，共享同一数据信息，以相同的方式操作，没有文件传输的烦恼，"基于 Windows 的 CAD/CAE/CAM/PDM 桌面集成系统"贯穿于设计、分析、加工和数据管理整个过程。SOLIDWORKS 凭借其在关键技术上的突破、深层功能的开发和工程应用的不断拓展，现已成为 CAD 市场中的主流产品。SOLIDWORKS 2024 内容博大精深，可应用于平面工程制图、三维造型、求逆运算、加工制造、工业标准交互传输、模拟加工过程、电缆布线和电子线路等领域。

一、本书特色

1. 编者权威

本书编者具有多年的计算机辅助设计领域工作经验和教学经验。本书是编者总结多年的设计经验以及教学的心得体会精心编著而成的，本书力求全面细致地展现出 SOLIDWORKS 2024 在曲面造型应用领域的各种功能和使用方法。

2. 实例专业

本书中的很多实例本身就是工程设计项目实例，这些实例经过编者精心提炼和改编，不仅能够保证读者学好知识点，更能帮助读者掌握实际的操作技能。

3. 提升技能

本书将工程设计中涉及的专业知识融于其中，让读者能够深刻体会到利用 SOLIDWORKS 进行工程设计的完整过程和使用技巧，可为读者今后的实际工作做好技术储备，使读者快速掌握工作技能。

4. 内容精彩

全书以实例为核心，透彻讲解了各种类型实例。书中采用的实例数量多而且具有代表性，经过了多次课堂和工程检验。实例的内容由浅入深，每一个实例所包含的重点、难点非常明确，可使读者学习起来感到非常轻松。

5. 知行合一

本书结合大量的实例，详细讲解了 SOLIDWORKS 2024 的知识要点，可使读者在学习实例的过程中潜移默化地掌握 SOLIDWORKS 2024 的操作技巧，提高工程设计实践能力。

二、本书的主要内容

本书以 SOLIDWORKS 2024 为演示平台，着重介绍了 SOLIDWORKS 2024 在曲面造型设计中的应用方法。全书分为 10 章，内容包括 SOLIDWORKS 2024 概述、草图绘制、创建曲线、创建曲面、编辑曲面、生活用品造型实例、电器产品造型实例、机械产品造型实例、电子产品造型实例和航天飞机和火箭建模实例。

三、本书电子资料

为了配合读者利用本书学习 SOLIDWORKS 2024，随书配赠了电子资料包，其中包含了全书实例操作过程 AVI 文件和实例源文件，可以帮助读者更加形象直观地学习本书内容。读者可以登录百度网盘（地址：https://pan.baidu.com/s/1Hl6e5Md-GE47C6BW7sBBUA，密码：swsw）下载电子资料包。也可以扫描下面二维码下载：

本书由石家庄三维书屋文化传播有限公司的胡仁喜博士和刘昌丽老师编写。虽然书稿几经修改，但由于时间仓促加之编者水平有限，书中不足之处在所难免，恳请广大读者联系714491436@qq.com 予以指正，也欢迎加入三维书屋图书学习交流群（QQ：668483375）交流探讨。

编　者

目　录

第 **1** 章

SOLIDWORKS 2024 概述

　　SOLIDWORKS 2024 是创新的易学易用的标准的三维设计软件，具有全面的实体建模功能，可以生成各种实体，广泛应用在各种行业。它采用了大家所熟悉的 Microsoft Windows 图形用户界面。使用这套简单易学的工具，机械设计工程师能快速地按照其设计思想绘制出草图，并运用特征与尺寸，绘制模型实体、装配体及详细的工程图。SOLIDWORKS 2024 将产品设计置于 3D 空间环境中进行，可以应用于机械零件设计、装配体设计、电子产品设计、钣金设计、模具设计等。它的应用范围广泛，如机械设计、工业设计、飞行器设计、电子设计、消费品设计、通信器材设计、汽车设计等行业。

　　本章简要介绍了 SOLIDWORKS 2024 的一些基本操作，是用户使用 SOLIDWORKS 2024 必须要掌握的基础知识。本章的主要目的是使读者了解 SOLIDWORKS 2024 的系统概况以及建模前的系统设置。

学 习 要 点

- ◎ 基本操作
- ◎ 用户界面
- ◎ 系统设置
- ◎ 工作环境设置

1.1 基本操作

SOLIDWORKS 公司推出的 SOLIDWORKS 2024 软件不但改善了传统机械设计的模式，而且具有强大的建模功能和参数设计功能，在创新性、使用的方便性以及界面的人性化等方面都得到了增强。使用 SOLIDWORKS 2024，可以显著缩短产品设计的时间，提高产品设计的效率。

此外 SOLIDWORKS 2024 在用户界面、草图绘制、特征、零件、装配体、工程图、出详图、钣金设计、输出和输入以及网络协同等方面都得到了增强，比以前的版本增加了更多的用户功能，使用户可以更方便地使用该软件。

1.1.1 启动 SOLIDWORKS 2024

SOLIDWORKS 2024 安装完成后，就可以启动该软件了。在 Windows11 操作环境下，执行"开始"→"所有应用"→"SOLIDWORKS 2024"菜单命令，或者双击桌面上的 SOLID-WORKS 2024 的快捷方式按钮，就可以启动该软件。如图 1-1 所示为 SOLIDWORKS 2024 的启动画面。

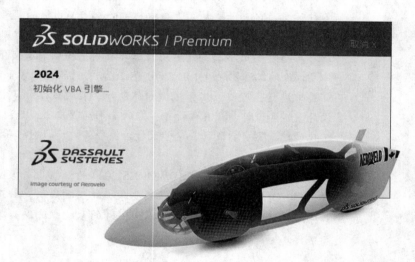

图 1-1　SOLIDWORKS 2024 的启动画面

启动画面消失后，系统进入 SOLIDWORKS 2024 初始界面。初始界面中包含了几个菜单栏和快速访问工具栏，如图 1-2 所示。

1.1.2 新建文件

建立新模型前，需要建立新的文件。新建文件的操作步骤如下：

01 执行命令。执行"文件"→"新建"菜单命令，或者单击"快速访问"工具栏中的"新建"按钮，执行新建文件命令。

02 选择文件类型。系统弹出如图 1-3 所示的新手版本"新建 SOLIDWORKS 文件"对话框。在该对话框中有三个图标，分别是零件、装配体及工程图。单击对话框中需要创建文件类型的图标，然后单击"确定"按钮，就可以建立相应类型的文件。

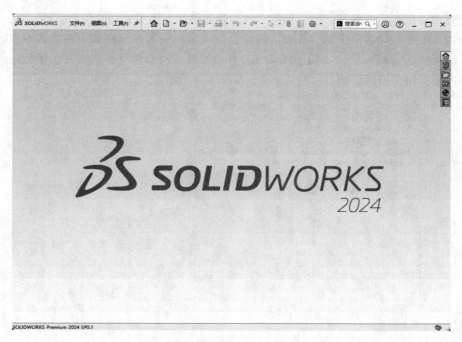

图 1-2　SOLIDWORKS 2024 初始界面

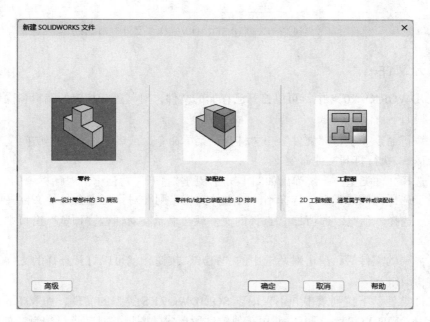

图 1-3　新手版本"新建 SOLIDWORKS 文件"对话框

　　不同类型的文件，其工作环境是不同的，SOLIDWORKS 2024 提供了不同文件的默认工作环境，分别对应不同的文件模板。当然用户也可以根据自己的需要修改其设置。

　　在 SOLIDWORKS 2024 中，"新建 SOLIDWORKS 文件"对话框有两个版本可供选择，一个是新手版本，另一个是高级版本。

新手版本使用较简单的对话框，提供零件、装配体和工程图文档的说明。

单击图 1-3 所示对话框中的"高级"按钮，进入高级版本显示模式。高级版本在各个选项卡上显示模板图标的对话框，当您选择某一文件类型时，模板预览将出现在预览框中。在该版本中，用户可以保存模板添加自己的选项卡，如图 1-4 所示。

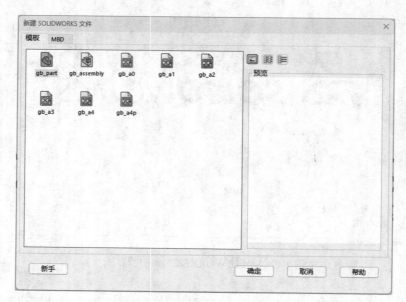

图 1-4　高级版本"新建 SOLIDWORKS 文件"对话框

1.1.3　打开文件

在 SOLIDWORKS 2024 中，可以打开已存储的文件，对其进行相应的编辑和操作。打开文件的操作步骤如下：

01 执行命令。执行"文件"→"打开"菜单命令，或者单击"快速访问"工具栏中的"打开"按钮，执行打开文件命令。

02 选择文件类型。系统弹出如图 1-5 所示的"打开"对话框。对话框中的"文件类型"下拉列表用于选择文件的类型。选择不同的文件类型，则在对话框中会显示文件夹中对应文件类型的文件。选择"预览"选项，选择的文件就会显示在对话框"预览"窗口中，但是并不打开该文件。

选取了需要的文件后，单击对话框中的"打开"按钮，就可以打开选择的文件，对其进行相应的编辑和操作。

在"文件类型"下拉列表中并不仅限于 SOLIDWORKS 类型的文件，如 *.sldprt、*.sldasm 和 *.slddrw。SOLIDWORKS 还可以调用其他软件所形成的图形并对其进行编辑，如图 1-6 所示就是 SOLIDWORKS 2024 可以打开的文件类型。

1.1.4　保存文件

已编辑的图形文件只有保存起来，在需要时才能打开该文件对其进行相应的编辑和操作。保存文件的操作步骤如下：

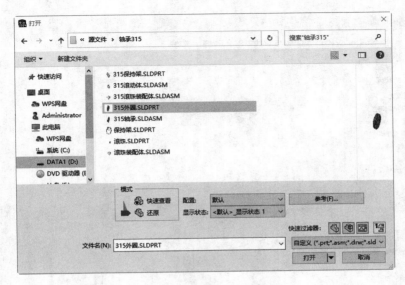

图 1-5　"打开"对话框

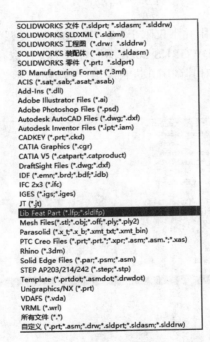

图 1-6　SOLIDWORKS 2024 可以打开的文件类型

01 执行命令。执行"文件"→"保存"菜单命令,或者单击"快速访问"工具栏中的"保存"按钮 ,执行保存文件命令。

02 设置保存类型。系统弹出如图 1-7 所示的"另存为"对话框,在"文件夹"选项组中选择存放文件的文件夹,在"文件名"文本框中输入要保存的文件名称,在"保存类型"下拉列表中选择所保存文件的类型。通常情况下,在不同的工作模式下,系统会自动设置文件的保存类型。

5

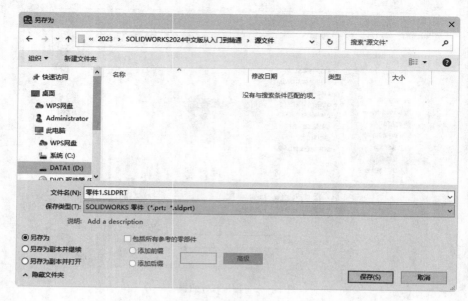

图 1-7 "另存为"对话框

在"保存类型"下拉列表中并不仅限于 SOLIDWORKS 类型的文件,如 *.sldprt、*.sldasm 和 *.slddrw。也就是说,SOLIDWORKS 2024 不但可以把文件保存为自身的类型,还可以保存为其他类型,以方便其他软件对其调用并进行编辑。图 1-8 所示为 SOLIDWORKS 2024 可以保存为的文件类型。

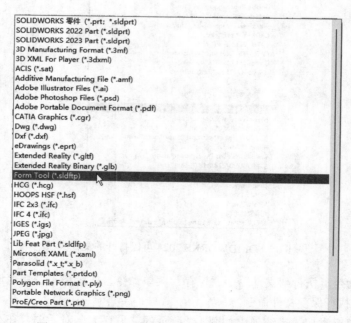

图 1-8 SOLIDWORKS 2024 可以保存为的文件类型

在图 1-7 所示的"另存为"对话框中,可以在文件保存的同时保存一份备份文件。保存备份文件,需要预先设置保存的文件目录。设置备份文件保存目录的步骤如下:

01 执行命令。执行"工具"→"选项"菜单命令。

02 设置保存目录。系统弹出"系统选项"对话框，单击"备份/恢复"选项，在右侧"备份"选项组中可以修改保存备份文件的目录，如图 1-9 所示。

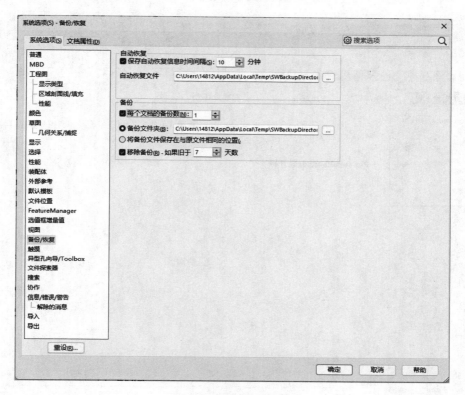

图 1-9　设置保存目录

1.1.5　退出 SOLIDWORKS 2024

在文件编辑并保存完成后，就可以退出 SOLIDWORKS 2024 系统。执行"文件"→"退出"菜单命令，或者单击系统操作界面右上角的"退出"按钮✖，可直接退出。

如果对文件进行了编辑而没有保存文件，或者在操作过程中不小心执行了退出命令，则系统会弹出如图 1-10 所示的系统提示框。如果要保存对文件的修改，则单击系统提示框中的"全部保存"按钮，系统会保存修改后的文件，并退出 SOLIDWORKS 2024 系统。如果不保存对文件的修改，则单击系统提示框中的"不保存"按钮，系统不保存修改后的文件，并退出 SOLIDWORKS 2024 系统。单击"取消"按钮，则取消退出操作，回到原来的操作界面。

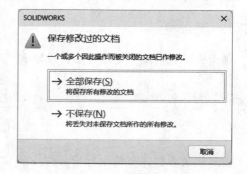

图 1-10　系统提示框

1.2 用户界面

新建一个零件文件后，SOLIDWORKS 2024 的用户界面如图 1-11 所示。

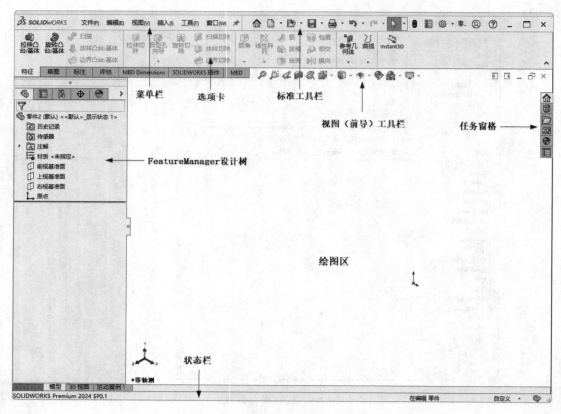

图 1-11　SOLIDWORKS 2024 用户界面

装配体文件和工程图文件与零件文件的用户界面类似，在此不再一一罗列。

用户界面包括菜单栏、工具栏以及状态栏等。菜单栏包含了所有的 SOLIDWORKS 命令，工具栏可根据文件类型（零件、装配体或工程图）来调整和放置并设定其显示状态，而 SOLID-WORKS 2024 用户界面底部的状态栏则可以显示与设计人员正执行的功能有关的信息。

1.2.1 菜单栏

菜单栏默认情况下是隐藏的，只显示"快速访问"，如图 1-12 所示。

图 1-12　默认菜单栏

要显示菜单栏需要将鼠标指针移动到 SOLIDWORKS 徽标 $\mathcal{DS}$ SOLIDWORKS 或单击它，如图 1-13 所示，若要始终保持菜单栏可见，需要将"图钉"图标 ┱ 更改为钉住状态 ┭。其中最关键的功能集中在"插入"与"工具"菜单中。

图 1-13　菜单栏

通过单击工具按钮旁边的下拉按钮，可以扩展显示带有附加功能的弹出菜单，如图 1-14 所示。这时可以访问工具栏中的大多数文件菜单命令。例如，保存弹出菜单包括"保存""另存为"和"保存所有"。

工作环境不同，SOLIDWORKS 2024 的菜单以及其中的选项会有所不同。当进行一些任务操作时，不起作用的菜单命令会临时变灰，此时将无法应用该菜单命令。

如果选择了保存文档提示，则当文档在指定间隔（分钟或更改次数）内未保存时，将出现一个"保存提醒"对话框，如图 1-15 所示。其中包含了保存文档或保存所有文档的命令，它将在几秒后淡化消失。

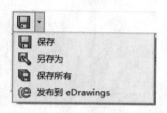

图 1-14　弹出菜单

图 1-15　"保存提醒"对话框

各菜单项的主要功能如下：

1）"文件"：主要包括新建、打开和关闭文件，页面设置和打印，近期使用过的文件列表以及退出等。

2）"编辑"：主要包括复制、剪切、粘贴、压缩与解除压缩、外观设置以及自定义菜单等。

3）"视图"：主要包括视图外观显示、视图中注解显示、草图几何关系以及用户界面中工具栏显示等。

4）"插入"：主要包括零件的特征建模、钣金、焊件、模具的编辑以及工程图中的注解等。

5）"工具"：主要包括草图绘制实体、草图绘制工具、标注尺寸、几何关系以及测量和截面属性等。

6）"窗口"：主要包括文件在工作区的排列方式以及显示工作区的文件列表等。

7）"帮助"：主要包括在线帮助以及软件的其他信息等。

用户可以根据不同的工作环境，自行设定符合个人风格的菜单项。自定义菜单的操作步骤如下：

01 执行命令。执行"工具"→"自定义"菜单命令，或者右键单击任何工具栏，在系统弹出的快捷菜单中选择"自定义"选项，如图 1-16 所示。

02 设置菜单。系统弹出"自定义"对话框，选择"菜单"选项卡，如图 1-17 所示。根据需要对菜单进行修改。

03 确认设置。单击"自定义"对话框中的"确定"按钮，完成菜单设置。

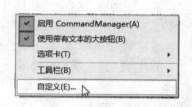

图 1-16　快捷菜单

9

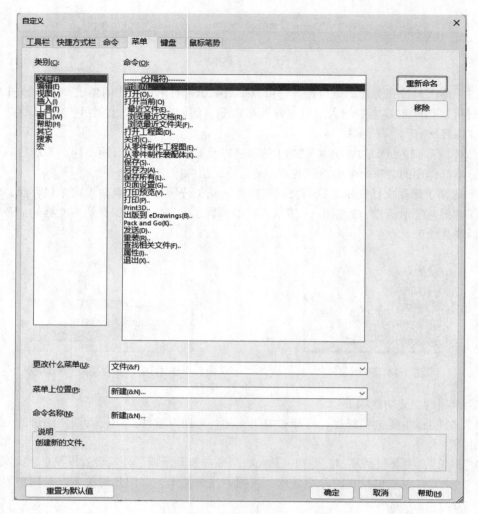

图 1-17 "自定义"对话框

"自定义"对话框中的"菜单"选项卡可以实现对菜单的选项重新命名、移除或者添加。各菜单项的含义如下：

1）"类别"：指定要改变菜单的类别。

2）"命令"：选择想要添加、重新命名、重排或者移除的命令。

3）"更改什么菜单"：显示所选择菜单的编码名称。

4）"菜单上位置"：选择所设置的命令在菜单中的位置，包括自动、在顶端或者在底端 3个位置。

5）"命令名称"：显示所选择命令的编码名称。

6）"说明"：显示所选择命令的说明。

 技巧荟萃

自定义菜单时，必须有 SOLIDWORKS 文件被激活，否则不能定义菜单栏。

1.2.2　特征管理区

特征管理区主要包括 FeatureManager 设计树（特征管理）、属性管理器（PropertyManager）以及配置管理器（ConfigurationManager）三部分。

FeatureManager 设计树位于 SOLIDWORKS 窗口的左侧，提供了激活的零件、装配体或工程图的大纲视图，从而可以方便地查看模型或装配体的构造情况，或者查看工程图中的不同图样和视图。FeatureManager 设计树按照零件和装配体建模的先后顺序，以树状形式记录特征。可以通过该设计树了解零件建模和装配体装配的顺序，以及其他特征数据。FeatureManager 设计树和图形区域是动态链接的，可以在任何窗格中选择特征、草图、工程视图和构造几何线等。FeatureManager 设计树的内容如图 1-18 所示。

属性管理器（PropertyManager）主要用于查看某一实体或者修改其属性，当开始执行命令或者在图形区域中选择各种实体时，属性管理器出现在图形区域左侧窗格中的属性管理器选项卡上，并且自动打开。

配置管理器（ConfigurationManager）主要用来显示零件以及装配体的实体配置，是生成、选择和查看一个文件中零件和装配体多个配置的工具。

在特征管理设计树中包含 3 个基准面，分别是前视基准面、上视基准面和右视基准面。这 3 个基准面是系统自带的，用户可以直接在其上绘制草图。

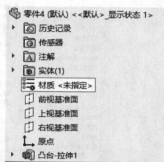

图 1-18　FeatureManager
设计树的内容

1.3　系统设置

系统设置用来根据用户的需要自定义 SOLIDWORKS 2024 的功能。SOLIDWORKS 2024 的系统设置包括系统选项设置和文件属性设置两部分，强调了系统选项和文件属性之间的不同。

系统设置将选项对话框在结构形式上分为"系统选项"和"文件属性"两个选项卡，每个选项卡上列出的选项以树形格式显示在对话框左侧。单击其中一个项目时，该项目的选项将出现在对话框右侧，可以对相应的选项进行设置。

在设置时需要注意的是，系统选项的设置保存在注册表中，它不是文件的一部分，这些设置的更改会影响当前和将来的所有文件。文件属性仅应用于当前的文件，"文件属性"选项卡仅在文件打开时可用。

1.3.1　系统选项设置

系统选项设置用于设置与性能有关的系统默认设置，如系统的颜色设置（包括系统中各部分的颜色、PropertyManager 颜色、PropertyManager 外壳颜色及其他相关联的颜色设置）、文件的默认路径、是否备份文件及备份文件的路径等，所以在使用该软件前，都要进行系统选项设置，以便使系统适合自己的使用方式。

利用菜单命令设置系统选项的操作步骤如下：

01　执行命令。执行"工具"→"选项"菜单命令，系统弹出如图 1-19 所示的"系统选项"对话框。

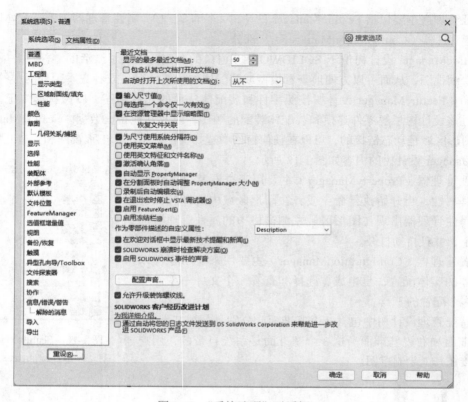

图 1-19 "系统选项"对话框

02 设置选项。单击"系统选项"选项卡中左侧需要设置的项目，该项目的选项会出现在对话框右侧，然后勾选需要选项的复选框。

03 确认设置。单击对话框中右下侧的"确定"按钮，完成系统选项的设置。

下面将简单介绍几种常用的系统选项设置方法。

❶ 设置菜单和特征的语言类型。对于中文版本的系统来说，系统默认的菜单和文件特征为中文语言类型。如果要改变菜单和文件特征的语言类型，单击"系统选项"选项卡中的"普通"选项，然后勾选右侧的"使用英文菜单"和"使用英文特征和文件名称"复选框，则表示使用英文菜单类型和英文文件特征类型。如果不勾选这两个复选框，则使用中文菜单类型和中文文件特征类型。

 技巧荟萃

对于中文版本的软件系统，安装后系统默认的为中文菜单，但可以设置为英文菜单。勾选"使用英文菜单"复选框，可以设置系统为英文菜单，但必须退出并重新启动 SOLID-WORKS 2024，该设置才能生效，其他选项设置不必重新启动软件系统即可生效。勾选"使用英文特征和文件名称"复选框时，FeatureManager 设计树中的特征名称和自动创建的文件名都会以英文显示，如果原来是英文的，则选择此选项时英文特征和文件名不会被更新。

❷ 设置颜色。设置颜色主要用来设置软件操作界面的颜色，包括"系统颜色"中各区域的颜色、PropertyManager 颜色、PropertyManager 外壳颜色及其他相关联的颜色的设置。该设置主要是为了个性化地操作界面。如图 1-20 所示，单击"系统选项"选项卡中的"颜色"选项，根据需要设置"系统颜色"中各区域的颜色、PropertyManager 颜色、PropertyManager 外壳颜色及其他相关联的颜色，单击"确定"按钮即可完成设置。

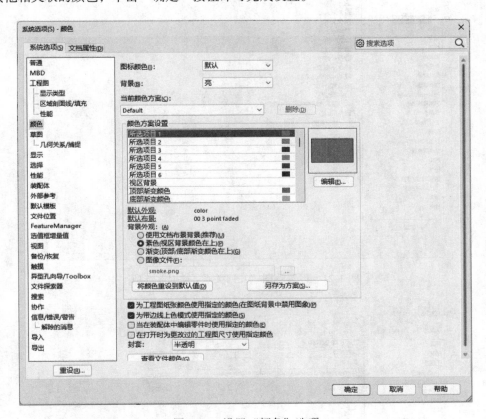

图 1-20　设置"颜色"选项

❸ 设置草图几何关系 / 捕捉。设置草图绘制中的"几何关系 / 捕捉"对于能否智能地捕捉到绘制点的位置很关键，对于提高绘图效率很重要。单击"系统选项"选项卡中的"草图"选项的下一级"几何关系 / 捕捉"选项，完成设置后单击"确定"按钮即可。如图 1-21 所示为系统默认的设置。一般进行设置时不选择"自动几何关系"，因为对于设计者来说，添加自己的几何关系如果和系统自动添加的几何关系有冲突，容易形成过定义。

❹ 设置文件位置。"文件设置"选项主要用来定义组成设计文件的一些系统文件，如"文件模板""材料明细表模板"等。单击"系统选项"选项卡中的"文件位置"选项，可对该选项进行设置，如图 1-22 所示。通过该选项可以将系统默认的"文件模板""材质数据库""纹理""设计库""图纸格式"和"材料明细表模板"等的存放位置设置为自定义的位置。

❺ 设置备份文件。"备份 / 恢复"选项主要用来自动备份保存文件。单击"系统选项"选项卡中的"备份 / 恢复"选项，可对该选项进行设置，如图 1-23 所示。通过该选项可以设置自动保存的时间间隔、备份份数及备份文件的存放位置，从而防止系统死机时丢失设计文件。

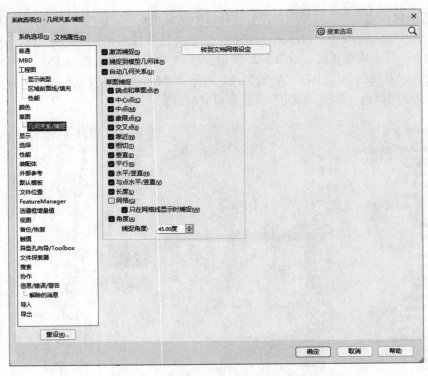

图 1-21 设置草图"几何关系 / 捕捉"选项

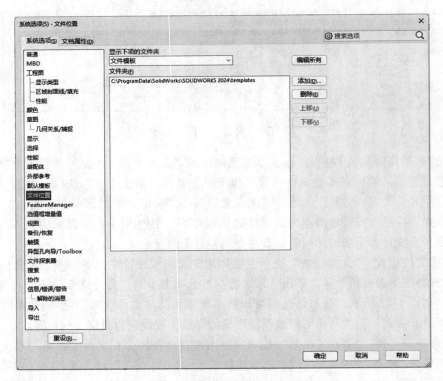

图 1-22 设置"文件位置"选项

图 1-23　设置"备份 / 恢复"选项

1.3.2　文档属性设置

文档属性设置主要用来设置与工程零件详图和工程装配详图有关的尺寸、注释、零件序号、箭头、虚拟交点、注释显示、注释字体、单位和工程图颜色等。需要注意的是，文档属性设置仅能应用于当前打开的文件，并且"文档属性"选项卡仅在文件打开时可用。新建立文件的文档属性从文件的模板中获取。

利用菜单命令设置文档属性的操作步骤如下：

01　执行命令。执行"工具"→"选项"菜单命令，在系统弹出的对话框中选择"文档属性"选项卡，打开"文档属性"对话框，如图 1-24 所示。

02　设置选项。单击"文档属性"选项卡中左侧需要设置的项目，该项目的选项出现在对话框右侧，根据需要勾选选项。

03　确认设置。单击对话框中的"确定"按钮，完成文档属性的设置。

下面将简单介绍几种常用的文档属性设置方法。

❶ 设置零件序号。"零件序号"选项用来设置单个零件序号、成组零件序号、零件序号文字及自动零件序号布局等。该选项主要用来设置装配图中零件序号的标注样式。如图 1-25 所示，单击"文档属性"选项卡中"注解"选项的下一级"零件序号"选项，根据序号选择各选项的设置，单击"确定"按钮即可完成设置。

❷ 设置尺寸。对于设计人员来说，工程图尺寸标注非常重要。"尺寸"选项主要用来设置尺寸标注时文字是否加括号、位置的对齐方式、偏移距离、箭头样式及位置等参数。如图 1-26 所示，单击"文档属性"选项卡中的"尺寸"选项，设置完成后单击"确定"按钮即可。图中为系统默认的设置。

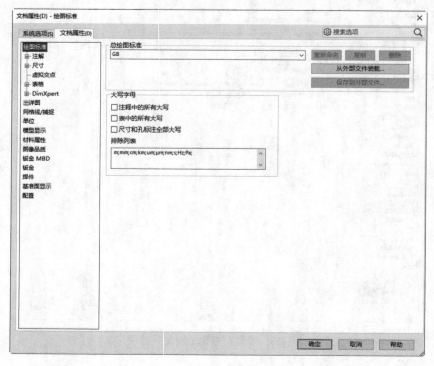

图 1-24 "文档属性"对话框

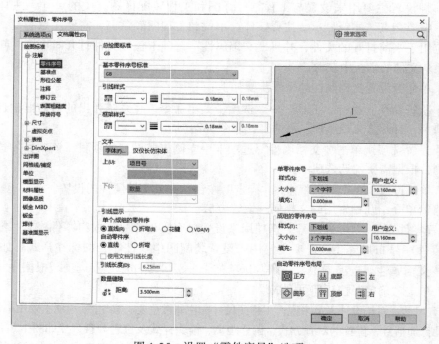

图 1-25 设置"零件序号"选项

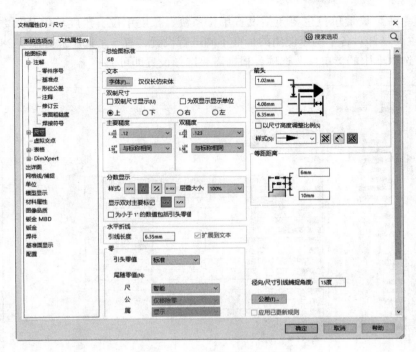

图 1-26　设置"尺寸"选项

❸ 设置出详图。"出详图"选项用来设置是否在工程图中显示装饰螺纹线、基准点和基准目标等选项，还可以进行其他方面的设置。如图 1-27 所示，单击"文档属性"选项卡中的"出详图"选项，勾选其中的选项即可进行相应的设置。

图 1-27　设置"出详图"选项

❹ 设置单位。设置单位主要包括设置单位系统、长度单位、角度单位及小数位数等。单位系统设置主要是针对各个国家使用的标准不同进行设置，有 5 个选项。如图 1-28 所示，单击"文档属性"选项卡中的"单位"选项，根据需要选择设置即可。

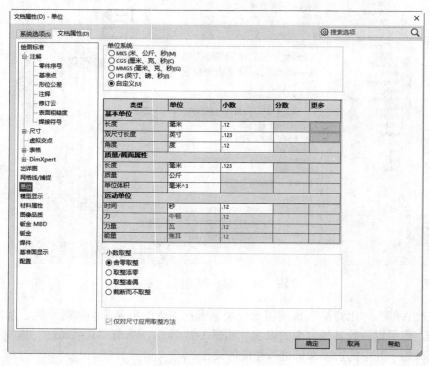

图 1-28　设置"单位"选项

系统默认单位的小数位数为 2，如果将对话框中"长度"单位中的"小数"位数设置为无，则图形中尺寸标注的小数位数将改变。图 1-29 所示为设置单位前后的图形比较。

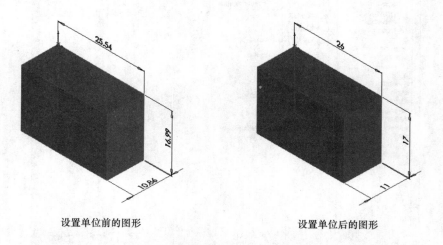

设置单位前的图形　　　　　　　　　　　设置单位后的图形

图 1-29　设置单位前后图形比较

1.4　工作环境设置

要熟练地使用一套软件，必须先认识软件的工作环境，然后设置适合自己的使用环境，这样可以使设计更加便捷。SOLIDWORKS 2024 同其他软件一样，可以根据自己的需要显示或者隐藏工具栏，以及添加或者删除工具栏中的命令按钮，还可以根据需要设置零件、装配体和工程图的工作界面。

1.4.1　设置工具栏 / 选项卡

SOLIDWORKS 2024 系统默认的工具栏是比较常用的。SOLIDWORKS 2024 有很多工具栏，由于绘图区域限制，不能显示所有的工具栏。在建模过程中，用户可以根据需要显示或者隐藏部分工具栏。设置工具栏的方法有两种，下面将分别介绍。

1. 利用菜单命令设置工具栏

01 执行命令。执行"工具"→"自定义"菜单命令，或者在工具栏区域单击右键，在弹出的快捷菜单中选择"自定义"选项，系统弹出如图 1-30 所示的"自定义"对话框。

图 1-30　"自定义"对话框

02 设置工具栏。选择对话框中的"工具栏"选项卡，此时会出现系统所有的工具栏，勾选需要的工具栏。

03 确认设置。单击对话框中的"确定"按钮，则操作界面上会显示选择的工具栏。

如果要隐藏已经显示的工具栏，则单击已经选中的工具栏，取消勾选，然后单击"确定"按钮，此时操作界面上会隐藏取消勾选的工具栏。

2. 利用右键设置工具栏

01 执行命令。在操作界面的工具栏或者选项卡中单击右键，在弹出的快捷菜单中选择"工具栏"，在弹出的列表中选择要打开的工具栏的选项卡，如图 1-31 所示。

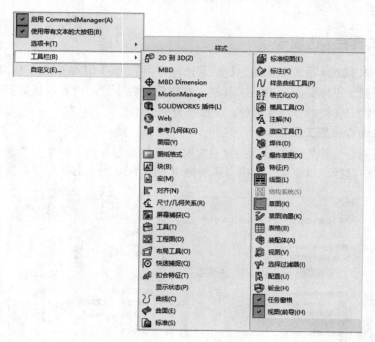

图 1-31 "工具栏"列表

02 设置工具栏。单击需要显示的工具栏，前面会出现复选框，且操作界面上会显示选择的工具栏。

如果单击已经显示的工具栏，前面的复选框会消失，且操作界面上会隐藏选择的工具栏。

另外，隐藏工具栏还有一个简便的方法，即将界面中不需要的工具栏用鼠标拖到绘图区域中，此时工具栏中会出现标题栏。图 1-32 所示为拖到绘图区域中的"注解"工具栏。单击工具栏右上角的"关闭"按钮 ✖，在操作界面中会隐藏该工具栏。

图 1-32 "注解"工具栏

3. 利用鼠标右键设置选项卡

01 执行命令。在操作界面的工具栏或选项卡中单击鼠标右键，系统会出现设置"选项卡"的快捷菜单，如图 1-33 所示。

02 设置工具栏。单击需要的选项卡，会在该选项卡前增加勾选复选框，则操作界面上会显示选择的选项卡。

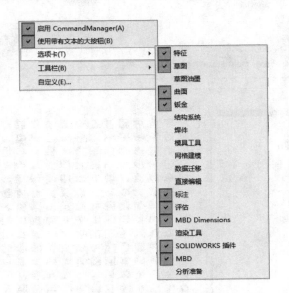

图 1-33　"选项卡"快捷菜单

如果单击已经显示的选项卡，则该选项卡前的勾选复选框会取消，则操作界面上会隐藏选择的选项卡。

 技巧荟萃

当选择显示或者隐藏的工具栏时，对工具栏的设置会应用到当前激活的 SOLIDWORKS 文件类型中。

1.4.2　设置工具栏 / 选项卡命令按钮

系统默认工具栏中的命令按钮如果不是所用的命令按钮，可以根据需要添加或者删除命令按钮。

设置工具栏命令按钮的操作步骤如下：

01 执行命令。执行"工具"→"自定义"菜单命令，或者在工具栏区域单击右键，在弹出的快捷菜单中选择"自定义"选项，系统弹出"自定义"对话框。

02 设置命令按钮。选择对话框中的"命令"选项卡，出现图 1-34 所示的"工具栏"和"按钮"选项组。

03 在"工具栏"选项组中选择命令所在的工具栏，此时会在"按钮"选项组中出现该工具栏中所有的命令按钮。

04 在"按钮"选项组中单击选择要添加的命令按钮，按住左键拖动该按钮到要放置的工具栏中，然后松开左键。

05 确认添加的命令按钮。单击对话框中的"确定"按钮，则工具栏中会显示添加的命令按钮。

如果要删除无用的命令按钮，在工具栏中将要删除的命令按钮用左键拖动到绘图区，就可以删除该命令按钮。

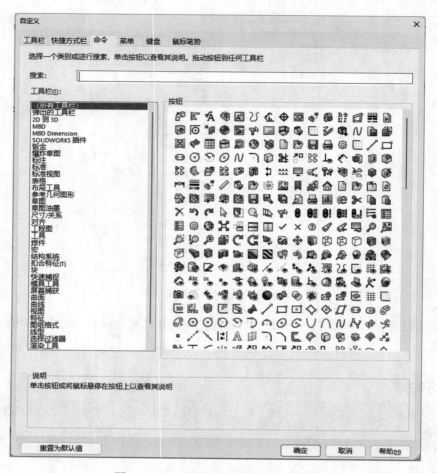

图 1-34 "工具栏"和"按钮"选项组

例如，在"草图"工具栏中添加"椭圆"命令按钮。首先选择菜单栏中的"工具"→"自定义"命令，进入"自定义"对话框，然后选择"命令"标签，在左侧"类别"选项一栏选择"草图"工具栏。在"按钮"一栏中用鼠标左键选择"三点圆弧槽口"命令按钮 ⌀，按住鼠标左键将其拖到"草图"工具栏中合适的位置，然后松开左键，该命令按钮就添加到工具栏中，如图 1-35a、b 所示为添加前后"草图"工具栏的变化情况。

选项卡中添加或者删除命令按钮的步骤同工具栏中的添加或者删除命令按钮一样，就不再进行介绍。

 技巧荟萃

在工具栏中添加或者删除命令按钮时，对工具栏的设置会应用到当前激活的 SOLIDWORKS 2024 文件类型中。

 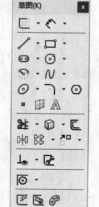

a) 添加命令按钮前　　b) 添加命令按钮后

图 1-35　添加命令按钮图示

1.4.3　设置快捷键

除了使用菜单栏和工具栏中的命令按钮执行命令外，SOLIDWORKS 2024 还可通过自行设置快捷键方式来执行命令。步骤如下：

01 执行命令。执行"工具"→"自定义"菜单命令，或者在工具栏 / 选项卡区域单击右键，在弹出的快捷菜单中选择"自定义"选项，系统弹出"自定义"对话框。

02 设置快捷键。选择对话框中的"键盘"选项卡，出现如图 1-36 所示的"类别"和"命令"等选项。

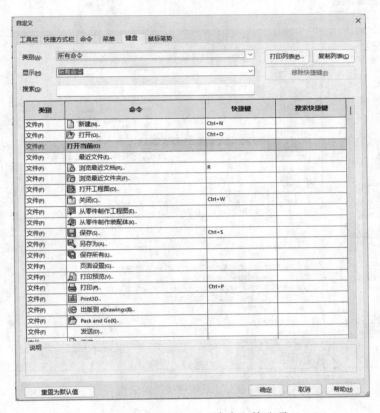

图 1-36　"类别"和"命令"等选项

03 在"类别"一栏中选择菜单类，在"命令"一栏中选择要设置快捷键的命令。

04 在"快捷键"一栏中输入要设置的快捷键。

05 确认设置的快捷键。单击对话框中的"确定"按钮，即可完成快捷键设置。

 技巧荟萃

如果新设置的快捷键已经被其他命令所占用，则系统会提示该快捷键已经被使用，必须更改要设置的快捷键。

如果要取消设置的快捷键，在"快捷键"一栏中选择设置的快捷键，然后单击对话框中的"移除快捷键"按钮，即可将该快捷键取消。

1.4.4　设置背景

在 SOLIDWORKS 2024 中可以更改操作界面的背景及颜色，以设置个性化的用户界面。设置背景的操作步骤如下：

01 执行命令。执行"工具"→"选项"菜单命令，系统弹出"系统选项"对话框。

02 设置颜色。在对话框中的"系统选项"栏中选择"颜色"选项，如图 1-37 所示。

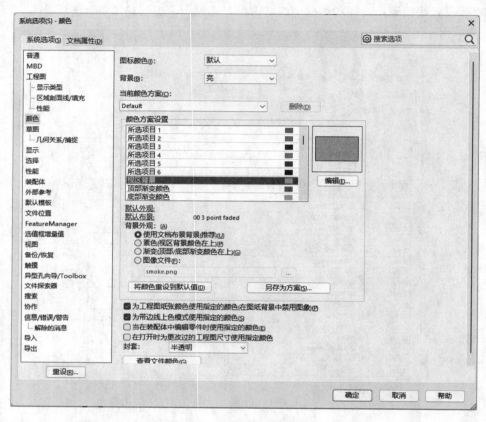

图 1-37　"系统选项"对话框

03 在右侧"颜色方案设置"选项组中选择"视区背景"，单击"编辑"按钮，系统弹出如图 1-38 所示的"颜色"对话框，在其中选择设置的颜色，单击"确定"按钮。同样可以使用该方式设置其他选项的颜色。

04 确认背景颜色设置。单击对话框中的"确定"按钮，完成系统背景颜色设置。

在图 1-37 所示的对话框中，选择"背景外观"中四个不同的选项，可以得到不同背景效果（用户可以自行设置，在此不再赘述）。图 1-39 所示为设置好背景颜色的效果图。

1.4.5　设置实体颜色

系统默认的绘制模型实体的颜色为灰色。在零部件和装配体模型中，为了使图形有层次感和真实感，通常改变实体的颜色。下面以具体例子说明设置实体颜色的步骤。图 1-40a 所示为系统默认颜色的零件模型，图 1-40b 所示为改变颜色后的零件模型。

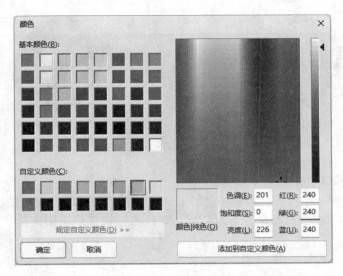

图 1-38　"颜色"对话框

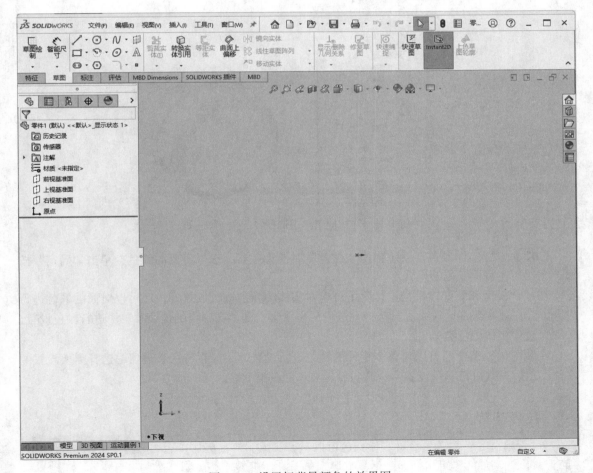

图 1-39　设置好背景颜色的效果图

a) 系统默认颜色的模型　　　　　　　　　　　　b) 改变颜色后的模型

图 1-40　改变零件模型颜色

设置实体颜色的操作步骤如下：

01 执行命令。在特征管理器中选择要改变颜色的特征，此时绘图区域中相应的特征会改变颜色，表示已选中的特征，单击右键，在弹出的快捷菜单中选择"圆角 1"选项，如图 1-41 所示。

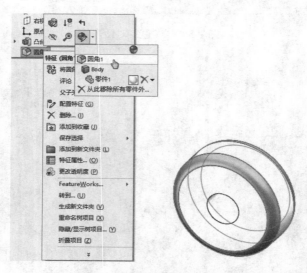

图 1-41　在快捷菜单中选择"圆角 1"选项

02 设置实体颜色。系统弹出"颜色"属性管理器，选择需要的颜色，单击"确定"按钮，完成实体特征颜色的设置。

在零件模型和装配体模型中，除了可以对实体的颜色进行设置外，还可以对面的颜色进行设置，面一般在绘图区域中进行选择，选中后再单击右键，在弹出的快捷菜单中进行颜色设置，步骤与设置实体颜色类似。

在装配体模型中还可以对整个零件的颜色进行设置，一般在特征管理器中选择需要设置的零件，然后对其进行颜色设置，步骤与设置实体颜色类似。

 技巧荟萃

　　对于单个零件而言，设置实体颜色可以渲染实体，使其更加接近实际情况。对于装配体而言，设置零件颜色可以使装配体具有层次感，方便观察。

第 ② 章

草图绘制

　　SOLIDWORKS 2024 创建的大部分特征是由 2D 草图绘制开始的，草图绘制在该软件使用中占重要地位，本章将详细介绍草图的绘制方法和编辑方法。

　　草图一般是由点、线、圆弧、圆和抛物线等基本图形构成的封闭和不封闭的几何图形，是三维实体建模的基础。一个完整的草图包括几何形状、几何关系和尺寸标注三方面的信息。能否熟练掌握草图的绘制和编辑方法，决定了能否快速三维建模，提高工程设计的效率和灵活地把该软件应用到其他领域。

学 习 要 点

- ◎ 草图绘制的基本知识
- ◎ 绘制三维草图
- ◎ 草图绘制工具
- ◎ 草图编辑工具
- ◎ 草图尺寸标注
- ◎ 草图几何关系

2.1 草图绘制的基本知识

本节主要介绍如何进入草图绘制、退出草图绘制、绘图鼠标指针和锁点鼠标指针。

2.1.1 进入草图绘制

绘制 2D 草图，必须进入草图绘制状态。草图必须在平面上绘制，这个平面可以是基准面，也可以是三维模型上的平面。由于开始进入草图绘制状态时没有三维模型，因此必须指定基准面。

图 2-1 所示为"草图"选项卡。绘制草图可以先选择草图绘制实体，也可以先选择草图绘制基准面。下面分别介绍两种方式的操作步骤。

图 2-1 "草图"选项卡

1. 先选择草图绘制实体进入草图绘制状态

01 执行命令。单击"草图"选项卡中的"草图绘制"按钮，或者执行"插入"→"草图绘制"菜单命令，或者直接单击"草图"选项卡中要绘制的草图实体，此时绘图区域会出现如图 2-2 所示的系统默认基准面。

02 选择基准面。单击选择绘图区域中三个基准面之一，确定绘制草图实体的基准面。

03 设置基准面方向。单击"视图（前导）"工具栏"视图定向"下拉列表中的"正视于"按钮，使基准面旋转到正视于方向，方便绘图。

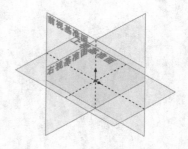

图 2-2 系统默认基准面

2. 先选择草图绘制基准面进入草图绘制状态

01 选择基准面。先在特征管理区中选择要绘制的基准面，即前视基准面、右视基准面和上视基准面中的一个面。

02 设置基准面方向。单击"视图（前导）"工具栏"视图定向"下拉列表中的"正视于"按钮，使基准面旋转到正视于方向。

03 执行命令。单击"草图"选项卡中的"草图绘制"按钮，或者单击要绘制的草图实体，进入草图绘制状态。

2.1.2 退出草图绘制

草图绘制完毕后，可立即建立特征，也可以退出草图绘制再建立特征。有些特征的建立（如扫描实体等）需要多张草图，因此需要了解退出草图绘制的方法。退出草图绘制的方法主要有如下几种。

1. 使用菜单

执行"插入"→"退出草图"菜单命令，退出草图绘制状态。

2. 利用工具栏按钮

单击"快速访问"工具栏中的"重建模型"按钮■，或者单击"退出草图"按钮↳，退出草图绘制状态。

3. 利用弹出的快捷菜单

在绘图区域右键单击，系统弹出如图 2-3 所示的快捷菜单，在其中选择"退出草图"图标选项↳，退出草图绘制状态。

4. 利用绘图区域右上角的图标

在绘制草图的过程中，绘图区域右上角会出现如图 2-4 所示的提示图标。单击上面的图标↳，退出草图绘制状态。单击下面的图标✖，提示是否保存对草图的修改（见图 2-5），可根据需要单击系统提示框中的选项，退出草图绘制状态。

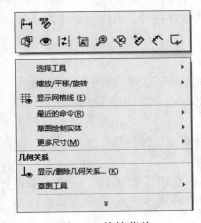

图 2-3　快捷菜单

图 2-4　提示图标

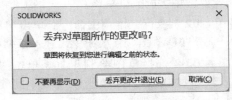

图 2-5　系统提示框

2.1.3　绘图鼠标指针和锁点鼠标指针

在绘制草图实体或者编辑草图实体时，鼠标指针会根据所选择的命令在绘图时变为相应的图标，方便用户了解绘制或者编辑的草图类型。

绘图鼠标指针的类型以及说明见表 2-1。

表 2-1　绘图鼠标指针的类型以及说明

鼠标指针类型	说明	鼠标指针类型	说明
	绘制一点		绘制直线或者中心线
	绘制三点圆弧		绘制抛物线
	绘制圆		绘制椭圆
	绘制样条曲线		绘制矩形
	绘制多边形		绘制平行四边形
	标注尺寸		延伸草图实体
	圆周阵列复制草图		线性阵列复制草图

为了提高绘图的效率，SOLIDWORKS 2024 提供了自动判断绘图位置的功能。在执行绘图命令时，鼠标指针会在绘图区域自动寻找端点、中心点、圆心、交点、中点以及在其上的任意点，来提高鼠标定位的准确性和快速性。

鼠标指针在相应的位置会变成相应的图形，成为锁点鼠标指针。锁点鼠标指针可以在草图实体上形成，也可以在特征实体上形成。需要注意的是，在特征实体上的锁点鼠标指针只能在绘图平面的实体边缘产生，在其他平面的边缘不能产生。

锁点鼠标指针的类型在此不再赘述，读者可以在实际使用中慢慢体会。熟练地利用锁点鼠标指针，可以提高绘图的效率。

2.2 绘制三维草图

SOLIDWORKS 2024 可以直接在基准面上或者在三维空间的任意位置绘制三维草图实体，绘制的三维草图可以作为扫描路径、扫描的引导线，也可以作为放样路径、放样中心线等。

2.2.1 三维草图绘制步骤

01 设置视图方向。单击"视图（前导）"工具栏"视图定向"下拉列表中的"等轴测"按钮，设置视图方向为等轴测方向。在该视图方向下，坐标 X、Y、Z 三个方向均可见，可以比较方便地绘制三维草图。

02 执行三维草图命令。单击"草图"选项卡中的"3D 草图"按钮，或者执行"插入"→"3D 草图"菜单命令，进入三维草图绘制状态。

03 选择草图绘制工具。单击"草图"选项卡中需要的草图绘制工具，这里为单击"直线"按钮，开始绘制三维空间直线。注意，此时在绘图区域中出现了空间控标，如图 2-6 所示。

04 绘制草图。以坐标原点为起点绘制草图，其中基准面为控标提示的基准面，方向由鼠标拖动决定，图 2-7 所示为在 XY 基准面上绘制草图。

图 2-6 空间控标

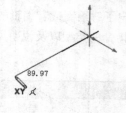

图 2-7 在 XY 基准面上绘制草图

05 改变绘制的基准面。步骤 **04** 是在 XY 的基准面上绘制直线，当继续绘制直线时，控标会显示出来。按 Tab 键，会改变草图绘制的基准面，依次为 XY、YZ、ZX 基准面。图 2-8 所示为在 YZ 基准面上绘制的草图。按 Tab 键切换基准面，依次绘制其他基准面上的草图。绘制的三维草图如图 2-9 所示。

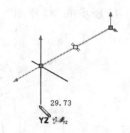

图 2-8　在 YZ 基准面上绘制草图

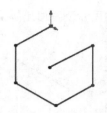

图 2-9　绘制的三维草图

06 退出三维草图绘制。再次单击"草图"选项卡中的"3D 草图"按钮 **3D**，或者在绘图区域右键单击，在弹出的快捷菜单中单击"退出草图"选项，退出三维草图绘制状态。

⚠ 注意

1）在绘制三维草图时，绘制的基准面要以控标显示为准，不要人为主观判断，要注意及时按 Tab 键，切换基准面。

2）二维草图和三维草图既有相似之处，又有不同之处。在绘制三维草图时，二维草图中的所有圆、弧、矩形、直线、样条曲线和点等工具都可用，而曲面上的样条曲线工具只能在三维草图上使用。在添加几何关系时，二维草图中大多数几何关系都可用于三维草图中，但是对称、阵列、等距与等长线除外。

3）对于二维草图，绘制的草图实体是所有几何体在绘制草图的基准面上的投影，而三维草图是空间实体。

2.2.2　实例——椅子建模

椅子模型如图 2-10 所示，由椅垫、支承架和椅背三部分组成。绘制该模型的命令主要有放样曲面、曲面填充、圆周阵列、拉伸实体和拉伸曲面等。

01 启动软件。执行"开始"→"所有应用"→"SOLIDWORKS 2024"菜单命令，或者双击桌面上的 SOLIDWORKS 2024 的快捷方式按钮 **SW**，就可以启动该软件。

02 创建零件文件。执行"文件"→"新建"菜单命令，或者单击"快速访问"工具栏中的"新建"按钮 📄，系统弹出"新建 SOLID-WORKS 文件"对话框，在其中选择"零件"按钮 🍴，单击"确定"按钮，创建一个新的零件文件。

图 2-10　椅子模型

03 保存文件。执行"文件"→"保存"菜单命令，或者单击"快速访问"工具栏中的"保存"按钮 💾，系统弹出"另存为"对话框。在"文件名"文本框中输入"椅子"，单击"保存"按钮，创建一个文件名为"椅子"的零件文件。

04 绘制椅子路径草图。首先设置视图方向。单击"视图（前导）"工具栏"视图定向"下拉列表中的"等轴测"按钮 🟦，将视图以等轴测方向显示。

05 绘制 3D 草图。执行"插入"→"3D 草图"菜单命令，单击"草图"选项卡中的

"直线"按钮 ✐，并按 Tab 键改变绘制的基准面，绘制如图 2-11 所示的 3D 草图。

06 标注尺寸及添加几何关系，结果如图 2-12 所示。

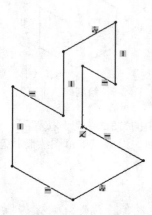

图 2-11　3D 草图

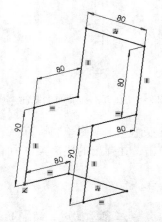

图 2-12　标注草图

07 绘制圆角。单击"草图"选项卡中的"绘制圆角"按钮 ⏋，系统弹出如图 2-13 所示的"绘制圆角"属性管理器。依次选择图 2-12 中每个直角处的两条直线段，绘制半径为 20.00mm 的圆角，结果如图 2-14 所示。

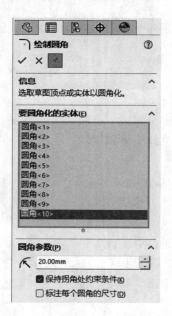

图 2-13　"绘制圆角"属性管理器

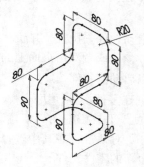

图 2-14　绘制圆角

 注意

在绘制 3D 草图时，首先要将视图方向设置为等轴测。另外，空间坐标的控制很关键。空间坐标会提示视图的绘制方向，在改变绘制的方向时要按 Tab 键。

08 添加基准面。在左侧的 FeatureManager 设计树中选择"前视基准面"，单击"特征"选项卡中"参考几何体"下拉列表的"基准面"按钮 ⬛，系统弹出如图 2-15 所示的"基准面"属性管理器。在"偏移距离"栏中输入 40.00mm，并勾选"反转等距"复选框。按照图 2-15 所示进行设置后，单击"确定"按钮 ✔，结果如图 2-16 所示。

09 设置基准面。在左侧的 FeatureManager 设计树中，选择刚添加的基准面，单击"视图（前导）"工具栏"视图定向"下拉列表中的"正视于"按钮 ⬆，将刚添加的基准面设置为绘制图形的基准面。

10 绘制草图。单击"草图"选项卡中的"圆"按钮 ⊙，绘制一个圆，圆心自动捕获在直线上。单击"草图"选项卡中的"智能尺寸"按钮 ⬧，标注圆的直径，结果如图 2-17 所示。

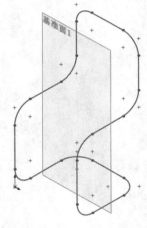

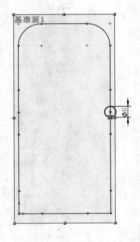

图 2-15　"基准面"属性管理器　　　图 2-16　添加基准面　　　图 2-17　绘制草图

11 设置视图方向。单击"视图（前导）"工具栏"视图定向"下拉列表中的"等轴测"按钮 ⬛，将视图以等轴测方向显示，结果如图 2-18 所示。然后退出草图绘制状态。

12 生成轮廓实体。单击"特征"选项卡中的"扫描"按钮 ⬝，或者执行"插入"→"凸台/基体"→"扫描"菜单命令，系统弹出如图 2-19 所示的"扫描"属性管理器。在"轮廓"一栏中选择步骤 **10** 绘制的圆，在"路径"栏中选择步骤 **07** 圆角后的 3D 草图，单击"确定"按钮 ✔，扫描生成轮廓实体，如图 2-20 所示。

13 绘制椅垫。首先添加基准面。在左侧的 FeatureManager 设计树中选择"上视基准面"，然后单击"特征"选项卡中"参考几何体"下拉列表的"基准面"按钮 ⬛，系统弹出如图 2-21 所示的"基准面"属性管理器。在"偏移距离"栏中输入 95.00mm，此时视图如图 2-22 所示。单击"确定"按钮 ✔。

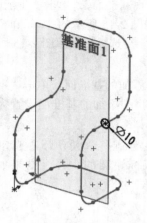

图 2-18　等轴测视图

图 2-19　"扫描"属性管理器

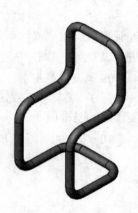

图 2-20　扫描生成轮廓实体

图 2-21　"基准面"属性管理器

图 2-22　添加基准面

14 设置基准面。在左侧的 FeatureManager 设计树中单击刚添加的基准面，然后单击"视图（前导）"工具栏"视图定向"下拉列表中的"正视于"按钮 ↧，将该基准面作为绘制图形的基准面。

15 绘制草图。单击"草图"选项卡中的"边角矩形"按钮 ，绘制一个矩形，然后单击"中心线"按钮 ，绘制通过扫描实体中间的中心线，结果如图 2-23 所示。

16 标注尺寸。单击"草图"选项卡中的"智能尺寸"按钮 ，标注图 2-23 中矩形两条边线的尺寸，结果如图 2-24 所示。

17 添加几何关系。单击"草图"选项卡"显示/删除几何关系"下拉列表中的"添加几何关系"按钮 ⊥，或者执行"工具"→"关系"→"添加"菜单命令，系统弹出"添加几何关系"属性管理器。依次选择图 2-24 中的直线 2、直线 4 和中心线 5（注意选择的顺序），这三条直线显示在"添加几何关系"属性管理器中，如图 2-25 所示。单击"对称"按钮，再单击属性管理器中的"确定"按钮 ✔，则图中的直线 2 和直线 4 关于中心线 5 对称。重复该命令，将图 2-24 中的直线 1 和边线 1 设置为"共线"几何关系，结果如图 2-26 所示。

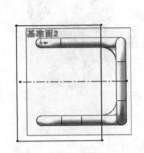

图 2-23　绘制草图

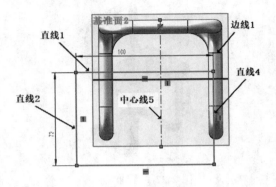

图 2-24　标注尺寸

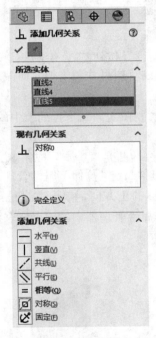

图 2-25　"添加几何关系"属性管理器

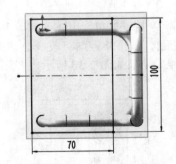

图 2-26　添加几何关系

(18) 拉伸实体。单击"特征"选项卡中的"拉伸凸台 / 基体"按钮，或者执行"插入"→"凸台 / 基体"→"拉伸"菜单命令，系统弹出"凸台 - 拉伸"属性管理器。在"深度"栏中输入 10.00mm，单击属性管理器中的"确定"按钮 ✔，完成实体拉伸。

(19) 设置视图方向。单击"视图（前导）"工具栏"视图定向"下拉列表中的"等轴测"按钮，将视图以等轴测方向显示，结果如图 2-27 所示。

20 绘制椅背。首先把"基准面 2"隐藏，然后添加基准面。在左侧的 FeatureManager 设计树中选择"前视基准面"，单击"特征"选项卡"参考几何体"下拉列表中的"基准面"按钮⬚，系统弹出"基准面"属性管理器。在"偏移距离"栏中输入 75.00mm，勾选"反转等距"复选框。单击属性管理器中的按钮✔，结果如图 2-28 所示。

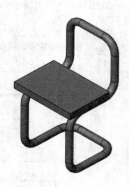

图 2-27 等轴测视图

图 2-28 添加基准面

21 设置基准面。在左侧的 FeatureManager 设计树中单击刚添加的基准面，然后单击"视图（前导）"工具栏"视图定向"下拉列表中的"正视于"按钮⬚，将该基准面作为绘制图形的基准面。

22 绘制草图。单击"草图"选项卡中的"边角矩形"按钮▢，绘制一个矩形。单击"中心线"按钮✎，绘制通过扫描实体中间的中心线。标注草图尺寸和添加几何关系（具体操作可以参考椅垫的绘制）。结果如图 2-29 所示。

23 设置视图方向。单击"视图（前导）"工具栏"视图定向"下拉列表中的"等轴测"按钮⬚，将视图以等轴测方向显示。

24 拉伸生成实体。单击"特征"选项卡中的"拉伸凸台 / 基体"按钮⬚，或者执行"插入"→"凸台 / 基体"→"拉伸"菜单命令，系统弹出"凸台 - 拉伸"属性管理器，在"深度"栏中输入 10.00mm。由于系统默认的拉伸方向是坐标的正方向，单击"终止条件"栏的"反向"按钮⬚，拉伸方向将改变，如图 2-29 所示。单击属性管理器中的"确定"按钮✔，完成实体拉伸，结果如图 2-30 所示。

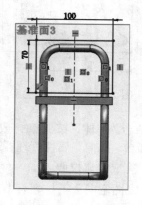

图 2-29 绘制草图

图 2-30 拉伸生成实体

25 圆角实体。单击"特征"选项卡中的"圆角"按钮 🗎，或者执行"插入"→"特征"→"圆角"菜单命令，系统弹出"圆角"属性管理器。在"半径"栏中输入值为 20.00mm，然后依次选择椅垫外侧的两条竖直边，单击属性管理器中的"确定"按钮 ✔。重复执行圆角命令，设置半径为 20.00mm，将椅背上面的两条直边进行圆角，结果如图 2-10 所示。

2.3 草图绘制工具

本节将介绍草图绘制的工具栏中草图绘制工具的使用方法。由于 SOLIDWORKS 2024 中创建大部分特征都需要先建立草图轮廓，因此本节的内容非常重要。

2.3.1 绘制点

执行"点"命令后，在绘图区域中的任何位置都可以绘制点。绘制的点不影响三维建模的外形，只起参考作用。

执行异型孔向导命令后，"点"命令用于决定产生孔的数量。

"点"命令可以生成草图中两不平行线段的交点以及特征实体中两个不平行的边缘的交点。产生的交点作为辅助图形，可用于标注尺寸或者添加几何关系，并不影响实体模型的建立。下面分别介绍不同类型点的操作步骤。

1. 绘制点

01 执行命令。在草图绘制状态下，单击"草图"选项卡中的"点"按钮 ▪，或者执行"工具"→"草图绘制实体"→"点"菜单命令，鼠标指针形状变为 ✎。

02 确认绘制点的位置。在绘图区域单击，确认绘制点的位置。此时"点"命令继续处于激活状态，可以继续绘制点。

图 2-31 所示为使用"点"命令绘制的多个点。

图 2-31 绘制点

2. 生成草图中两不平行线段的交点

下面以图 2-32 所示图形为例介绍生成图中直线 1 和直线 2 交点的操作步骤，其中图 2-32a 所示为生成交点前的图形，图 2-32b 所示为生成交点后的图形。

01 选择直线。在草图绘制状态下按住 Ctrl 键，单击选择图 2-32a 所示图形中的直线 1 和直线 2。

02 执行命令。单击"草图"选项卡中的"点"按钮 ▪，或者执行"工具"→"草图绘制实体"→"点"菜单命令，绘制交点，结果如图 2-32b 所示。

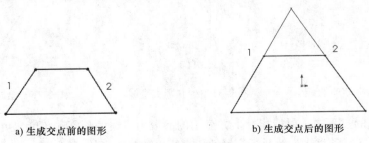

a) 生成交点前的图形   b) 生成交点后的图形

图 2-32 生成草图交点

3. 生成特征实体中两条不平行的边线的交点

下面以图 2-33 所示图形为例介绍生成面 A 中直线 1 和直线 2 交点的操作步骤，其中图 2-33a 所示为生成交点前的图形，图 2-33b 所示为生成交点后的图形。

01 选择特征面。选择图 2-33a 所示图形中的面 A 作为绘图面，然后进入草图绘制状态。

02 选择边线。按住 Ctrl 键，单击选择图 2-33a 所示图形中的边线 1 和边线 2。

03 执行命令。单击"草图"选项卡中的"点"按钮 ■，或者执行"工具"→"草图绘制实体"→"点"菜单命令，结果如图 2-33b 所示。

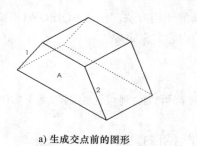

a) 生成交点前的图形　　　　　　　　b) 生成交点后的图形

图 2-33　生成特征边线交点

2.3.2　绘制直线与中心线

直线与中心线的绘制方法相似，执行相应的命令，按照相同的步骤，在绘制区域绘制相应的图形即可。

直线分为三种类型：水平直线、竖直直线和任意直线。在绘制过程中，不同类型的直线的显示方式不同。下面将分别介绍。

（1）水平直线：在绘制直线过程中，笔形鼠标指针附近会出现水平直线图标符号 —，如图 2-34 所示。

（2）竖直直线：在绘制直线过程中，笔形鼠标指针附近会出现竖直直线图标符号 ∣，如图 2-35 所示。

（3）任意直线：在绘制直线过程中，笔形鼠标指针附近会出现任意直线图标符号 ╱，如图 2-36 所示。

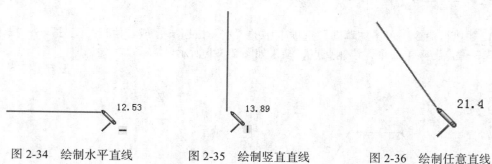

图 2-34　绘制水平直线　　　　图 2-35　绘制竖直直线　　　　图 2-36　绘制任意直线

在绘制直线的过程中，鼠标指针上方显示的参数为直线的长度和角度，可供参考。一般在绘制时，首先绘制一条直线，然后标注尺寸，直线也随着改变长度和角度。

绘制直线的方式有两种：拖动式和单击式。拖动式就是在绘制直线的起点按住左键开始拖动鼠标，直到直线终点放开。单击式就是在绘制直线的起点单击，然后在直线终点再单击。

下面以图 2-37 所示的图形为例，介绍中心线和直线的绘制步骤。

01 执行命令。在草图绘制状态下，单击"草图"选项卡"直线"下拉列表中的"中心线"按钮，或者执行"工具"→"草图绘制实体"→"中心线"菜单命令，开始绘制中心线。

02 绘制中心线。在绘图区域单击确定中心线的起点 1，移动鼠标到图中适当的位置，由于图中的中心线为竖直直线，所以当鼠标指针附近出现符号丨时，单击即可确定中心线的终点 2。

03 退出中心线绘制。按 Esc 键，或者在绘图区域右键单击，在弹出的快捷菜单中单击"选择"选项，退出中心线的绘制。

04 执行命令。单击"草图"选项卡中的"直线"按钮，或者执行"工具"→"草图绘制实体"→"直线"菜单命令，开始绘制直线。

05 绘制直线。在绘图区域单击确定直线的起点 3，移动鼠标到图中适当的位置，由于直线 3 4 为水平直线，所以当鼠标指针附近出现符号—时，单击即可确定直线 3 4 的终点 4。

06 绘制其他直线。重复以上绘制直线的步骤，绘制其他直线（在绘制过程中要注意鼠标指针的形状，以确定绘制的直线是水平、竖直还是任意直线）。

07 退出直线绘制。按 Esc 键，或者在绘图区域右键单击，在弹出的快捷菜单中单击"选择"选项，退出直线的绘制。结果如图 2-37 所示。

在执行绘制直线的命令时，系统会弹出如图 2-38 所示的"插入线条"属性管理器。在"方向"选项组中有 4 个选项，默认的是"按绘制原样"选项。选项不同，绘制直线的类型不同。选择"按绘制原样"选项外的任意一项，会要求输入直线的参数。以"角度"为例，选择该选项会弹出如图 2-39 所示的设置参数的属性管理器，输入直线的参数，单击直线的起点就可以绘制出所需要的直线。

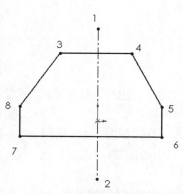

图 2-37　绘制中心线和直线的结果

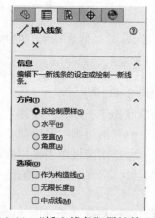

图 2-38　"插入线条"属性管理器

图 2-39　设置参数的属性
管理器

在图 2-38 所示属性管理器的"选项"选项组中有 3 个选项，选择不同的选项，可以分别绘制构造线、无限长度直线和中点线等。

在属性管理器的"参数"选项组中有 2 个选项，分别是长度和角度。通过设置这两个参数可以绘制一条直线。

2.3.3　绘制圆

当执行"圆"命令时，系统弹出如图 2-40 所示的"圆"属性管理器。从属性管理器中可以知道，圆也可以通过两种方式来绘制：一种是绘制基于中心的圆，另一种是绘制基于周边的圆。下面分别介绍两种绘制圆的方法。

图 2-40　"圆"属性管理器

1. 绘制基于中心的圆

绘制基于中心的圆的过程如图 2-41 所示。

01 执行命令。在草图绘制状态下，单击"草图"选项卡中的"圆"按钮 ⊙，或者执行"工具"→"草图绘制实体"→"圆"菜单命令，开始绘制圆。

02 确定圆心。在绘图区域单击确定圆心，如图 2-41a 所示。

03 确定圆的半径。移动鼠标指针拖出一个圆，单击即可确定圆的半径，如图 2-41b 所示。

04 确定绘制的圆。单击"圆"属性管理器中的"确定"按钮 ，确定绘制的圆，如图 2-41c 所示。

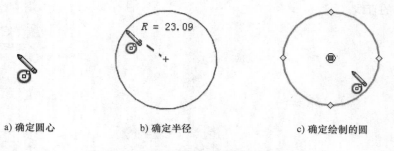

a) 确定圆心　　　　　　　b) 确定半径　　　　　　　c) 确定绘制的圆

图 2-41　绘制基于中心的圆的过程

2. 绘制基于周边的圆

绘制基于周边的圆的过程如图 2-42 所示。

01 执行命令。在草图绘制状态下，单击"草图"选项卡中的"周边圆"按钮 ⊙，或者执行"工具"→"草图绘制实体"→"周边圆"菜单命令，开始绘制圆。

02 确定圆周边上的一点。在绘图区域单击确定圆周边上的一点，如图 2-42a 所示。

03 确定圆周边上的另一点。移动鼠标指针拖出一个圆，单击确定圆周边上的另一点，如图 2-42b 所示。

04 绘制圆。完成拖动时，鼠标指针变为如图 2-42b 所示，单击完成圆的绘制。

05 确定绘制的圆。单击"圆"属性管理器中的"确定"按钮 ，确定绘制的圆。

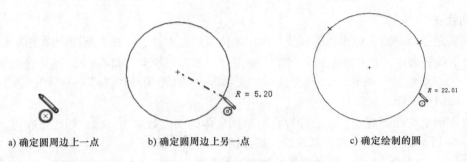

a) 确定圆周边上一点　　　b) 确定圆周边上另一点　　　　　　c) 确定绘制的圆

图 2-42　绘制基于周边的圆的过程

圆绘制完成后，可以通过拖动修改圆草图。通过用鼠标左键拖动圆的周边可以改变圆的半径，拖动圆的圆心可以改变圆的位置。

圆绘制完成后，可以通过如图 2-40 所示的"圆"属性管理器修改圆的属性，在属性管理器"参数"选项组中可以修改圆心坐标和圆的半径。

2.3.4　绘制圆弧

绘制圆弧的方法有四种：圆心 / 起 / 终点绘制圆弧、切线弧、三点圆弧与直线命令绘制圆弧。

1. 圆心 / 起 / 终点绘制圆弧

圆心 / 起 / 终点绘制圆弧的过程如图 2-43 所示。

圆心 / 起 / 终点绘制圆弧方法是先指定圆弧的圆心，然后顺序拖动鼠标指针指定圆弧的起点和终点，确定圆弧的大小和方向。

01 执行命令。在草图绘制状态下，单击"草图"选项卡中的"圆心 / 起 / 终点绘制圆弧"按钮，或者执行"工具"→"草图绘制实体"→"圆心 / 起 / 终点绘制圆弧"菜单命令，开始绘制圆弧。

02 确定圆弧的圆心。在绘图区域单击，确定圆弧的圆心，如图 2-43a 所示。

03 确定圆弧的起点。在绘图区域适当的位置单击，确定圆弧的起点，如图 2-43b 所示。

04 确定圆弧的终点。拖动鼠标指针确定圆弧的角度和半径，然后单击确定终点，如图 2-43c 所示。

05 确定绘制的圆弧。单击"圆弧"属性管理器中的"确定"按钮，完成圆弧的绘制。

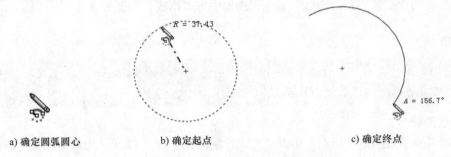

a) 确定圆弧圆心　　　　　b) 确定起点　　　　　　　　c) 确定终点

图 2-43　圆心 / 起 / 终点绘制圆弧的过程

圆弧绘制完成后，可以在"圆弧"属性管理器（见图 2-44）中修改其属性。

2. 切线弧

切线弧是指与草图实体相切的弧线。草图实体可以是直线、圆弧、椭圆和样条曲线等。

01 执行命令。在草图绘制状态下，单击"草图"选项卡"圆心 / 起 / 终点绘制圆弧"下拉列表中的"切线弧"按钮 ，或者执行"工具"→"草图绘制实体"→"切线弧"菜单命令，开始绘制切线弧。

02 确定切线弧起点。在已经存在的草图实体的端点处单击，确定切线弧起点，系统弹出如图 2-44 所示的"圆弧"属性管理器，鼠标指针变为 形状。

03 确定切线弧终点。拖动鼠标绘制圆弧的形状，然后单击确定切线弧终点。

04 确定绘制的切线弧。单击"圆弧"属性管理器中的"确定"按钮 ，完成切线弧的绘制。图 2-45 所示为绘制直线的切线弧。

在绘制切线弧时，系统可以从鼠标指针的移动推理是需要绘制切线弧还是法线弧，存在 4 个目的区，具有如图 2-46 所示的 8 种可能结果。沿相切方向移动鼠标指针将生成切线弧，沿垂直方向移动将生成法线弧。可以通过返回到端点，然后向新的方向移动在切线弧和法线弧之间进行切换。

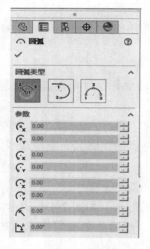

图 2-44 "圆弧"属性管理器

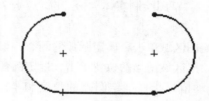

图 2-45 绘制直线的切线弧

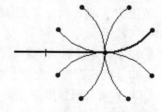

图 2-46 切线弧和法线弧（8 种）

选择绘制的切线弧，在"圆弧"属性管理器中可以修改切线弧的属性。

 注意

绘制切线弧时，鼠标指针拖动的方向会影响绘制圆弧的样式，因此在绘制切线弧时，鼠标指针最好沿着产生圆弧的方向拖动。

3. 三点圆弧

三点圆弧是通过起点、终点与中点的方式绘制圆弧。图 2-47 所示为三点圆弧的绘制过程。

01 执行命令。在草图绘制状态下，单击"草图"选项卡"圆心 / 起 / 终点绘制圆弧"下拉列表中的"三点圆弧"按钮 ，或者执行"工具"→"草图绘制实体"→"三点圆弧"菜单命令，开始绘制圆弧，此时鼠标指针变为 形状。

02 确定圆弧起点。在绘图区域单击，确定圆弧的起点，如图2-47a所示。

03 确定圆弧终点。拖动鼠标指针到圆弧结束的位置，然后单击确定圆弧终点，如图2-47b所示。

04 确定圆弧的中点。拖动鼠标指针确定圆弧的半径和方向，然后单击确定圆弧的中点，如图2-47c所示。

05 确定绘制的圆弧。单击"圆弧"属性管理器中的"确定"按钮，完成三点圆弧的绘制。

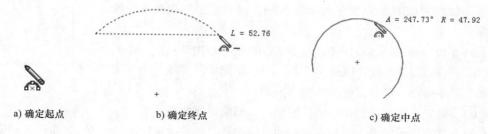

a) 确定起点　　　　　b) 确定终点　　　　　　　　　c) 确定中点

图2-47　三点圆弧绘制过程

选择绘制的三点圆弧，在"圆弧"属性管理器中可以修改三点圆弧的属性。

4. 直线命令绘制圆弧

直线命令除了可以绘制直线外，还可以绘制连接在直线端点处的切线弧。使用该命令，必须首先绘制一条直线，然后才能绘制圆弧。图2-48所示为使用直线命令绘制圆弧的过程。

01 执行直线命令。在草图绘制状态下，单击"草图"选项卡中的"直线"按钮，或者执行"工具"→"草图绘制实体"→"直线"菜单命令，首先绘制一条直线。

02 在不结束绘制直线命令的情况下，将鼠标指针向旁边拖动，确定圆弧起点，如图2-48a所示。

03 将鼠标指针拖到直线的终点，开始绘制圆弧，如图2-48b所示。

04 拖动鼠标指针到图中适当的位置，然后单击确定圆弧的大小。

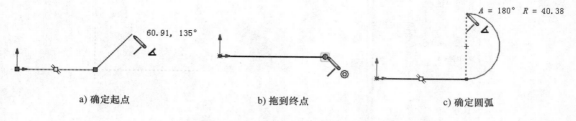

a) 确定起点　　　　　b) 拖到终点　　　　　　c) 确定圆弧

图2-48　使用直线命令绘制圆弧过程

要将直线转换为绘制圆弧的状态，必须先将鼠标指针拖至终点，然后拖出才能绘制圆弧。也可以在此状态下右键单击，系统弹出如图2-49所示的快捷菜单，单击其中的"转到圆弧"命令绘制圆弧。同样，在绘制圆弧的状态下，可以单击快捷菜单中的"转到直线"命令，绘制直线。

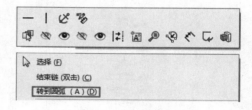

图2-49　快捷菜单

2.3.5 绘制矩形

绘制矩形的方法有五种，即使用边角矩形、中心矩形、三点边角矩形、三点中心矩形与平行四边形命令绘制矩形。

1. 边角矩形命令绘制矩形

使用边角矩形命令绘制矩形的方法是标准的矩形草图绘制方法。绘制矩形时，需要先指定矩形的左上与右下的端点以确定矩形的长度和宽度。

下面以绘制如图 2-50 所示的矩形为例，说明绘制边角矩形的操作步骤。

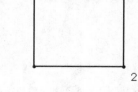

图 2-50　绘制边角矩形

01 执行命令。在草图绘制状态下，单击"草图"选项卡中的"边角矩形"按钮 ，或者执行"工具"→"草图绘制实体"→"边角矩形"菜单命令，此时鼠标指针变为 形状。

02 确定矩形角点。在绘图区域单击，确定矩形的角点 1。

03 确定矩形的另一个角点。移动鼠标指针，单击确定矩形的角点 2，矩形绘制完毕。

在绘制矩形时，既可以移动鼠标指针确定矩形的角点 2，也可以在确定第一个角点时不释放鼠标，直接拖动鼠标指针确定角点 2。

矩形绘制完毕后，用左键拖动矩形的一个角点，可以动态地改变矩形的尺寸。"矩形"属性管理器如图 2-51 所示。

2. 中心矩形命令绘制矩形

使用中心矩形命令绘制矩形的方法即通过指定矩形的中心与右上的端点来确定矩形的中心和四条边线。

下面以绘制图 2-52 所示的矩形为例，说明绘制中心矩形的操作步骤。

图 2-51　"矩形"属性管理器

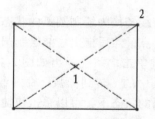

图 2-52　绘制中心矩形

01 执行命令。在草图绘制状态下，单击"草图"选项卡中的"中心矩形"按钮▢，或者执行"工具"→"草图绘制实体"→"中心矩形"菜单命令，此时鼠标指针变为▷ 形状。

02 确定矩形中心点。在绘图区域单击，确定矩形的中心点 1。

03 确定矩形的一个角点。移动鼠标指针，单击确定矩形的角点 2，矩形绘制完毕。

3. 三点边角矩形命令绘制矩形

三点边角矩形命令绘制矩形通过指定三个点来确定矩形。其中，前面两个点定义角度和一条边，第三点确定另一条边。

下面以绘制如图 2-53 所示的矩形为例，说明使用三点边角矩形命令绘制矩形的操作步骤。

01 执行命令。在草图绘制状态下，单击"草图"选项卡中的"三点边角矩形"按钮◇，或者执行"工具"→"草图绘制实体"→"三点边角矩形"菜单命令，此时鼠标指针变为▷ 形状。

02 确定矩形边角点。在绘图区域单击，确定矩形的边角点 1。

03 确定矩形的另一个边角点。移动鼠标指针，单击确定矩形的另一个边角点 2。

04 确定矩形的第三个边角点。继续移动鼠标指针，单击确定矩形的第三个边角点 3，矩形绘制完毕。

4. 三点中心矩形命令绘制矩形

三点中心矩形命令绘制矩形通过指定三个点来确定矩形。

下面以绘制如图 2-54 所示的矩形为例，说明使用三点中心矩形命令绘制矩形的操作步骤。

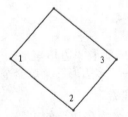

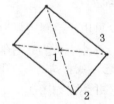

图 2-53　绘制三点边角矩形　　　　图 2-54　绘制三点中心矩形

01 执行命令。在草图绘制状态下，单击"草图"选项卡"边角矩形"下拉列表中的"三点中心矩形"按钮◇，或者执行"工具"→"草图绘制实体"→"三点中心矩形"菜单命令，此时鼠标指针变为▷ 形状。

02 确定矩形中心点。在绘图区域单击，确定矩形的中心点 1。

03 确定矩形一条边的一半长度。移动鼠标指针，单击确定矩形一条边线的一半长度的端点 2。

04 确定矩形的一个角点。移动鼠标指针，单击确定矩形的角点 3，矩形绘制完毕。

5. 平行四边形命令绘制矩形

使用平行四边形命令既可以生成平行四边形，也可以生成边线与草图网格线不平行或不垂直的矩形。

下面以绘制图 2-55 所示的平行四边形为例，说明使用平行四边形命令绘制矩形的步骤。

01 执行命令。在草图绘制状态下，单击"草图"选项卡"边角矩形"下拉列表中的"平行四边形"按钮▱，或者执行"工具"→"草图绘制实体"→"平行四边形"菜单命令，

此时鼠标指针变为 形状。

02 确定平行四边形的第一个点。在绘图区域单击，确定平行四边形的第一个点 1。

03 确定平行四边形的第二个点。移动鼠标指针，在适当的位置单击，确定平行四边形的第二个点 2。

04 确定平行四边形的第三个点。移动鼠标指针，在适当的位置单击，确定平行四边形的第三个点 3。平行四边形绘制完毕。

平行四边形绘制完毕后，用鼠标左键拖动平行四边形的一个角点，可以动态地改变平行四边形的尺寸。

在确定平行四边形的点 1 与点 2 后，按住 Ctrl 键，移动鼠标指针改变平行四边形的形状，在适当的位置单击，可以完成任意形状的平行四边形的绘制。图 2-56 所示为绘制的任意形状平行四边形。

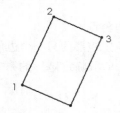
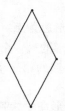

图 2-55　绘制平行四边形　　　　　　　　　图 2-56　绘制的任意形状平行四边形

2.3.6　绘制多边形

多边形命令可用于绘制边数为 3~40 的等边多边形。

01 执行命令。在草图绘制状态下，单击"草图"选项卡"边角矩形"下拉列表中的"多边形"按钮 ，或者执行"工具"→"草图绘制实体"→"多边形"菜单命令，此时鼠标指针变为 形状，并弹出如图 2-57 所示的"多边形"属性管理器。

02 确定多边形的边数。在"多边形"属性管理器中输入多边形的边数。也可以使用默认的边数，在绘制多边形以后再修改其边数。

03 确定多边形的中心。在绘图区域单击，确定多边形的中心。

04 确定多边形的形状。移动鼠标指针，在适当的位置单击，确定多边形的形状。

05 设置多边形参数。在"多边形"属性管理器中选择是内切圆模式还是外接圆模式，然后修改多边形辅助圆直径以及角度。

06 绘制其他多边形。如果还要绘制另一个多边形，单击属性管理器中的"新多边形"按钮，然后重复步骤 **02** ~ **05** 即可。

图 2-58 所示为绘制的一个多边形。

在绘制多边形时，既可先在"多边形"属性管理器中设置多边形的属性，再绘制多边形，也可以先按照默认的设置绘制好多边形，再在属性管理器中进行修改。

 注意

多边形辅助圆有内切圆和外接圆两种，两者的区别主要在于标注方法的不同。内切圆是表示圆中心到各边的垂直距离，外接圆是表示圆中心到多边形端点的距离。

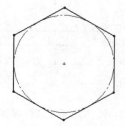

图 2-57 "多边形"属性管理器   图 2-58 绘制的一个多边形

2.3.7 绘制椭圆与部分椭圆

椭圆由中心点、长轴长度与短轴长度确定，三者缺一不可。下面将分别介绍椭圆和部分椭圆的绘制方法。

1. 绘制椭圆

01 执行命令。在草图绘制状态下，单击"草图"选项卡中的"椭圆"按钮 ◎ ，或者执行"工具"→"草图绘制实体"→"椭圆"菜单命令，此时鼠标指针变为 形状。

02 确定椭圆的中心。在绘图区域适当的位置单击鼠标，确定椭圆的中心。

03 确定椭圆的长半轴。移动鼠标指针，在鼠标指针附近会显示椭圆的长半轴 R 和短半轴 r。在图中适当的位置单击，确定椭圆的长半轴 R。

04 确定椭圆的短半轴。移动鼠标指针，在图中适当的位置单击，确定椭圆的短半轴 r，此时会出现如图 2-59 所示的"椭圆"属性管理器。

05 修改椭圆参数。在"椭圆"属性管理器中修改椭圆的中心坐标以及长半轴和短半轴的数值。

06 确认绘制的椭圆。单击"椭圆"属性管理器中的"确定"按钮 ，完成椭圆的绘制。图 2-60 所示为绘制的一个椭圆。

椭圆绘制完毕后，用左键拖动椭圆的中心和四个特征点，可以改变椭圆的形状。当然，通过"椭圆"属性管理器可以精确地修改椭圆的位置和长、短半轴。

2. 绘制部分椭圆

01 执行命令。在草图绘制状态下，单击"草图"选项卡"椭圆"下拉列表中的"部分椭圆"按钮 ，或者执行"工具"→"草图绘制实体"→"部分椭圆"菜单命令，此时鼠标指针变为 形状。

02 确定椭圆弧的中心。在绘图区域适当的位置单击，确定椭圆弧的中心。

图 2-59　"椭圆"属性管理器

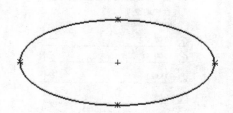

图 2-60　绘制的一个椭圆

03 确定椭圆弧的长半轴。移动鼠标指针，在鼠标指针附近会显示椭圆的长半轴 R 和短半轴 r。在图中适当的位置单击，确定椭圆弧的长半轴 R。

04 确定椭圆弧的短半轴。移动鼠标指针，在图中适当的位置单击，确定椭圆弧的短半轴 r。

05 设置属性管理器。绕圆周移动鼠标指针，确定椭圆弧的范围，此时会出现"椭圆弧"属性管理器，在其中根据需要设置椭圆弧的参数。

06 确认椭圆弧。单击"椭圆弧"属性管理器中的"确定"按钮 ✓ ，完成椭圆弧的绘制。图 2-61 所示为绘制部分椭圆的过程。

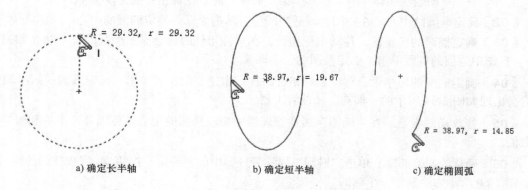

a) 确定长半轴　　　　　b) 确定短半轴　　　　　c) 确定椭圆弧

图 2-61　绘制部分椭圆的过程

2.3.8　绘制抛物线

抛物线的绘制方法是先确定抛物线的焦点，然后确定抛物线的焦距，最后确定抛物线的起点和终点。

01 执行命令。在草图绘制状态下，单击"草图"选项卡中的"抛物线"按钮 ∪ ，或者执行"工具"→"草图绘制实体"→"抛物线"菜单命令，此时鼠标指针变为 ♪ 形状。

02 确定抛物线的焦点。在绘图区域适当的位置单击，确定抛物线的焦点。

03 确定抛物线的焦距。移动鼠标指针，在图中适当的位置单击，确定抛物线的焦距。

04 确定抛物线的起点。移动鼠标指针，在图中适当的位置单击，确定抛物线的起点。

05 设置属性管理器。移动鼠标指针，在图中适当的位置单击，确定抛物线的终点，此时会出现"抛物线"属性管理器，在其中根据需要设置抛物线的参数。

06 确认绘制的抛物线。单击"抛物线"属性管理器中的"确定"按钮 ✓，完成抛物线的绘制。

图 2-62 所示为绘制抛物线的过程。

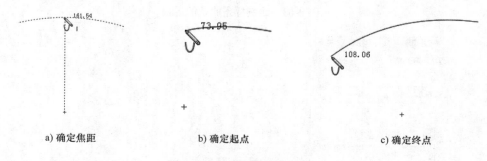

a) 确定焦距　　　　　　　b) 确定起点　　　　　　　c) 确定终点

图 2-62　绘制抛物线的过程

用左键拖动抛物线的特征点，可以改变抛物线的形状。拖动抛物线的顶点，使其偏离焦点，可以使抛物线更加平缓；反之，抛物线会更加尖锐。拖动抛物线的起点或者终点，可以改变抛物线一侧的长度。

如果要改变抛物线的属性，在草图绘制状态下，选择绘制的抛物线，在特征管理区会出现"抛物线"属性管理器，按照需要修改其中的参数，就可以修改相应的属性。

2.3.9　绘制样条曲线

SOLIDWORKS 2024 提供了强大的样条曲线绘制功能。绘制样条曲线至少需要两个点，可以在端点指定相切。

01 执行命令。在草图绘制状态下，单击"草图"选项卡中的"样条曲线"按钮 Ⅳ，或者执行"工具"→"草图绘制实体"→"样条曲线"菜单命令，此时鼠标指针变为 形状。

02 确定样条曲线的起点。在绘图区域单击，确定样条曲线的起点。

03 确定样条曲线的第二个点。移动鼠标指针，在图中适当的位置单击，确定样条曲线上的第二点。

04 确定样条曲线的其他点。继续移动鼠标指针，确定样条曲线上的其他点。

05 退出样条曲线的绘制。按 Esc 键，或者双击退出样条曲线的绘制。

图 2-63 所示为绘制样条曲线的过程。

样条曲线绘制完毕后，可以通过以下方式对样条曲线进行编辑和修改。

❶ "样条曲线"属性管理器。"样条曲线"属性管理器如图 2-64 所示，在其中的"参数"选项组中可以对样条曲线进行修改。

❷ 样条曲线上的点。选择要修改的样条曲线，此时样条曲线上会出现点，用左键拖动这些

点就可以实现对样条曲线的修改。图 2-65 所示为样条曲线的修改过程，其中图 2-65a 所示为修改前的图形，图 2-65b 所示为向上拖动点 1 后的图形。

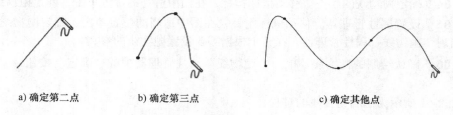

a) 确定第二点　　　　　　　b) 确定第三点　　　　　　　　　c) 确定其他点

图 2-63　绘制样条曲线的过程

图 2-64　"样条曲线"属性管理器

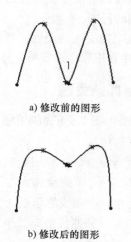

a) 修改前的图形

b) 修改后的图形

图 2-65　样条曲线的修改过程

❸ 插入样条曲线型值点。确定样条曲线形状的点称为型值点，即除样条曲线端点以外的点。在样条曲线绘制以后，还可以插入一些型值点。右键单击样条曲线，在弹出的快捷菜单中选择"插入样条曲线型值点"，然后在需要添加的位置单击即可。

❹ 删除样条曲线型值点。单击选择要删除的点，然后按 Delete 键即可。

样条曲线的编辑功能还有显示样条曲线控标、显示拐点、显示最小半径与显示曲率检查等，在此不一一介绍，读者可以右键单击，在弹出的快捷菜单中选择相应的功能进行练习。

注意

系统默认会显示样条曲线的控标。单击"样条曲线"工具栏中的"显示样条曲线控标"按钮 ，可以隐藏或者显示样条曲线的控标。

2.3.10 绘制草图文字

草图文字可以在零件特征面上添加，用于拉伸和切除文字，形成立体效果。文字可以添加在任何连续曲线或边线组中，包括由直线、圆弧或样条曲线组成的圆或轮廓。

01 执行命令。在草图绘制状态下，单击"草图"选项卡中的"文本"按钮 ，或者执行"工具"→"草图绘制实体"→"文本"菜单命令，系统弹出如图 2-66 所示的"草图文字"属性管理器。

02 指定定位线。在绘图区域选择一条边线、曲线、草图或草图线段，作为绘制文字草图的定位线，此时所选择的边线会出现在"草图文字"属性管理器中的"曲线"选项组中。

03 输入绘制的草图文字。在"草图文字"属性管理器中的"文字"选项组中输入要添加的文字"SOLIDWORKS 2024"。此时，添加的文字会出现在绘图区域的曲线上。

04 修改字体。如果不需要系统默认的字体，可单击取消属性管理器中"使用文档字体"的勾选，然后单击"字体"按钮，系统弹出如图 2-67 所示的"选择字体"对话框，在其中按照需要进行设置。

图 2-66 "草图文字"属性管理器

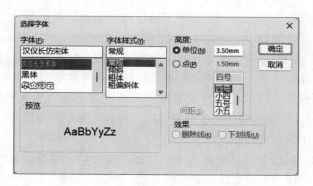

图 2-67 "选择字体"对话框

05 确认绘制的草图文字。设置好字体后，单击"选择字体"对话框中的"确定"按钮，然后单击"草图文字"属性管理器中的"确定"按钮 ，完成草图文字的绘制。

> **注意**
>
> 　1）在草图绘制模式下，双击已绘制的草图文字，在系统弹出的"草图文字"属性管理器中可以对其进行修改。
>
> 　2）如果曲线为草图实体或一组草图实体，而且草图文字与曲线位于同一草图内，必须将草图实体转换为几何构造线。

图 2-68 所示为绘制的草图文字，图 2-69 所示为拉伸后的草图文字。

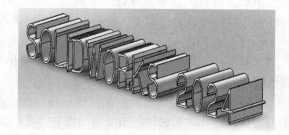

SOLIDWORKS 2024

图 2-68　绘制的草图文字　　　　　　　　　图 2-69　拉伸后的草图文字

2.4　草图编辑工具

本节将主要介绍草图编辑工具的使用方法，包括圆角、倒角、等距实体、剪裁、延伸、镜向⊖、阵列和缩放等。

2.4.1　圆角

圆角工具是将两个草图实体的交叉处剪裁掉角部，生成一个与两个草图实体都相切的圆弧。此工具在 2D 和 3D 草图中均可使用。

下面以如图 2-70b 所示的图形为例说明圆角的步骤。

01 执行命令。在草图编辑状态下，单击"草图"选项卡中的"绘制圆角"按钮，或者执行"工具"→"草图工具"→"圆角"菜单命令，系统弹出如图 2-71 所示的"绘制圆角"属性管理器。

02 设置圆角属性。在"绘制圆角"属性管理器中设置圆角的半径。如果顶点具有尺寸或几何关系，选中"保持拐角处约束条件"复选框将保留虚拟交点；如果不选中该复选框，在顶点具有尺寸或几何关系时，将会询问您是否想在生成圆角时删除这些几何关系。如果选中"标注每个圆角的尺寸"复选框，将标注每个圆角尺寸；如果不选中该复选框，则只标注相同圆角中的一个尺寸。

03 选择绘制圆角的直线。设置好"绘制圆角"属性管理器后，用左键选择如图 2-70a 所示图形中的直线 1 和直线 2、直线 2 和直线 3、直线 3 和直线 4、直线 4 和直线 1。

04 确认绘制的圆角。单击"绘制圆角"属性管理器中的"确定"按钮，完成圆角的绘制。不勾选"标注每个圆角的尺寸"复选框绘制的圆角如图 2-70b 所示，勾选"标注每个圆

　　⊖　应为镜像，但是 SOLIDWORKS 2024 中汉化为镜向，为了保持一致，统一为镜向。

角的尺寸"复选框绘制的圆角如图 2-70c 所示。

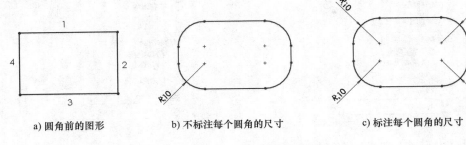

a) 圆角前的图形   b) 不标注每个圆角的尺寸   c) 标注每个圆角的尺寸

图 2-70 绘制圆角的过程

 注意

> SOLIDWORKS 可以将两个非交叉的草图实体进行圆角。执行圆角命令后，草图实体将被拉伸，相应的边角将被圆角处理。

2.4.2 倒角

倒角工具可将倒角应用到相邻的草图实体中。此工具在 2D 和 3D 草图中均可使用。倒角的选取方法与圆角相同。"绘制倒角"属性管理器中提供了两种设置倒角的方式，分别是"角度距离"倒角方式和"距离 - 距离"倒角方式。

下面以绘制如图 2-72b 所示的倒角为例说明倒角的步骤。

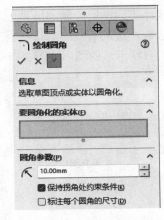

图 2-71 "绘制圆角"属性管理器

   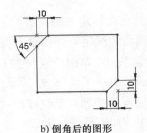

a) 倒角前的图形   b) 倒角后的图形

图 2-72 倒角的步骤

01 执行命令。在草图编辑状态下，单击"草图"选项卡中的"绘制倒角"按钮 ，或者执行"工具"→"草图工具"→"倒角"菜单命令，系统弹出"绘制倒角"属性管理器。

02 设置"角度距离"倒角方式。在"绘制倒角"属性管理器中，勾选"角度距离"选项，设置倒角参数如图 2-73 所示，然后选择如图 2-72a 所示图形中的直线 1 和直线 4。

03 设置"距离 - 距离"倒角方式。在"绘制倒角"属性管理器中，勾选"距离 - 距离"选项，按照如图 2-74 所示设置倒角方式，选择如图 2-72a 所示图形中的直线 2 和直线 3。

04 确认倒角。单击"绘制倒角"属性管理器中的"确定"按钮 ，完成倒角的绘制。

图 2-73 "角度距离"倒角方式　　　　图 2-74 "距离 - 距离"倒角方式

以"距离 - 距离"方式绘制倒角时，如果设置的两个倒角距离不相等，选择不同草图实体的次序不同，则绘制的结果也不相同。例如，图 2-75a 所示为原始图形，设置 D1=10、D2=20，先选取左边的直线、后选择右边直线形成的图形如图 2-75b 所示，先选取右边的直线、后选择左边直线形成的图形如图 2-75c 所示。

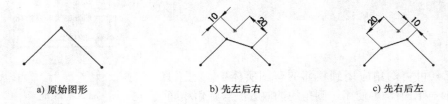

a) 原始图形　　　　　　　　b) 先左后右　　　　　　　　c) 先右后左

图 2-75 选择直线次序不同形成的倒角

2.4.3 等距实体

等距实体工具可按特定的距离等距一个或者多个草图实体、所选模型边线或模型面，如样条曲线或圆弧、模型边线组、环等草图实体。

01 执行命令。在草图绘制状态下，单击"草图"选项卡中的"等距实体"按钮 ⊏，或者执行"工具"→"草图工具"→"等距实体"菜单命令。

02 设置属性管理器。系统弹出"等距实体"属性管理器，如图 2-76 所示。在"等距实体"属性管理器中按照需要进行设置。

03 选择等距对象。单击选择要等距的实体对象。

04 确认等距的实体。单击"等距实体"属性管理器中的"确定"按钮 ✓，完成等距实体的绘制。

"等距实体"属性管理器中各选项的含义如下：

（1）等距距离：设定数值，以特定距离来等距草图实体。

（2）添加尺寸：在草图中添加等距距离的尺寸标注（这不会影响到包括在原有草图实体中的任何尺寸）。

（3）反向：更改单向等距实体的方向。

（4）选择链：生成所有连续草图的等距实体。

（5）双向：在草图中双向生成等距实体。

（6）顶端加盖：通过选择双向并添加一顶盖来延伸原有非相交草图实体。

（7）构造几何体：将原有草图实体转换到构造性直线。

"基本几何体"复选框：勾选该复选框将原有草图实体转换到构造性直线。

"偏移几何体"复选框：勾选该复选框将偏移的草图实体转换到构造性直线。

如图 2-77 所示为按照图 2-76 所示的"等距实体"属性管理器进行设置后，选取中间草图实体中任意一部分得到的图形。

图 2-76　"等距实体"属性管理器

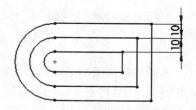

图 2-77　等距后的草图实体

图 2-78 所示为在模型面上等距实体，其中图 2-78a 所示为原始图形，图 2-78b 所示为等距实体后的图形。操作步骤为：先选择图 2-78a 所示模型中的上表面，然后进入草图绘制状态，再执行等距实体命令，设置单向等距距离为 10mm。

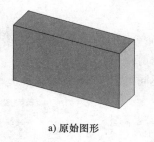

a) 原始图形

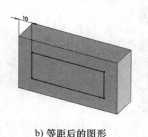

b) 等距后的图形

图 2-78　模型面等距实体

 注意

在草图绘制状态下，双击等距距离的尺寸，然后更改数值，可以修改等距实体的距离。在双向等距中，修改单个数值就可以更改两个等距的尺寸。

2.4.4　转换实体引用

转换实体引用是通过已有模型或者草图，将其边线、环、面、曲线、外部草图轮廓线、一组边线或一组草图曲线投影到草图基准面上。通过这种方式，可以在草图基准面上生成一个或多个草图实体。使用该命令时，如果引用的实体发生更改，那么转换的草图实体也会相应地改变。

下面以图 2-79 所示的图形为例说明转换实体引用的操作步骤。

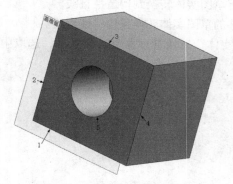 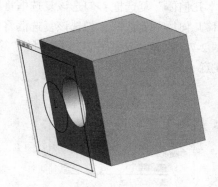

a) 转换实体引用前的图形　　　　　　　　　b) 转换实体引用后的图形

图 2-79　转换实体引用的操作步骤

01 选择添加草图的基准面。在特征管理器的树状目录中选择要添加草图的基准面，本例选择基准面 1，然后单击"草图"选项卡中的"草图绘制"按钮 ，进入草图绘制状态。

02 选择实体边线。按住 Ctrl 键，选取如图 2-79a 所示图形中的边线 1、2、3、4 以及圆弧 5。

03 执行命令。单击"草图"选项卡中的"转换实体引用"按钮 ，或者执行"工具"→"草图工具"→"转换实体引用"菜单命令，进行转换实体引用操作。

04 确认转换实体。退出草图绘制状态，转换实体引用后的图形如图 2-79b 所示。

2.4.5　草图剪裁

草图剪裁是常用的草图编辑命令。执行草图剪裁命令时，系统会弹出如图 2-80 所示的"剪裁"属性管理器，根据剪裁草图实体的不同，可以选择不同的剪裁模式。下面介绍不同类型的草图剪裁模式。

（1）强劲剪裁：通过将鼠标拖过每个草图实体来剪裁草图实体。

（2）边角：剪裁两个草图实体，直到它们在虚拟边角处相交。

（3）在内剪除：选择两个边界实体，然后选择要剪裁的实体，剪裁位于两个边界实体内的草图实体。

（4）在外剪除：剪裁位于两个边界实体外的草图实体。

（5）剪裁到最近端：将一草图实体剪裁到最近端交叉实体。

下面以如图 2-81 所示的图形为例说明草图剪裁的操作步骤，其中如图 2-81a 所示为剪裁前的图形，图 2-81b 所示为剪裁后的图形。

01 执行命令。在草图编辑状态下，单击"草图"选项

图 2-80　"剪裁"属性管理器

卡中的"剪裁实体"按钮 ，或者执行"工具"→"草图工具"→"剪裁"菜单命令，系统弹出"剪裁"属性管理器。

a) 剪裁前的图形   b) 剪裁后的图形

图 2-81　剪裁实体

02 设置剪裁模式。选择"剪裁"属性管理器中的"剪裁到最近端"模式。

03 选择需要剪裁的直线。依次单击图 2-81a 的 A 处和 B 处，剪裁图中的直线。

04 确认剪裁实体。单击"剪裁"属性管理器中的"确定"按钮 ✅，完成草图实体的剪裁，结果如图 2-81b 所示。

2.4.6　草图延伸

草图延伸是常用的草图编辑命令。利用该命令可以将草图实体延伸至另一个草图实体。

下面以图 2-82 所示的图形为例说明草图延伸的操作步骤，其中图 2-82a 所示为延伸前的图形，图 2-82b 所示为延伸后的图形。

01 执行命令。在草图编辑状态下，单击"草图"选项卡中的"延伸实体"按钮 ▼，或者执行"工具"→"草图工具"→"延伸"菜单命令，此时鼠标指针变为 ▼，进入草图延伸状态。

02 选择需要延伸的直线。单击图 2-82a 中的直线。

03 确认延伸的直线。按住 Esc 键退出延伸实体状态，结果如图 2-82b 所示。

a) 延伸前的图形   b) 延伸后的图形

图 2-82　草图延伸

在延伸草图实体时，如果两个方向都可以延伸，而只需要单一方向延伸时，单击延伸方向一侧的实体部分即可。在执行该命令的过程中，实体延伸的结果预览会以红色显示。

2.4.7　分割草图

分割草图是将一个连续的草图实体分割为两个草图实体，以方便进行其他操作。反之，也可以删除一个分割点，将两个草图实体合并成一个草图实体。

下面以图 2-83 所示的图形为例说明分割草图的操作步骤，其中图 2-83a 所示为分割前的图形，图 2-83b 所示为分割后的图形。

01 执行命令。在草图编辑状态下，选择菜单栏中的"工具"→"草图工具"→"分割实体"命令，进入分割草图状态。

02 确定添加分割点的位置。单击图 2-83a 中圆弧的适当位置，添加一个分割点。

03 确认添加的分割点。按住 Esc 键退出分割草图状态，结果如图 2-83b 所示。

a) 分割前的图形 b) 分割后的图形

图 2-83 分割草图

在草图编辑状态下，如果欲将两个草图实体合并为一个草图实体，单击选中分割点，然后按 Delete 键即可。

2.4.8 镜向草图

在绘制草图时，经常要绘制对称的图形，这时可以使用镜向实体命令来实现。"镜向"属性管理器如图 2-84 所示。

在 SOLIDWORKS 2024 中，镜向轴不再仅限于构造线，它可以是任意类型的直线。SOLIDWORKS 2024 提供了两种镜向方式，一种是镜向现有草图实体，另一种是在绘制草图的过程中动态镜向草图实体。下面将分别介绍。

1. 镜向现有草图实体

下面以图 2-85 所示图形为例介绍镜向现有草图实体的操作步骤，其中图 2-85a 所示为镜向前的图形，图 2-85b 所示为镜向后的图形。

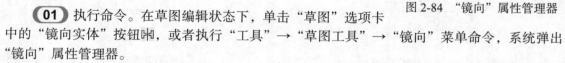

图 2-84 "镜向"属性管理器

01 执行命令。在草图编辑状态下，单击"草图"选项卡中的"镜向实体"按钮嘞，或者执行"工具"→"草图工具"→"镜向"菜单命令，系统弹出"镜向"属性管理器。

02 选择需要镜向的实体。单击属性管理器中"要镜向的实体"下面的编辑框，其变为粉红色，然后在绘图区域中框选图 2-85a 中直线左侧的图形。

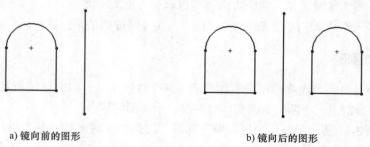
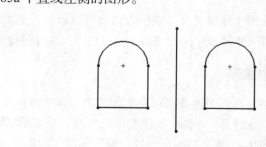

a) 镜向前的图形 b) 镜向后的图形

图 2-85 镜向草图

03 选择镜向轴。单击属性管理器中"镜向轴"下面的编辑框，其变为粉红色，然后在绘图区域中选取图 2-85a 中的直线。

04 确认镜向的实体。单击"镜向"属性管理器中的"确定"按钮✓，草图实体镜向完毕，结果如图 2-85b 所示。

2. 动态镜向草图实体

下面以图 2-86 所示图形为例说明动态镜向草图实体的绘制过程。

01 确定镜向轴。在草图绘制状态下，在绘图区域中绘制一条中心线，并选取它。

02 执行镜向命令。选择菜单栏中的"工具"→"草图工具"→"动态镜向"命令，此时在中心线的两端出现对称符号。

03 镜向实体。在中心线的一侧绘制草图，另一侧会动态地镜向绘制的草图。

04 确认镜向实体。草图绘制完毕后，再次单击直线动态草图实体命令，即可结束该命令的使用。

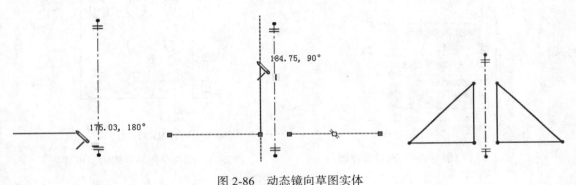

图 2-86 动态镜向草图实体

> ⚠ **注意**
>
> 镜向实体在 3D 草图中不可使用。

2.4.9 线性草图阵列

线性草图阵列就是将草图实体沿一个或者两个轴复制生成多个排列图形。执行该命令时，系统弹出如图 2-87 所示的"线性阵列"属性管理器。

下面以图 2-88 所示的图形为例说明线性草图阵列的绘制步骤，其中图 2-88a 所示为阵列前的图形，图 2-88b 所示为阵列后的图形。

01 执行命令。在草图编辑状态下，单击"草图"选项卡中的"线性草图阵列"按钮❖，或者执行"工具"→"草图工具"→"线性阵列"菜单命令，系统弹出"线性阵列"属性管理器。

02 设置属性管理器。在"线性阵列"属性管理器中的"要阵列的实体"中选取如图 2-88a 中直径为 10.00mm 的圆弧，其他参数按照图 2-87 所示进行设置。

03 确认阵列的实体。单击"线性阵列"属性管理器中的"确定"按钮✓，结果如图 2-88b 所示。

图 2-87　"线性阵列"属性管理器

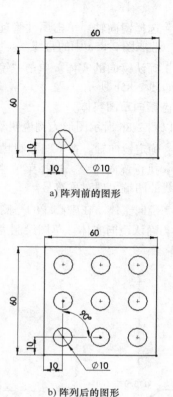

a) 阵列前的图形

b) 阵列后的图形

图 2-88　线性草图阵列的绘制步骤

2.4.10　圆周草图阵列

圆周草图阵列就是将草图实体沿一个指定大小的圆弧进行环状阵列。执行该命令时，系统会弹出如图 2-89 所示的"圆周阵列"属性管理器。

下面以图 2-90 所示的图形为例说明圆周草图阵列的绘制步骤，其中图 2-90a 所示为阵列前的图形，图 2-90b 所示为阵列后的图形。

01 执行命令。在草图编辑状态下，单击"草图"选项卡"线性草图阵列"下拉列表中的"圆周草图阵列"按钮 ，或者执行"工具"→"草图工具"→"圆周阵列"菜单命令，系统弹出"圆周阵列"属性管理器。

02 设置属性管理器。在"圆周阵列"属性管理器"要阵列的实体"中选取如图 2-90a 所示图形中圆弧外的三条直线，在"参数"选项组的第一栏中选择圆弧的圆心，在"数量"栏中输入 8。

03 确认阵列的实体。单击"圆周阵列"属性管理器中的"确定"按钮 ，结果如图 2-90b 所示。

图 2-89　"圆周阵列"属性管理器

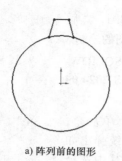

a) 阵列前的图形

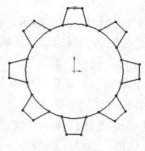

b) 阵列后的图形

图 2-90　圆周草图阵列

2.4.11　缩放草图

缩放草图是通过基准点和比例因子对草图实体进行缩放，也可以根据需要在保留原缩放对象的基础上缩放草图。执行命令时，系统会弹出如图 2-91 所示的"比例"属性管理器。

下面以图 2-92 所示的图形为例说明缩放草图实体的操作步骤，其中图 2-92a 所示为缩放比例前的图形，图 2-92b 所示为比例因子为 0.8、不保留原图的图形，图 2-92c 所示为保留原图、复制数为 5 的图形。

图 2-91　"比例"属性管理器

01 执行命令。在草图编辑状态下，单击"草图"选项卡中的"缩放实体比例"按钮 ，或者执行"工具"→"草图工具"→"缩放比例"菜单命令，系统弹出"比例"属性管理器。

02 设置属性管理器。在"比例"属性管理器"要缩放比例的实体"选项组中选取图 2-92a 所示的矩形，在"基准点"栏选取矩形的左下端点，在"比例因子"栏中输入 0.8，结果如图 2-92b 所示。

03 设置属性管理器。勾选"复制"复选框，在"复制数"栏中输入 5，结果如图 2-92c 所示。

04 确认缩放的草图实体。单击"比例"属性管理器中的"确定"按钮 ，草图实体缩放完毕。

a) 缩放比例前的图形　　　　　b) 比例因子为 0.8 的图形　　　　　c) 复制数为 5 的图形

图 2-92　缩放草图

2.4.12 实例——间歇轮

本例绘制的间歇轮如图 2-93 所示。首先绘制中心线和圆，然后绘制直线并对其进行修剪，最后圆周阵列和修剪，完成草图的绘制。

01 启动软件。执行"开始"→"所有应用"→"SOLIDW-ORKS 2024"菜单命令，或者双击桌面上的 SOLIDWORKS 2024 的快捷方式按钮 ，就可以启动该软件。

02 创建零件文件。执行"文件"→"新建"菜单命令，或者单击"快速访问"工具栏中的"新建"按钮 📄，系统弹出如图 2-94 所示的"新建 SOLIDWORKS 文件"对话框，在其中选择"零件"按钮 🧊，单击"确定"按钮，创建一个新的零件文件。

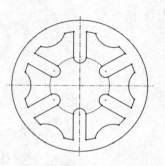

图 2-93　间歇轮

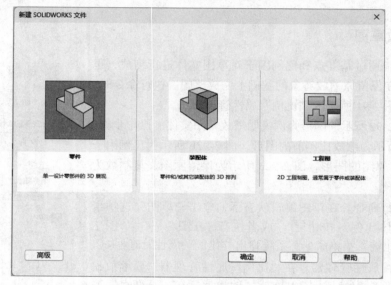

图 2-94　"新建 SOLIDWORKS 文件"对话框

03 保存文件。执行"文件"→"保存"菜单命令，或者单击"快速访问"工具栏中的"保存"按钮 💾，系统弹出"另存为"对话框。在"文件名"文本框中输入"间歇轮"，单击"保存"按钮，创建一个文件名为"间歇轮"的零件文件。

04 创建基准面。在左侧的 FeatureManager 设计树中选择"前视基准面"作为绘图基准面。单击"草图"选项卡中的"草图绘制"按钮 🔲，进入草图绘制状态。

05 绘制中心线。单击"草图"选项卡"直线"下拉列表中的"中心线"按钮 ✐，弹出"插入线条"属性管理器，如图 2-95 所示。绘制如图 2-96 所示的水平中心线，双击，完成水平中心线的绘制。然后绘制竖直中心线，结果如图 2-97 所示。

06 绘制圆。单击"草图"选项卡中的"圆"按钮 ⊙，弹出"圆"属性管理器，如图 2-98 所示。在视图中选择坐标原点作为圆的圆心，在"圆"属性管理器中输入圆半径 32.00mm，如图 2-99 所示。单击"确定"按钮 ✓，绘制的圆如图 2-100 所示。重复"圆"命令，在坐标原点绘制半径为 26.5mm 和 14.00mm 的圆，选择半径为 14.00mm 的圆，在"圆"属性管理器中勾选"作为构造线"复选框，结果如图 2-101 所示。

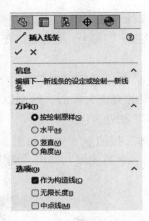

图 2-95 "插入线条"属性管理器

图 2-96 绘制水平中心线

图 2-97 绘制竖直中心线

图 2-98 "圆"属性管理器

图 2-99 输入圆半径

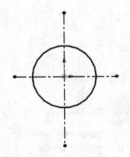

图 2-100 绘制圆

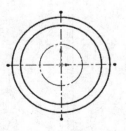

图 2-101 绘制三个圆

07 绘制等距线。单击"草图"选项卡中的"等距实体"按钮 $\sqsubset$，弹出如图 2-102 所示"等距实体"属性管理器，输入"等距距离"为 3.00mm，勾选"双向"复选框，在视图中选择竖直中心线，单击"确定"按钮 ✔，结果如图 2-103 所示。

08 绘制圆弧。单击"草图"选项卡中的"圆心 / 起 / 终点绘制圆弧"按钮 ⌇，弹出如图 2-104 所示的"圆弧"属性管理器。以小圆和竖直中心线的交点为圆心，绘制以两条等距线与小圆的交点为起 / 终点的圆弧，单击"确定"按钮 ✔，结果如图 2-105 所示。

09 修剪图形。单击"草图"选项卡中的"剪裁实体"按钮 ⧈，弹出如图 2-106 所示的"剪裁"属性管理器。单击"剪裁到最近端"按钮 ⊞，剪裁多余的线段，单击"确定"按钮 ✔，结果如图 2-107 所示。

图 2-102 "等距实体"属性管理器

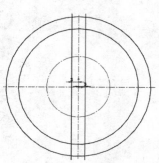

图 2-103 绘制等距线

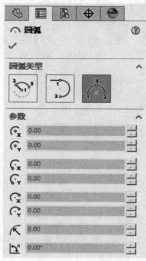

图 2-104 "圆弧"属性管理器

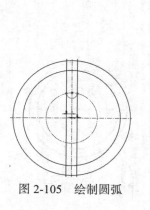

图 2-105 绘制圆弧

图 2-106 "剪裁"属性管理器

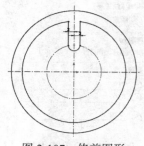

图 2-107 修剪图形

(10) 绘制圆。单击"草图"选项卡中的"圆"按钮⊙，弹出"圆"属性管理器。在视图中选择水平中心线与大圆的交点为圆的圆心，在"圆"属性管理器中输入半径为 9.00mm，单击"确定"按钮✔，绘制的圆如图 2-108 所示。

(11) 阵列图形。单击"草图"选项卡"线性草图阵列"下拉列表中的"圆周草图阵列"按钮🔲，弹出如图 2-109 所示的"圆周阵列"属性管理器。选取坐标原点为阵列中心，输入旋转角度为360.00 度，输入阵列个数为 6，勾选"等间距"复选框，选择修剪后的两条直线和圆弧以及圆为要阵列的实体，单击"确定"按钮✔，阵列图形，结果如图 2-110 所示。

(12) 修剪图形。单击"草图"选项卡中的"剪裁实体"按钮🔧，弹出"剪裁"属性管理器，单击"剪裁到最近端"按钮⊥，剪裁多余的线段，单击"确定"按钮✔，结果如图 2-111 所示。

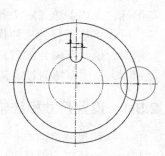

图 2-108　绘制圆

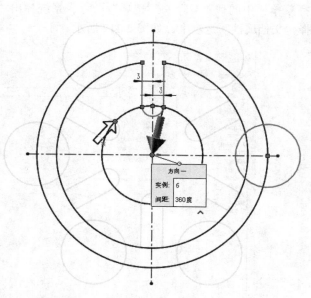

图 2-109　"圆周阵列"属性管理器

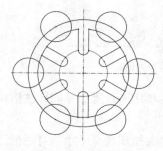

图 2-110　阵列图形

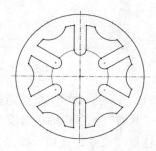

图 2-111　修剪图形

2.5 草图尺寸标注

在 SOLIDWORKS 中，草图尺寸标注主要是对草图形状进行定义。SOLIDWORKS 2024 的草图标注采用参数式定义方式，即图形随着标注尺寸的改变而实时地改变。根据草图的尺寸标注，可以将草图分为三种状态，分别是欠定义状态、完全定义状态与过定义状态。草图以蓝色显示时，说明草图为欠定义状态；草图以黑色显示时，说明草图为完全定义状态；草图以红色显示时，说明草图为过定义状态。

2.5.1 设置尺寸标注格式

在标注尺寸之前，首先要设置尺寸标注的格式和属性。尺寸标注的格式和属性虽然不影响特征建模的效果，但是可以影响图形整体的美观性，所以尺寸标注格式和属性的设置在草图绘制中占有很重要的地位。

尺寸标注格式主要包括尺寸标注的界限、箭头与尺寸数字等的样式。尺寸属性主要包括尺寸标注的数值的精度、箭头的类型、字体的大小与公差等样式。下面将分别介绍尺寸标注格式和尺寸标注属性的设置方法。

选择菜单栏中的"工具"→"选项"命令，系统弹出"文档属性 - 绘图标准"对话框，在其中选择"文档属性"选项卡，如图 2-112 所示。

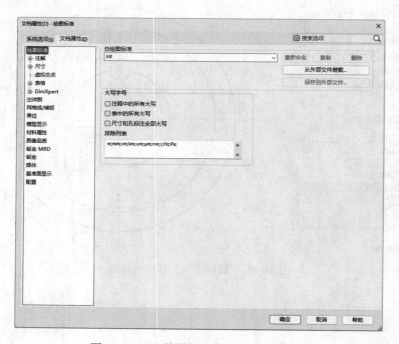

图 2-112 "文档属性 - 绘图标准"对话框

在图 2-112 所示的"文档属性"选项卡中，"尺寸"选项用来设置尺寸的标注格式。

1. 设置"尺寸"选项中的各选项

01 选择"尺寸"选项，弹出如图 2-113 所示的"文档属性 - 尺寸"对话框。在其中的"箭头"选项组中设置箭头的样式与放置位置。

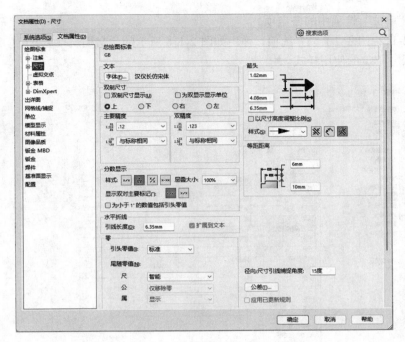

图 2-113 "文档属性 - 尺寸"对话框

02 在"文档属性 - 尺寸"对话框"主要精度"和"双精度"选项组中设置尺寸精度的标注格式。

03 在"文档属性 - 尺寸"对话框"水平折线"选项组中设置引线长度。

04 单击"文档属性 - 尺寸"对话框中的"公差"按钮，系统弹出如图 2-114 所示的"尺寸公差"对话框，在其中设置公差精度的标注格式。

05 在"文档属性 - 尺寸"对话框"文本"选项组中单击"字体"按钮，系统弹出如图 2-115 所示的"选择字体"对话框，在其中设置尺寸字体的标注样式。

图 2-114 "尺寸公差"对话框

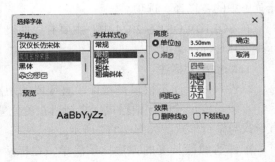

图 2-115 "选择字体"对话框

2. 设置"单位"选项中的各选项

选择图 2-112 中的"单位"选项，弹出如图 2-116 所示的"文档属性 - 单位"对话框，在其中设置标注尺寸单位的使用样式。

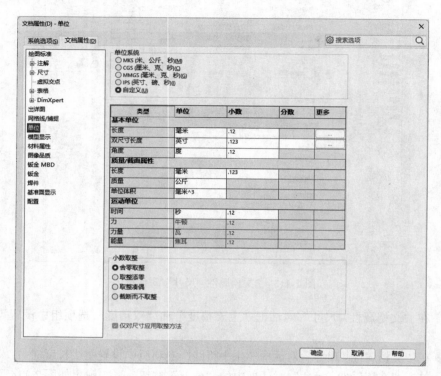

图 2-116 "文档属性 - 单位"对话框

2.5.2 尺寸标注类型

选择菜单栏中的"工具"→"标注尺寸"→"智能尺寸"命令，或单击"草图"选项卡中的"智能尺寸"按钮，或在草图绘制方式下右键单击，在弹出的快捷菜单中选择"智能尺寸"选项。

在尺寸标注模式下，鼠标指针将变为形状。退出尺寸标注模式的方法有三种，第一种为按 Esc 键，第二种为再次单击"草图"选项卡中的"智能尺寸"按钮，第三种为右键单击快捷菜单中的"选择"选项。

在 SOLIDWORKS 2024 中，主要有线性尺寸标注、角度尺寸标注、圆弧尺寸标注与圆尺寸标注等几种标注类型。

1. 线性尺寸标注

线性尺寸标注不仅仅是指标注直线段的距离，还包括点与点之间、点与线段之间的距离。标注直线长度尺寸时，根据鼠标指针所在的位置，可以标注不同的尺寸形式，如水平形式、垂直形式与平行形式，如图 2-117 所示。

标注直线段长度的方法比较简单，在标注模式下直接单击直线段，然后拖动鼠标指针即可。下面以标注图 2-118 所示两圆之间的距离为例，说明线性尺寸的标注方法。

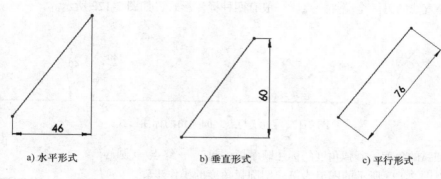

a) 水平形式   b) 垂直形式   c) 平行形式

图 2-117 直线标注形式

01 执行命令。在草图编辑状态下，单击"草图"选项卡中的"智能尺寸"按钮 ，或者执行"工具"→"标注尺寸"→"智能尺寸"菜单命令，此时鼠标指针变为 形状。

02 设置标注实体。单击图 2-118 中圆 1 上的任意位置，再单击圆 2 上的任意位置，此时视图中出现标注的尺寸。

03 设置标注位置。移动鼠标指针到要放置尺寸的位置，单击鼠标左键，此时系统弹出如图 2-119 所示的"修改"对话框。在其中输入要标注的尺寸值，按 Enter 键，或者单击"修改"对话框中的"确定"按钮 ，此时视图如图 2-120 所示，并弹出"尺寸"属性管理器。

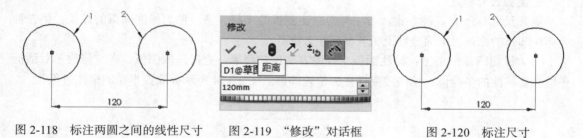

图 2-118 标注两圆之间的线性尺寸   图 2-119 "修改"对话框   图 2-120 标注尺寸

2. 角度尺寸标注

角度尺寸标注分为三种，第一种为标注两直线之间的夹角，第二种为标注直线与点之间的夹角，第三种为标注圆弧的角度。

（1）两直线之间的夹角：直接选取两条直线（没有顺序差别），根据鼠标指针所放置位置的不同，有四种不同的标注形式，如图 2-121 所示。

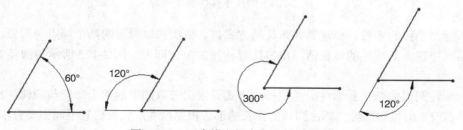

图 2-121 两直线之间夹角的标注形式

（2）直线与点之间的夹角：标注直线与点之间的夹角有顺序差别，选择的顺序是：直线的一个端点→直线的另一个端点→点。一般有四种标注形式，如图 2-122 所示。

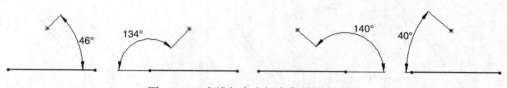

图 2-122　直线与点之间夹角的标注形式

（3）圆弧的角度：圆弧角度的标注顺序是：起点 → 终点 → 圆心。

下面以图 2-123 所示的图形为例介绍圆弧角度的操作步骤。

01 执行命令。在草图编辑状态下，单击"草图"选项卡中的"智能尺寸"按钮 ，或者执行"工具"→"标注尺寸"→"智能尺寸"菜单命令，此时鼠标指针变为 形状。

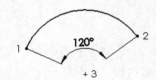

图 2-123　圆弧角度标注

02 设置标注的位置。单击图 2-123 中的圆弧上的点 1，然后单击圆弧上的点 2，再单击圆心 3，系统弹出"修改"对话框。在其中输入要标注的角度值，然后单击对话框中的"确定"按钮 ，弹出"尺寸"属性管理器。

03 确认标注的圆弧角度。单击"尺寸"属性管理器中的"确定"按钮 ，完成圆弧角度尺寸的标注，结果如图 2-123 所示。

3. 圆弧尺寸标注

圆弧尺寸标注有三种方式，第一种为标注圆弧的半径，第二种为标注圆弧的弧长，第三种为标注圆弧的弦长。下面分别说明各种标注方法。

（1）标注圆弧的半径：标注圆弧半径的方法比较简单，直接选取圆弧，在"修改"对话框中输入要标注的半径值，单击放置标注的位置即可。图 2-124 所示为圆弧半径的标注过程。

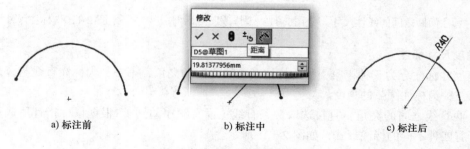

图 2-124　圆弧半径的标注过程

（2）标注圆弧的弧长：标注圆弧弧长的方式是，依次选取圆弧的两个端点与圆弧，在"修改"对话框中输入要标注的弧长值，单击放置标注的位置即可。图 2-125 所示为圆弧弧长的标注过程。

（3）标注圆弧的弦长：标注圆弧弦长的方式是依次选取圆弧的两个端点与圆弧，然后拖出尺寸，单击放置的位置即可。标注圆弧的弦长的形式根据尺寸放置的位置不同主要有水平形式、垂直形式与平行形式三种，如图 2-126 所示。

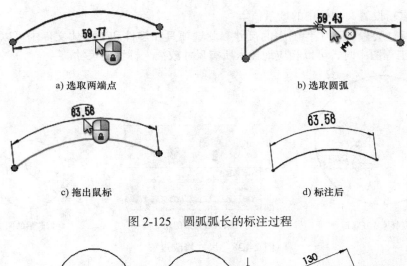

图 2-125　圆弧弧长的标注过程

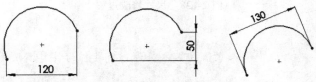

图 2-126　圆弧弦长的标注形式

4. 圆尺寸标注

圆尺寸标注比较简单，标注步骤为：单击标注命令，直接选取圆上任意点，然后拖出尺寸到要放置的位置单击，在"修改"对话框中输入要修改的直径数值，单击对话框中的"确定"按钮✔，即可完成圆尺寸标注。根据尺寸位置的不同，通常圆尺寸标注有三种标注形式，如图 2-127 所示。

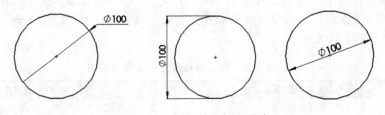

图 2-127　圆尺寸的标注形式

2.5.3　尺寸修改

在草图编辑状态下，双击要修改的尺寸数值，系统弹出"修改"对话框，在对话框中输入要修改的尺寸值，单击对话框中的"确定"按钮✔，即可完成尺寸的修改。图 2-128 所示为尺寸修改的过程。

"修改"对话框中各图标的含义如下：

1）✔：保存当前修改的数值并退出对话框。

2）✖：取消修改的数值，恢复原始数值并退出对话框。

3）⬤：以当前的数值重新生成模型。

4）$\pm_{1b}$：重新设置文本框中的增量值。

5）标注要输入到工程图中的尺寸。此选项只在零件和装配体文件中可以使用。当插入模型项目到工程图中时，可以相应地插入所有尺寸或插入标注的尺寸。

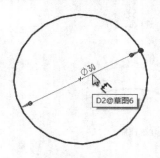
a) 选取尺寸并双击

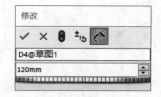
b) 输入要修改的尺寸值

c) 修改后的图形

图 2-128　尺寸修改过程

 注意

> 可以在"修改"对话框中输入数值和算术符号，将其作为计算器使用，计算的结果就是所要的数值。

2.6　草图几何关系

几何关系是指各几何元素与基准面、轴线、边线或端点之间的相对位置关系，它是草图实体和特征几何体设计图中一个重要的创建手段。

几何关系在 CAD/CAM 软件中起着非常重要的作用。通过添加几何关系，可以很容易地控制草图形状，表达设计工程师的设计意图，为设计工程师带来很大的便利，提高设计的效率。添加几何关系有两种方式：一种是自动添加几何关系，另一种是手动添加几何关系。常见的几何关系类型及结果见表 2-2。

表 2-2　常见的几何关系类型及结果

几何关系类型	要选择的草图实体	所产生的几何关系
水平或竖直	一条或多条直线，两个或多个点	直线会变成水平或竖直，而点会水平或竖直对齐
共线	两条或多条直线	所选直线位于同一条无限长的直线上
全等	两个或多个圆弧	所选圆弧会共用相同的圆心和半径
垂直	两条直线	两条直线相互垂直
平行	两条或多条直线	所选直线相互平行
相切	圆弧、椭圆或样条曲线，直线或圆弧	两个所选项目保持相切
同心	两个或多个圆弧，或一个点和一个圆弧	所选圆弧共用同一圆心
中点	两条直线，或一个点和一条直线	点保持位于线段的中点
交叉点	两条直线和一个点	点保持位于直线的交叉点处
重合	一个点和一条直线、圆弧或椭圆	点位于直线、圆弧或椭圆上
相等	两条或多条直线，两个或多个圆弧	直线长度或圆弧半径保持相等
对称	一条中心线和两个点、直线、圆弧或椭圆	所选项目保持与中心线相等距离，并位于一条与中心线垂直的直线上

（续）

几何关系类型	要选择的草图实体	所产生的几何关系
固定	任何实体	实体的大小和位置被固定
穿透	一个草图点和一个基准轴、边线、直线或样条曲线	草图点与基准轴、边线或曲线在草图基准面上穿透的位置重合
合并点	两个草图点或端点	两个点合并成一个点

 注意

1）在为直线建立几何关系时，此几何关系相对于无限长的直线，而不仅仅是相对于草图线段或实际边线。因此，在希望一些实体互相接触时，它们可能实际上并未接触到。

2）在生成圆弧段或椭圆段的几何关系时，几何关系实际上是对于整圆或椭圆的。

3）如果为不在草图基准面上的项目建立几何关系，则所产生的几何关系应用于此项目在草图基准面上的投影。

4）在使用等距实体及转换实体引用命令时，可能会自动生成额外的几何关系。

2.6.1　自动添加几何关系

自动添加几何关系是指在绘制图形的过程中，系统根据绘制实体的相关位置，自动赋予草图实体以几何关系，而不需要手动添加。

自动添加几何关系需要进行系统设置。设置的方法是，执行"工具"→"选项"菜单命令，系统弹出"系统选项（S）-普通"对话框，单击"系统选项（S）-几何关系 / 捕捉"选项，然后选中"自动几何关系"复选框，并相应地选中"草图捕捉"中的复选框，如图 2-129 所示。

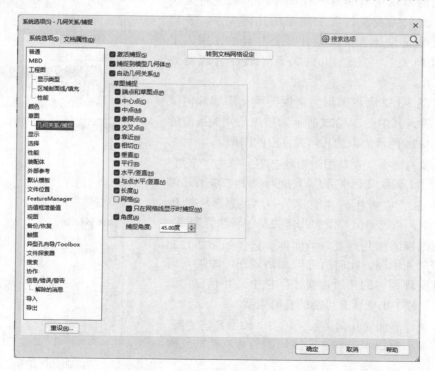

图 2-129　设置自动添加几何关系

如果取消勾选"自动几何关系"复选框，虽然在绘图过程中会有限制鼠标指针出现，但是并没有真正赋予该实体几何关系。图 2-130 所示为常见的自动几何关系类型。

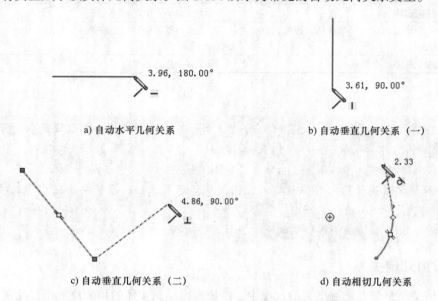

a) 自动水平几何关系　　　　　　　　　b) 自动垂直几何关系（一）

c) 自动垂直几何关系（二）　　　　　　　d) 自动相切几何关系

图 2-130　常见的自动几何关系类型

2.6.2　手动添加几何关系

当绘制的草图中有多种几何关系时，系统将无法自行判断，此时需要设计者手动添加几何关系。手动添加几何关系是设计者根据设计需要和经验，用人工方法添加几何关系。"添加几何关系"属性管理器如图 2-131 所示。

下面以图 2-132 所示图形为例说明手动添加几何关系的操作步骤，其中图 2-132a 所示为添加几何关系前的图形，图 2-132b 所示为添加几何关系后的图形。

01 执行命令。在草图编辑状态下，单击"草图"选项卡"显示 / 删除几何关系"下拉列表中"添加几何关系"按钮 ⊥，或者执行"工具"→"关系"→"添加"菜单命令，系统弹出"添加几何关系"属性管理器。

02 选择添加几何关系的实体。选择如图 2-132a 所示图形中的 4 个圆，此时所选的圆出现在"添加几何关系"属性管理器中的"所选实体"栏中，并且在"添加几何关系"栏中出现所有可能的几何关系。

03 选择添加的几何关系。单击"添加几何关系"栏中的"相等"按钮 ＝，将 4 个圆限制为等直径的几何关系。

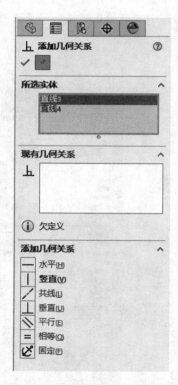

图 2-131　"添加几何关系"属性管理器

确认添加的几何关系。单击"添加几何关系"属性管理器中的"确定"按钮 ，几何关系添加完毕，结果如图 2-132b 所示。

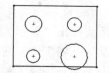 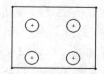

a) 添加几何关系前的图形　　　b) 添加几何关系后的图形

图 2-132　添加几何关系

注意

　　添加几何关系时，必须有一个实体为草图实体，其他实体可以是外草图实体、边线、面、顶点、原点、基准面或基准轴等。

2.6.3　显示几何关系

　　与其他 CAD/CAM 软件不同的是，SOLIDWORKS 2024 在视图中不直接显示草图实体的几何关系，从而简化了视图。但是用户可以很方便地查看实体的几何关系。

　　SOLIDWORKS 2024 提供了两种显示几何关系的方法：一种为利用实体的属性管理器显示几何关系，另一种为利用"显示 / 删除几何关系"属性管理器显示几何关系。下面分别介绍。

1. 利用实体的属性管理器显示几何关系

　　双击要查看的项目实体，视图中就会出现该项目实体的几何关系图标，并且会在系统弹出的属性管理器"现有几何关系"栏中显示现有几何关系。例如，图 2-133a 所示为显示几何关系前的图形，图 2-133b 所示为显示几何关系后的图形。双击图 2-133a 所示图形中的直线 1，弹出如图 2-134 所示的"线条属性"属性管理器，在"现有几何关系"栏中显示了直线 1 所有的几何关系。

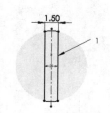

a) 显示几何关系前的图形

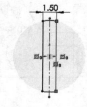

b) 显示几何关系后的图形

图 2-133　显示几何关系前后图形比较

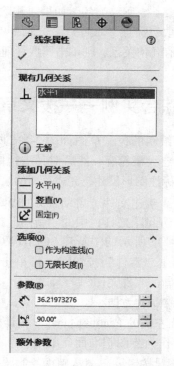

图 2-134　"线条属性"属性管理器

2. 利用"显示 / 删除几何关系"属性管理器显示几何关系

在草图编辑状态下，单击"草图"选项卡中的"显示 / 删除几何关系"按钮 ↳，或者执行"工具"→"关系"→"显示 / 删除"菜单命令，系统弹出"显示 / 删除几何关系"属性管理器。如果没有选择某一草图实体，则会显示所有草图实体的几何关系；如果执行命令前，选择了某一草图实体，则只显示该实体的几何关系。例如，图 2-135 所示为选择菜单栏中的属性管理器显示图 2-133a 中直线 1 的几何关系。

2.6.4　删除几何关系

如果不需要某一项目实体的几何关系，就需要删除该几何关系。与显示几何关系相对应，删除几何关系也有两种方法：一种为利用实体的属性管理器删除几何关系，另一种为利用"显示 / 删除几何关系"属性管理器删除几何关系。下面分别介绍。

1. 利用实体的属性管理器删除几何关系

双击要查看的项目实体，在系统弹出的实体属性管理器"现有几何关系"栏中将显示现有几何关系。以图 2-134 所示为例，如果要删除其中的"竖直"几何关系，单击选取"竖直"几何关系，然后按 Delete 键即可删除。

2. 利用"显示 / 删除几何关系"属性管理器删除几何关系

以图 2-135 所示为例，如果要删除"竖直"几何关系，在"显示 / 删除几何关系"属性管理器中选取"竖直"几何关系，然后单击属性管理器中的"删除"按钮即可。如果要删除项目实体的所有几何关系，则单击属性管理器中的"删除所有"按钮。

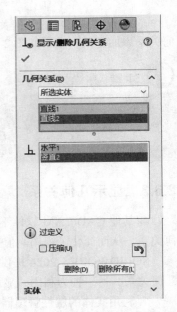

图 2-135　"显示 / 删除几何关系"属性管理器

2.7　综合实例——拨叉草图

本例绘制的拨叉草图如图 2-136 所示。首先绘制构造线构建大概轮廓，然后对其进行修剪和倒圆角操作，最后标注图形尺寸，完成草图的绘制。

01 新建文件。启动 SOLIDWORKS 2024，单击"快速访问"工具栏中的"新建"按钮 □，在弹出的如图 2-137 所示的"新建 SOLIDWORKS 文件"对话框中单击"零件"按钮，再单击"确定"按钮，创建一个新的零件文件。

02 创建草图。

❶ 在左侧的 FeatureManager 设计树中选择"前视基准面"作为绘图基准面。单击"草图"选项卡中的"草图绘制"按钮 □，进入草图绘制状态。

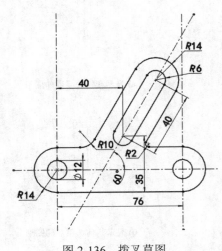

图 2-136　拨叉草图

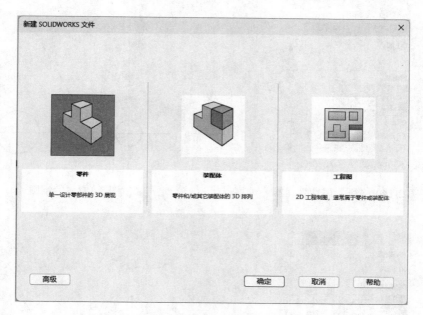

图 2-137　"新建 SOLIDWORKS 文件"对话框

❷ 单击"草图"选项卡"直线"下拉列表中的"中心线"按钮，弹出"插入线条"属性管理器，如图 2-138 所示。单击"确定"按钮，绘制的中心线如图 2-139 所示。

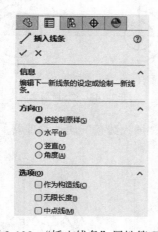

图 2-138　"插入线条"属性管理器

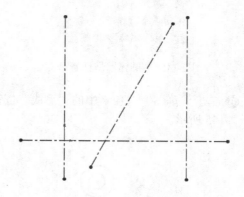

图 2-139　绘制中心线

❸ 单击"草图"选项卡中的"圆"按钮，弹出如图 2-140 所示的"圆"属性管理器。分别捕捉两竖直中心线和水平中心线的交点为圆心（此时鼠标指针变成形状），单击"确定"按钮，绘制圆，结果如图 2-141 所示。

❹ 单击"草图"选项卡中的"圆心 / 起 / 终点绘制圆弧"按钮，弹出如图 2-142 所示的"圆弧"属性管理器。分别以刚绘制的圆的圆心作为圆弧的圆心，绘制两圆弧，单击"确定"按钮，结果如图 2-143 所示。

❺ 单击"草图"选项卡中的"圆"按钮，弹出"圆"属性管理器。分别在斜中心线上绘制三个圆，单击"确定"按钮，结果如图 2-144 所示。

图 2-140 "圆"属性管理器

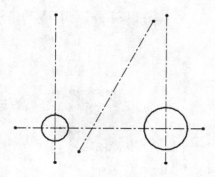

图 2-141 绘制圆

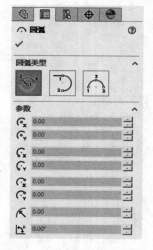

图 2-142 "圆弧"属性管理器

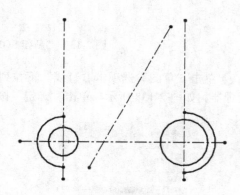

图 2-143 绘制圆弧

❻ 单击"草图"选项卡中的"直线"按钮，弹出"插入线条"属性管理器。绘制直线，如图 2-145 所示。

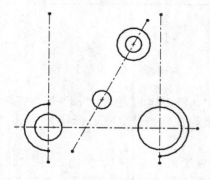

图 2-144 绘制圆

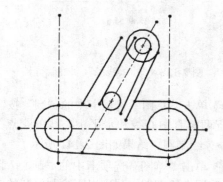

图 2-145 绘制直线

03 添加约束。

❶ 单击"草图"选项卡"显示/删除几何关系"下拉列表中的"添加几何关系"按钮，

弹出"添加几何关系"属性管理器，如图 2-146 所示。选择图 2-141 中绘制的两个圆（圆弧），在属性管理器中选择"相等"按钮，使两圆相等，如图 2-147 所示。

❷ 采用同样方法，分别使两圆弧和两小圆相等，结果如图 2-148 所示。

图 2-146　"添加几何关系"属性管理器

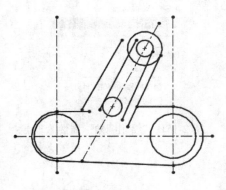

图 2-147　添加相等约束（一）

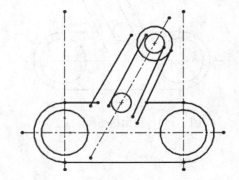

图 2-148　添加相等约束（二）

❸ 选择小圆和直线，在属性管理器中选择"相切"按钮，使小圆和直线相切，结果如图 2-149 所示。

❹ 重复上述步骤，分别使直线和圆相切。

❺ 选择四条斜直线，在属性管理器中选择"平行"按钮，结果如图 2-150 所示。

(04) 编辑草图。

❶ 单击"草图"选项卡中的"绘制圆角"按钮，弹出如图 2-151 所示的"绘制圆角"属性管理器，输入圆角半径为 10.00mm，选择视图中左边的两条直线，单击"确定"按钮，结

果如图 2-152 所示。

❷ 重复"绘制圆角"命令，在右侧创建半径为 2.00mm 的圆角，结果如图 2-153 所示。

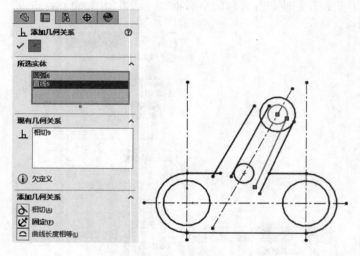

图 2-149　添加相切约束（一）

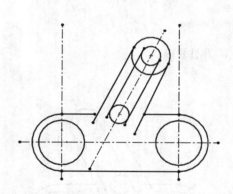

图 2-150　添加相切约束（二）

图 2-151　"绘制圆角"属性管理器

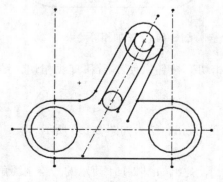

图 2-152　绘制圆角（一）

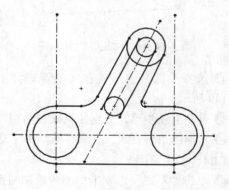

图 2-153　绘制圆角（二）

❸ 单击 "草图" 选项卡中的 "剪裁实体" 按钮 ⚎，弹出如图 2-154 所示的 "剪裁" 属性管理器，选择 "剪裁到最近端" 选项，剪裁多余的线段，单击 "确定" 按钮 ✔，结果如图 2-155 所示。

05 标注尺寸。单击 "草图" 选项卡中的 "智能尺寸" 按钮 ✒，选择两竖直中心线，在弹出的 "修改" 对话框中设置尺寸为 76.00mm。采用同样方法标注其他尺寸，结果如图 2-136 所示。

图 2-154　"剪裁" 属性管理器

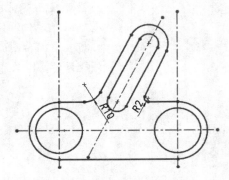

图 2-155　剪裁图形

第 **3** 章

创建曲线

三维曲线的引入，使 SOLIDWORKS 2024 的三维草图绘制能力显著提高。用户可以通过三维操作命令，绘制各种三维曲线，也可以通过三维样条曲线，控制三维空间中的任何一点，从而直接控制空间草图的形状。三维草图绘制通常用于创建管路设计和线缆设计，以及作为其他复杂的三维模型的扫描路径。

学 习 要 点

◎ 投影曲线

◎ 组合曲线

◎ 螺旋线和涡状线

◎ 分割线

◎ 通过参考点的曲线

◎ 通过 XYZ 点的曲线

3.1　投影曲线

在 SOLIDWORKS 2024 中，投影曲线的生成方式主要有两种：一种是将绘制的曲线投影到模型面上来生成一条三维曲线，另一种是首先在两个相交的基准面上分别绘制草图，系统会将每一个草图沿所在平面的垂直方向投影得到一个曲面，然后这两个曲面在空间中相交，生成一条三维曲线。

3.1.1　投影曲线选项说明

单击"特征"选项卡"曲线"下拉列表中的"投影曲线"按钮 ，或者执行"插入"→"曲线"→"投影曲线"菜单命令，系统弹出"投影曲线"属性管理器，如图 3-1 所示。

"投影曲线"属性管理器中的选项说明如下：

（1）面上草图：将绘制的曲线投影到模型面上。

（2）草图上草图：生成代表草图自两个相交基准面交叉点的曲线。

（3）要投影的草图 匚 ：在图形区域或 FeatureManager 设计树中选择曲线。

（4）投影方向 ➚ ：选择一个平面、边线、草图或面作为投影曲线的方向。

（5）投影面 🗊 ：选择模型上您想投影草图的圆柱面。

（6）反转投影：勾选此复选框，改变投影方向。

（7）双向：勾选此复选框，创建在草图两侧延伸的投影。

图 3-1　"投影曲线"
属性管理器

3.1.2　投影曲线创建步骤

01 设置基准面。在左侧的 FeatureManager 设计树中选择"上视基准面"作为绘制图形的基准面。

02 绘制样条曲线。单击"草图"选项卡中的"样条曲线"按钮 ∿，或者执行"工具"→"草图绘制实体"→"样条曲线"菜单命令，在刚设置的基准面上绘制一个样条曲线，结果如图 3-2 所示。

图 3-2　绘制样条曲线

03 拉伸曲面。单击"曲面"选项卡中的"拉伸曲面"按钮 💝，或者执行"插入"→"曲面"→"拉伸曲面"菜单命令，系统弹出如图 3-3 所示的"曲面 - 拉伸"属性管理器。

04 确认拉伸曲面。按照图 3-3 所示进行设置，注意设置曲面拉伸的方向。单击属性管理器中的"确定"按钮 ✔，完成曲面拉伸，结果如图 3-4 所示。

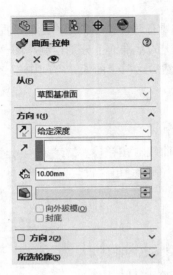

图 3-3 "曲面 - 拉伸"属性管理器

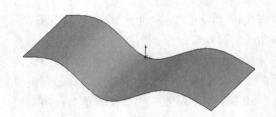

图 3-4 拉伸曲面

05 添加基准面。在左侧的 FeatureManager 设计树中选择"前视基准面",单击"特征"选项卡"参考几何体"下拉列表中的"基准面"按钮 ![icon]，或者执行"插入"→"参考几何体"→"基准面"菜单命令，系统弹出如图 3-5 所示的"基准面"属性管理器。在"偏移距离"栏中输入 50.00mm，并调整基准面的方向。单击属性管理器中的"确定"按钮 ![icon]，添加一个新的基准面，结果如图 3-6 所示。

图 3-5 "基准面"属性管理器

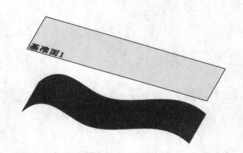

图 3-6 添加基准面

06 设置基准面。在左侧的 FeatureManager 设计树中单击刚添加的基准面，然后单击"视图（前导）"工具栏"视图定向"下拉列表中的"正视于"按钮 ⊥，将该基准面作为绘制图形的基准面。

07 绘制样条曲线。单击"草图"选项卡中的"样条曲线"按钮 Ｎ，绘制如图 3-7 所示的样条曲线，然后退出草图绘制状态。

08 设置视图方向。单击"视图（前导）"工具栏"视图定向"下拉列表中的"等轴测"按钮 ⬦，将视图以等轴测方向显示，结果如图 3-8 所示。

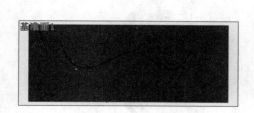

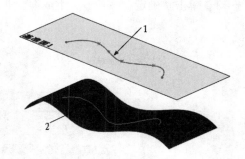

图 3-7　绘制样条曲线

图 3-8　等轴测视图

09 生成投影曲线。单击"特征"选项卡"曲线"下拉列表中的"投影曲线"按钮 ⬛，或者执行"插入"→"曲线"→"投影曲线"菜单命令，系统弹出"投影曲线"属性管理器。

10 设置投影曲线。在属性管理器的"投影类型"选项组中选择"面上草图"选项；在"要投影的草图"选项中选择图 3-8 中的面 1，在"投影面"选项中选择图 3-8 中的草图 2，在视图中观测投影曲线的方向是否投影到曲面，勾选"反转投影"选项，使曲线投影到曲面上。设置好的属性管理器如图 3-9 所示。

11 确认设置。单击属性管理器中的"确定"按钮 ✓，生成所需要的投影曲线。投影曲线及其 FeatureManager 设计树如图 3-10 所示。

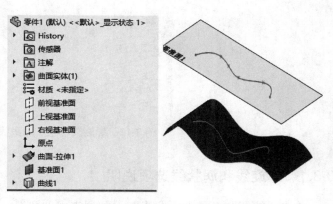

图 3-9　"投影曲线"属性管理器

图 3-10　投影曲线及其 FeatureManager 设计树

3.2 组合曲线

SOLIDWORKS 2024 可以将多段相互连接的曲线或模型边线组合为一条曲线。

01 单击"特征"选项卡"曲线"下拉列表中的"组合曲线"按钮 ，或者执行"插入"→"曲线"→"组合曲线"菜单命令。

02 在图形区域中选择要组合的曲线、直线或模型边线（这些线段必须连续），则所选项目显示在"组合曲线"属性管理器"要连接的实体"的显示框中，如图 3-11 所示。

03 单击"确定"按钮 ，生成组合曲线。

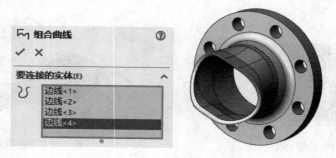

图 3-11 "组合曲线"属性管理器

 技巧荟萃

生成组合曲线时，所选择的曲线必须是连续的，因为所选择的曲线要生成一条曲线。生成的组合曲线可以是开环的，也可以是闭合的。

3.3 螺旋线和涡状线

螺旋线和涡状线通常用于绘制螺纹、弹簧和发条等零部件。图 3-12 所示为这两种曲线的状态。

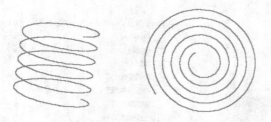

图 3-12 螺旋线（左）和涡状线（右）

3.3.1 螺旋线和涡状线选项说明

单击"特征"选项卡"曲线"下拉列表中的"螺旋线 / 涡状线"按钮 ，或者执行"插入"→"曲线"→"螺旋线/涡状线"菜单命令，弹出"螺旋线/涡状线"属性管理器，如图 3-13 所示。

1."定义方式"下拉列表

（1）螺距和圈数：指定螺距和圈数。

（2）高度和圈数：指定螺旋线的总高度和圈数。

（3）高度和螺距：指定螺旋线的总高度和螺距。

（4）涡状线：生成由螺距和圈数所定义的涡状线。

2."参数"选项组

（1）"恒定螺距"：生成恒定螺距的螺旋线。

（2）"可变螺距"：生成根据所指定的区域参数而变化的螺距的螺旋线。

（3）"反向"：对于螺旋线来说是从原点开始往后延伸螺旋线，对于涡状线来说生成向内涡状线。

（4）"起始角度"：设置在螺旋线上开始旋转的角度。

（5）"顺时针/逆时针"：设置螺旋线/涡状线的旋转方向为顺时针/逆时针。

3."锥形螺纹线"选项组

勾选此复选框可创建锥形螺纹线。在"锥角角度"中输入锥角角度，勾选"锥度外张"复选框，可将螺纹线锥度外张。

图 3-13　"螺旋线/涡状线"
属性管理器

3.3.2　螺旋线创建步骤

01　单击"草图绘制"按钮，打开一个草图并绘制一个圆。此圆的直径控制螺旋线的直径。

02　单击"特征"选项卡"曲线"下拉列表中的"螺旋线/涡状线"按钮，或者执行"插入"→"曲线"→"螺旋线/涡状线"菜单命令。

03　在弹出的"螺旋线/涡状线"属性管理器（见图 3-14）中的"定义方式"下拉列表中选择一种螺旋线的定义方式。

04　根据步骤**03**中指定的螺旋线定义方式设置螺旋线的参数。

如果要制作锥形螺旋线，则勾选"锥形螺纹线"复选框并指定锥形角度以及锥度方向（向外扩张或向内扩张）。

05　在"起始角度"微调框中指定第一圈的螺旋线的起始角度。

06　如果选择"反向"复选框，则螺旋线将由原来的点向另一个方向延伸。

图 3-14　"螺旋线/涡状线"
属性管理器

07　单击"顺时针"或"逆时针"单选按钮，以决定螺旋线的旋转方向。

08　单击"确定"按钮，生成螺旋线。

3.3.3 涡状线创建步骤

01 单击"草图绘制"按钮 ▣，打开一个草图并绘制一个圆。此圆的直径作为起点处涡状线的直径。

02 单击"特征"选项卡"曲线"下拉列表中的"螺旋线 / 涡状线"按钮 ▤，或者执行"插入"→"曲线"→"螺旋线 / 涡状线"菜单命令。

03 在弹出的"螺旋线 / 涡状线"属性管理器中的"定义方式"下拉列表中选择"涡状线"，如图 3-15 所示。

04 在对应的"螺距"微调框和"圈数"微调框中指定螺距和圈数。

05 如果选择"反向"复选框，则生成一个内张的涡状线。

06 在"起始角度"微调框中指定涡状线的起始位置。

07 单击"顺时针"或"逆时针"单选按钮，以决定涡状线的旋转方向。

08 单击"确定"按钮 ✓，生成涡状线。

图 3-15　定义涡状线

3.4　分割线

将草图投影到曲面或平面上，分割线工具可以将所选的面分割为多个分离的面，也可将草图投影到曲面实体生成分割线。

3.4.1 分割线选项说明

单击"特征"选项卡"曲线"下拉列表中的"分割线"按钮 ▤，或者执行"插入"→"曲线"→"分割线"菜单命令，系统弹出"分割线"属性管理器，如图 3-16 所示。

（1）轮廓：在一个圆柱形零件上生成一条分割线。

（2）投影：将草图投影到曲面上，形成以投影曲线创建的分割线特征。

（3）交叉点：以交叉实体、曲面、面、基准面或曲面样条曲线分割面。

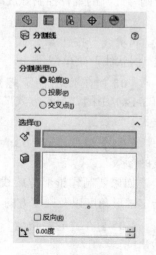

图 3-16　"分割线"属性
管理器

3.4.2 分割线创建步骤

01 设置基准面。在左侧的 FeatureManager 设计树中选择"前视基准面"作为绘制图形的基准面。

02 绘制草图。单击"草图"选项卡中的"边角矩形"按钮 ▫，在刚设置的基准面上绘制一个矩形，然后单击"草图"选项卡中的"智能尺寸"按钮 ↙，标注绘制矩形的尺寸，结果如图 3-17 所示。

03 拉伸实体。执行"插入"→"凸台/基体"→"拉伸"菜单命令,系统弹出如图 3-18 所示的"凸台 - 拉伸"属性管理器。在"终止条件"下拉列表中选择"给定深度"选项,在"深度" 栏中输入 60.00mm。单击属性管理器中的"确定"按钮，结果如图 3-19 所示。

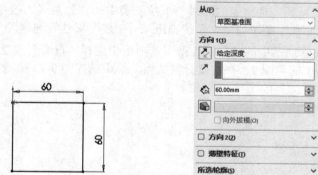

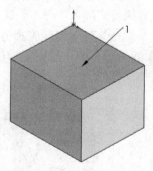

图 3-17 标注绘制矩形的尺寸　图 3-18 "凸台 - 拉伸"属性管理器　图 3-19 拉伸实体

04 添加基准面。单击"特征"选项卡"参考几何体"下拉列表中的"基准面"按钮，或者执行"插入"→"参考几何体"→"基准面"菜单命令,系统弹出如图 3-20 所示的"基准面"属性管理器。在"选择"框中选择视图中的面 1,在"偏移距离" 栏中输入 30.00mm,并调整基准面的方向。单击属性管理器中的"确定"按钮，添加一个新的基准面,结果如图 3-21 所示。

图 3-20 "基准面"属性管理器　　　　图 3-21 添加一个新的基准面

05 设置基准面。单击刚添加的基准面，然后单击"视图（前导）"工具栏"视图定向"下拉列表中的"正视于"按钮 ，将该基准面作为绘制图形的基准面。

06 绘制样条曲线。执行"工具"→"草图绘制实体"→"样条曲线"菜单命令，在刚设置的基准面上绘制一个样条曲线，结果如图 3-22 所示，然后退出草图绘制状态。

07 设置视图方向。单击"视图（前导）"工具栏"视图定向"下拉列表中的"等轴测"按钮 ，将视图以等轴测方向显示，结果如图 3-23 所示。

08 执行分割线命令。单击"特征"选项卡"曲线"下拉列表中的"分割线"按钮 ，或者执行"插入"→"曲线"→"分割线"菜单命令，系统弹出"分割线"属性管理器。

09 设置属性管理器。在属性管理器中的"分割类型"选项组中选择"投影"选项，在"要投影的草图"栏中，选择图 3-23 中的草图 2，在"要分割的面"框中选择图 3-23 中的面 1，其他设置如图 3-24 所示。

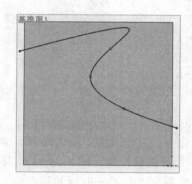

图 3-22　绘制样条曲线

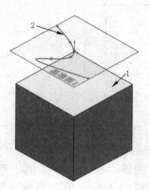

图 3-23　等轴测视图

10 确认设置。单击属性管理器中的"确定"按钮 ，生成所需要的分割线。生成的分割线及其 FeatureManager 设计树如图 3-25 所示。

图 3-24　"分割线"属性管理器

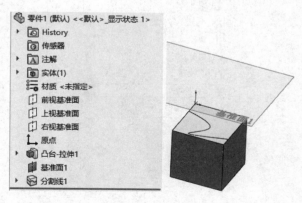

图 3-25　生成的分割线及其 FeatureManager 设计树

注意

在使用投影方式绘制投影草图时，绘制的草图在投影面上的投影必须穿过要投影的面，否则系统会提示错误，而不能生成分割线。

3.5　通过参考点的曲线

通过参考点的曲线是指生成通过一个或者多个平面上参考点的曲线。

生成通过参考点的曲线的操作步骤如下：

01 打开随书电子资料包中源文件 \ 第 3 章 \3.5 通过参考点文件。

02 执行通过参考点的曲线命令。单击"特征"选项卡"曲线"下拉列表中的"通过参考点的曲线"按钮 ，或者执行"插入"→"曲线"→"通过参考点的曲线"菜单命令，系统弹出"通过参考点的曲线"属性管理器。

03 设置属性管理器。在属性管理器中的"参考点"列表中依次选择图 3-26 中的点，其他设置如图 3-27 所示。

04 确认设置。单击属性管理器中的"确定"按钮 ，生成通过参考点的曲线。生成的曲线如图 3-28 所示。

图 3-26　待生成曲线的图　　图 3-27　"通过参考点的曲线"属性管理器　　图 3-28　生成的曲线

在生成通过参考点的曲线时，系统默认生成的为开环曲线，如图 3-29 所示。如果勾选"通过参考点的曲线"属性管理器中的"闭环曲线"复选框，则执行命令后，会自动生成闭环曲线，如图 3-30 所示。

图 3-29　通过参考点的开环曲线　　　　　图 3-30　通过参考点的闭环曲线

3.6 通过 XYZ 点的曲线

通过 XYZ 点的曲线是指生成通过用户定义的点的样条曲线。在 SOLIDWORKS 2024 中，用户既可以自定义样条曲线通过的点，也可以利用点坐标文件生成样条曲线。

3.6.1 生成通过 XYZ 点的曲线的操作步骤

01 执行通过 XYZ 点的曲线命令。单击"特征"选项卡"曲线"下拉列表中的"通过 XYZ 点的曲线"按钮 🌙，或者执行"插入"→"曲线"→"通过 XYZ 点的曲线"菜单命令，系统弹出如图 3-31 所示的"曲线文件"对话框。

02 输入坐标值。双击 X、Y 和 Z 坐标列各单元格并在每个单元格中输入一个点坐标。

03 增加一个新行。在最后一行的单元格中双击时，系统会自动增加一个新行。

04 插入一个新行。如果要在某行的上面插入一个新行，只要单击该行，然后单击"曲线文件"对话框中的"插入"按钮即可。

05 删除行。如果要删除某一行的坐标，单击该行，按 Delete 键即可。

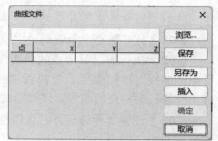

图 3-31 "曲线文件"对话框

06 保存曲线文件。设置好的曲线文件可以保存下来，方法是单击"曲线文件"对话框中的"保存"或者"另存为"按钮，系统弹出如图 3-32 所示的"另存为"对话框，在其中选择适当的路径，输入文件名称，然后单击"保存"按钮即可。

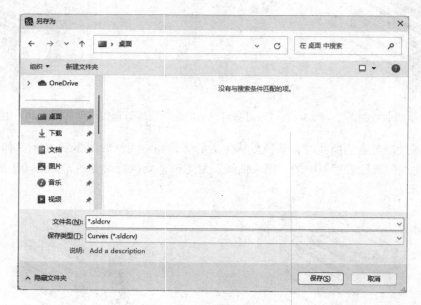

图 3-32 "另存为"对话框

07 生成曲线。图 3-33 所示为一个设置好参数的"曲线文件"对话框，单击对话框中的

"确定"按钮，即可生成需要的曲线。

保存曲线文件时，SOLIDWORKS 2024 默认文件的扩展名为 *.sldcrv。如果没有指定扩展名，SOLIDWORKS 2024 会自动添加扩展名 .sldcrv。

在 SOLIDWORKS 2024 中除了在"曲线文件"对话框中输入坐标来定义曲线外，还可以通过文本编辑器、Excel 等生成坐标文件，只需将其保存为 *.txt 文件，然后导入系统即可。

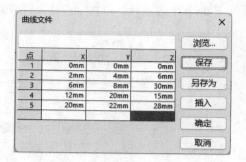

图 3-33　"曲线文件"对话框

 技巧荟萃

在使用文本编辑器、Excel 等生成坐标文件时，文件中必须只包含坐标数据，而不能是 X、Y、Z 等字母或其他无关数据。

3.6.2　导入坐标文件生成曲线的操作步骤

01 执行通过 XYZ 点的曲线命令。单击"特征"选项卡"曲线"下拉列表中的"通过 XYZ 点的曲线"按钮 ♈，或者执行"插入"→"曲线"→"通过 XYZ 点的曲线"菜单命令，系统弹出如图 3-31 所示的"曲线文件"对话框。

02 查找坐标文件。单击"曲线文件"对话框中的"浏览"按钮，系统弹出"打开"对话框。在其中查找需要输入的文件名称，如图 3-34 所示，单击"打开"按钮。

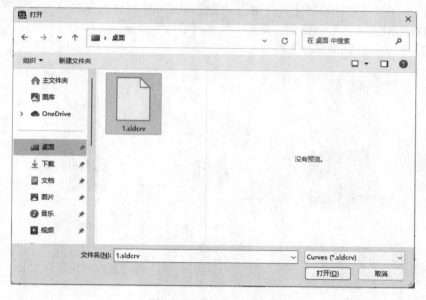

图 3-34　"打开"对话框

03 编辑坐标。插入文件后，文件名称显示在"曲线文件"对话框中，并且在视图区域中可以预览显示效果，如图 3-35 所示。双击其中的坐标值可以进行修改，直到满意为止。

04 生成曲线。单击"曲线文件"对话框中"确定"按钮✓，生成需要的曲线。

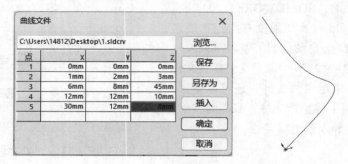

图 3-35　插入的文件及其预览显示效果

3.7　综合实例——茶杯

本例绘制的茶杯如图 3-36 所示。茶杯的绘制主要利用放样和分割线命令来完成。

01 启动软件。执行"开始"→"所有应用"→"SOLIDWORKS 2024"菜单命令，或者双击桌面上的 SOLIDWORKS 2024 的快捷方式按钮，就可以启动该软件。

02 创建零件文件。执行"文件"→"新建"菜单命令，或者单击"快速访问"工具栏中的"新建"按钮，系统弹出如图 3-37 所示的"新建 SOLIDWORKS 文件"对话框，在其中选择"零件"按钮，单击"确定"按钮，创建一个新的零件文件。

图 3-36　茶杯

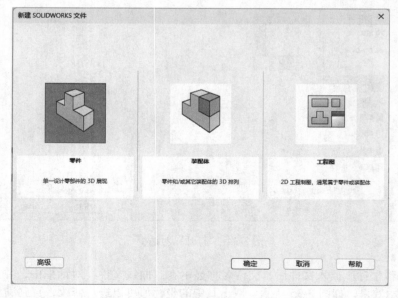

图 3-37　"新建 SOLIDWORKS 文件"对话框

03 保存文件。执行"文件"→"保存"菜单命令，或者单击"快速访问"工具栏中的"保存"按钮 ，系统弹出如图 3-38 所示的"另存为"对话框。在"文件名"文本框中输入"茶杯"，单击"保存"按钮，创建一个名为"茶杯"的零件文件。

04 新建草图。在左侧的 FatureManager 设计树中选择"前视基准面"，单击"视图（前导）"工具栏"视图定向"下拉列表中的"正视于"按钮 ![icon]，将该基准面作为绘制图形的基准面。

05 绘制轮廓。单击"草图"选项卡"直线"下拉列表中的"中心线"按钮 ![icon]，绘制一条通过原点的竖直中心线。单击"草图"选项卡中的"直线"按钮 ![icon] 和"切线弧"按钮 ![icon]，绘制旋转的草图轮廓。

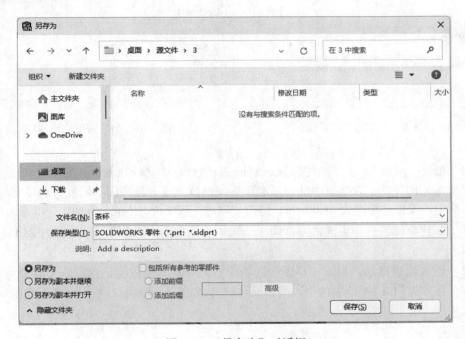

图 3-38　"另存为"对话框

06 标注尺寸。单击"草图"选项卡中的"智能尺寸"按钮 ![icon]，对草图轮廓进行标注，结果如图 3-39 所示。

07 创建薄壁旋转特征。选择中心线，单击"特征"选项卡中的"旋转凸台/基体"按钮 ![icon]，在弹出的"询问"对话框（见图 3-40）中单击"否"按钮。在 ![icon] 微调框中设置旋转角度为 360.00 度。单击薄壁拉伸的反向按钮 ![icon]，使薄壁向内部拉伸，并在 ![icon] 微调框中设置薄壁的厚度为 1.00mm。单击"确定"按钮 ![icon]，生成薄壁旋转特征，结果如图 3-41 所示。

08 新建草图。在左侧的 FeatureManager 设计树中选择"前视基准面"，单击"草图绘制"按钮 ![icon]，在前视基准面上再打开一张草图。

09 绘制圆弧并标注尺寸。单击"草图"选项卡"圆心 /

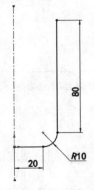

图 3-39　标注草图轮廓

起 / 终点绘制圆弧"下拉列表中的"三点圆弧"按钮 ，绘制一条与轮廓边线相交的圆弧作为放样的中心线并标注尺寸，结果如图 3-42 所示。然后退出草图绘制。

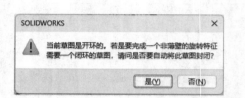

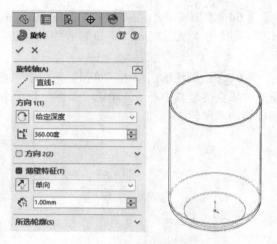

图 3-40   "询问"对话框   图 3-41   生成薄壁旋转特征

10 创建基准面 1。在左侧的 FeatureManager 设计树中选择"上视基准面"，单击"特征"选项卡"参考几何体"下拉列表中的"基准面"按钮 。在"基准面"属性管理器上的 偏移距离文本框中设置偏移距离为 48.00mm。单击"确定"按钮 ，生成基准面 1，如图 3-43 所示。

11 新建草图。选中生成的基准面 1，单击"草图绘制"按钮 ，在基准面 1 上再打开一张草图。

12 绘制轮廓草图。单击"草图"选项卡中的"圆"按钮 ，绘制一个直径为 8.00mm 的圆（注意在步骤 **09** 中绘制的中心线要通过圆），如图 3-44 所示。然后退出草图绘制。

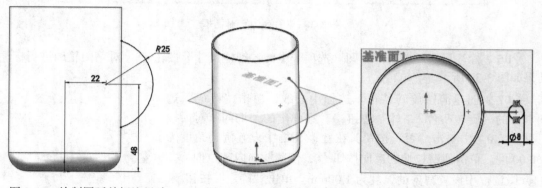

图 3-42   绘制圆弧并标注尺寸   图 3-43   生成基准面 1   图 3-44   绘制轮廓草图

13 创建基准面 2。在左侧的 FeatureManager 设计树中选择"右视基准面"，单击"特征"选项卡"参考几何体"下拉列表中的"基准面"按钮 。在属性管理器的 偏移距离文本框中设置偏移距离为 50.00mm。单击"确定"按钮 ，生成基准面 2。

14 单击"视图（前导）"工具栏"视图定向"下拉列表中的"等轴测"按钮 🗍，用等轴测视图观看图形，如图 3-45 所示。

15 选择基准面 2，单击"视图（前导）"工具栏"视图定向"下拉列表中的"正视于"按钮 ↥，正视于基准面 2。

16 绘制轮廓草图。单击"草图"选项卡中的"椭圆"按钮 ⊙，绘制椭圆。单击"草图"选项卡"显示/删除几何关系"下拉列表中的"添加几何关系"按钮 ⊥，为椭圆的两个长轴端点添加水平几何关系，然后标注椭圆尺寸，绘制的轮廓草图如图 3-46 所示。

17 单击"特征"选项卡"曲线"下拉列表中的"分割线"按钮 🗐，在弹出的"分割线"属性管理器中设置"分割类型"为"投影"。选择要分割的面为旋转特征的轮廓面。单击"确定"按钮 ✔，生成分割线，如图 3-47（等轴测视图）所示。

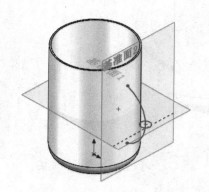
图 3-45　等轴测视图

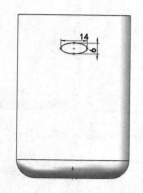
图 3-46　绘制轮廓草图

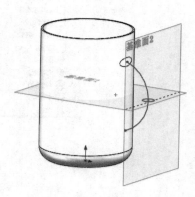
图 3-47　生成分割线

18 因为分割线不允许在同一草图上存在两个闭环轮廓，所以要仿照步骤 **16** 和步骤 **17** 再生成一条分割线。不同的是，轮廓 3 在中心线的另一端，如图 3-48 所示。

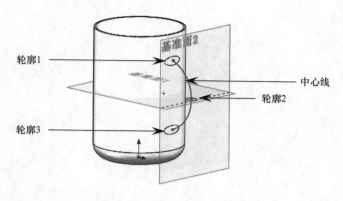
图 3-48　生成轮廓 3

19 单击"特征"选项卡中的"放样凸台/基体"按钮 🗗，或者执行"插入"→"凸台/基体"→"放样"菜单命令。单击"放样"属性管理器中的放样轮廓按钮 ♣，然后在图形区域中依次选取轮廓 1、轮廓 2 和轮廓 3。单击引导线按钮 ，在图形区域中选取中心线。单击"确定"按钮 ，生成沿中心线的放样特征。

20 单击"保存"按钮 。至此，茶杯就绘制完成了，结果（包括特征管理器设计树）如图 3-49 所示。

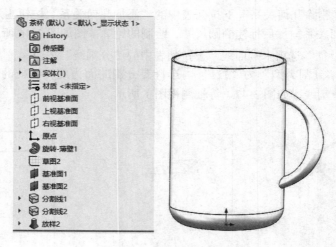

图 3-49 绘制完成的茶杯

第 **4** 章

创建曲面

曲面是一种可用来生成实体特征的几何体，它用来描述相连的零厚度几何体，如单一曲面、缝合的曲面、剪裁和圆角的曲面等。可以在一个单一模型中拥有多个曲面实体。SOLIDWORKS 2024 强大的曲面建模功能，使其广泛地应用在机械设计、模具设计、消费类产品设计等领域。

- ◎ 拉伸、旋转、扫描曲面
- ◎ 放样、等距、平面、延展曲面
- ◎ 直纹、边界曲面
- ◎ 自由样式特征

4.1 拉伸曲面

拉伸曲面是 SOLIDWORKS 2024 中最基础的曲面之一，也是最常用的曲面建模工具。拉伸曲面是将一个二维平面草图按照给定的数值，沿与平面垂直的方向拉伸一段距离形成的曲面。

4.1.1 拉伸曲面选项说明

单击"曲面"选项卡中的"拉伸曲面"按钮 ，或者执行"插入"→"曲面"→"拉伸曲面"菜单命令，弹出"曲面 - 拉伸"属性管理器，如图 4-1 所示。

图 4-1 "曲面 - 拉伸"属性管理器

1. 拉伸终止条件

终止条件不同，拉伸的效果是不同的。SOLIDWORKS 2024 提供了七种形式的终止条件，分别是"给定深度""完全贯穿""成形到顶点""成形到面""到离指定面指定的距离""成形到实体"与"两侧对称"。在"终止条件"的下拉列表中可以选择需要的拉伸类型。下面介绍不同终止条件下的拉伸效果。

（1）给定深度。从草图的基准面以指定的距离拉伸曲面。图 4-2 所示为终止条件为"给定深度"、拉伸深度为 100.00mm 时的设置及其预览效果。

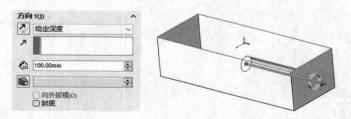

图 4-2 终止条件为"给定深度"的设置及其预览效果

（2）完全贯穿。从草图的基准面拉伸特征直到贯穿所有现有的几何体。图 4-3 所示为终止条件为"完全贯穿"的设置及其预览效果。

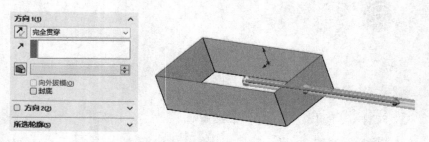

图 4-3 终止条件为"完全贯穿"的设置及其预览效果

（3）成形到顶点。拉伸特征到图形区域中选中的一个顶点。图 4-4 所示为终止条件为"成形到顶点"的设置及其预览效果。

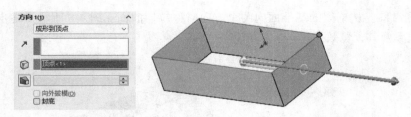

图 4-4　终止条件为"成形到顶点"的设置及其预览效果

（4）成形到面。从草图的基准面拉伸特征到所选的面以生成曲面，该面既可以是平面也可以是曲面。图 4-5 所示为终止条件为"成形到面"的设置及其预览效果。

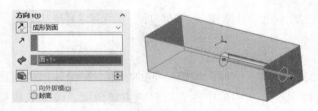

图 4-5　终止条件为"成形到面"的设置及其预览效果

（5）到离指定面指定的距离。从草图的基准面拉伸特征到距离某面特定距离处以生成曲面，该面既可以是平面也可以是曲面。图 4-6 所示为终止条件为"到离指定面指定的距离"的设置及其预览效果（指定面为图中的面 1 ）。

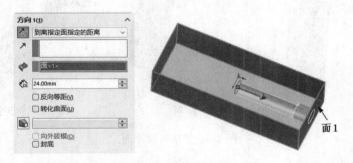

图 4-6　终止条件为"到离指定面指定的距离"的设置及其预览效果

（6）成形到实体。从草图的基准面拉伸曲面到指定的实体。图 4-7 所示为终止条件为"成形到实体"的设置及其预览效果（所选实体为图中绘制的长方体）。

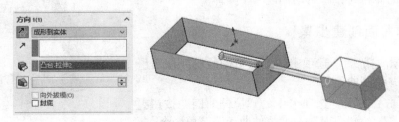

图 4-7　终止条件为"成形到实体"的设置及其预览效果

（7）两侧对称。从草图的基准面向两个方向对称拉伸曲面。图 4-8 所示为终止条件为"两侧对称"的设置及其预览效果。

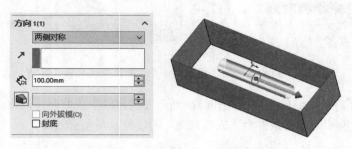

图 4-8 终止条件为"两侧对称"的设置及其预览效果

2. 拔模拉伸

SOLIDWORKS 2024 提供了拉伸为拔模特征的功能。在拉伸形成曲面时，单击"拔模开 / 关"按钮，在"拔模角度"文本框中输入需要的拔模角度，可生成拔模拉伸曲面，如图 4-9 所示。还可以利用"向外拔模"复选框，选择是向外拔模还是向内拔模。

图 4-9a 所示为未拔模，图 4-9b 所示为向内拔模，图 4-9c 所示为向外拔模。

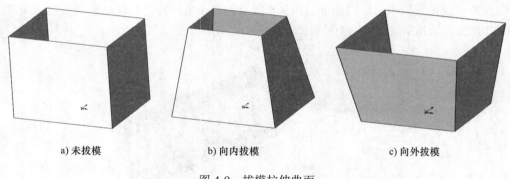

a) 未拔模　　　　　　　　b) 向内拔模　　　　　　　　c) 向外拔模

图 4-9 拔模拉伸曲面

3. 封底

勾选"封底"复选框，可在拉伸曲面的底端加盖，如图 4-10 所示。若在"方向 2"中也勾选"封底"复选框，可封闭拉伸另一端。当拉伸两端都加盖后定义出封闭的体积时，将自动创建一个实体。

4.1.2 拉伸曲面创建步骤

01 单击"草图"选项卡中的"草图绘制"按钮，打开一个草图并绘制曲面轮廓。

02 单击"曲面"选项卡中的"拉伸曲面"按钮，或者执行"插入"→"曲面"→"拉伸曲面"菜单命令。

03 弹出"曲面 - 拉伸"属性管理器，如图 4-11 所示。

图 4-10 拉伸曲面封底

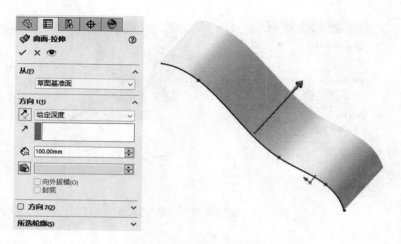

图 4-11 "曲面 - 拉伸" 属性管理器

04 在 "方向 1" 选项组中的终止条件下拉列表框中选择拉伸的终止条件为 "给定深度"。

05 在右面的图形区域中检查预览图形。单击反向按钮，可向另一个方向拉伸。

06 在深度栏中设置拉伸的深度为 100.00mm。

07 如有必要，选择 "方向 2" 复选框，将拉伸应用到第二个方向。

08 单击 "确定" 按钮，完成拉伸曲面创建。

4.2 旋转曲面

利用旋转特征命令可通过绕旋转轴旋转一个或多个轮廓来生成曲面。注意，旋转轴和旋转轮廓必须位于同一个草图中。旋转轴一般为中心线，旋转轮廓可以是一个封闭的草图也可以是开放的草图，不能穿过旋转轴，但是可以与旋转轴接触。

4.2.1 旋转曲面选项说明

单击 "曲面" 选项卡中的 "旋转曲面" 按钮，或者执行 "插入" → "曲面" → "旋转曲面" 菜单命令，弹出 "曲面 - 旋转" 属性管理器，如图 4-12 所示。

下面介绍不同旋转类型的旋转效果。

（1）给定深度。从草图基准面以给定深度生成旋转曲面。图 4-13 所示为旋转类型为 "给定深度"、旋转角度为 200.00 度时的属性管理器及其预览效果。

（2）两侧对称。从草图基准面以顺时针和逆时针两个方向生成旋转曲面，两个方向的旋转角度相同，旋转轮廓草图位于旋转角度的中央。图 4-14 所示旋转类型为 "两侧对称"、旋转角度为 200.00 度时的属性管理器及其预览效果。

图 4-12 "曲面 - 旋转" 属性管理器

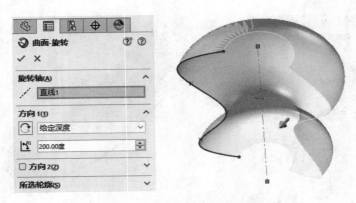

图 4-13　旋转类型为"给定深度"

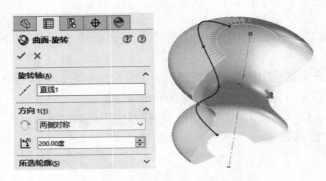

图 4-14　旋转类型为"两侧对称"

（3）两个方向。从草图基准面以顺时针和逆时针两个方向生成旋转曲面，两个方向旋转角度为属性管理器中设定的值。图 4-15 所示为旋转类型为"给定深度"、方向 1 的旋转角度为 200.00 度、方向 2 的旋转角度为 45.00 度时的属性管理器及其预览效果。

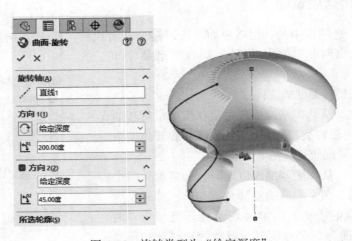

图 4-15　旋转类型为"给定深度"

4.2.2　实例——果盘

本例创建的果盘模型如图 4-16 所示。创建该模型时，首先创建草图，然后利用旋转曲面功能生成实体。

图 4-16　果盘模型

01 启动软件。执行"开始"→"所有程序"→"SOLIDWORKS 2024"菜单命令，或者双击桌面上的 SOLIDWORKS 2024 的快捷方式按钮，就可以启动该软件。

02 创建零件文件。执行"文件"→"新建"菜单命令，或者单击"快速访问"工具栏中的"新建"按钮，系统弹出如图 4-17 所示的"新建 SOLIDWORKS 文件"对话框，在其中选择"零件"按钮，单击"确定"按钮，创建一个新的零件文件。

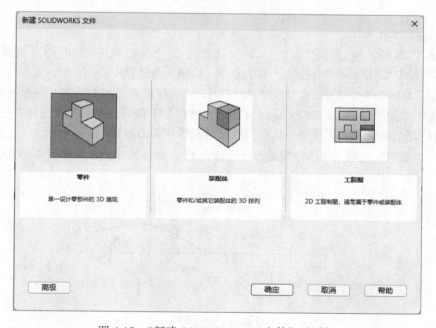

图 4-17　"新建 SOLIDWORKS 文件"对话框

03 保存文件。执行"文件"→"保存"菜单命令，或者单击"快速访问"工具栏中的"新建"按钮，系统弹出如图 4-18 所示的"另存为"对话框。在"文件名"文本框中输入"果盘"，单击"保存"按钮，创建一个文件名为"果盘"的零件文件。

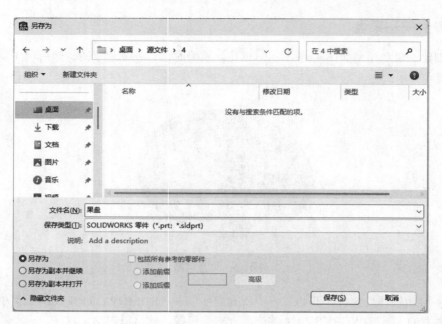

图 4-18 "另存为"对话框

04 设置基准面。在左侧的 FeatureManager 设计树中选择"前视基准面",然后单击"视图(前导)"工具栏"视图定向"下拉列表中的"正视于"按钮，将该基准面作为绘制图形的基准面。

05 绘制草图。

❶ 单击"草图"选项卡"直线"下拉列表中的"中心线"按钮，或者执行"工具"→"草图绘制实体"→"中心线"菜单命令，绘制一条竖直中心线。

❷ 单击"草图"选项卡中的"直线"按钮，以坐标原点为起点绘制一条水平直线。

❸ 单击"草图"选项卡"圆心/起/终点绘制圆弧"下拉列表中的"切线弧"按钮，绘制一条与直线相切的圆弧，再绘制一条与刚绘制的圆弧相切的圆弧。

❹ 单击"草图"选项卡中的"智能尺寸"按钮，标注尺寸，结果如图 4-19 所示。

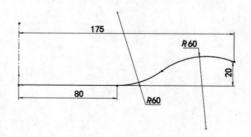

图 4-19 绘制草图

06 单击"曲面"选项卡上的"旋转曲面"按钮，或者执行"插入"→"曲面"→"旋转曲面"菜单命令，弹出如图 4-20 所示的"曲面-旋转"属性管理器。默认竖直中心线为旋转轴，设置终止条件为"给定深度"，输入旋转角度为 360.00 度，单击属性管理器中

的 "确定" 按钮 ✔，结果如图 4-21 所示。

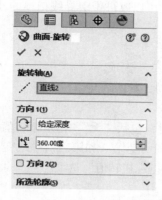

图 4-20 "曲面 - 旋转" 属性管理器

图 4-21 生成果盘

 技巧荟萃

生成旋转曲面时，绘制的样条曲线可以和中心线交叉，但是不能穿越。

4.3 扫描曲面

扫描曲面的方法与扫描特征的方法十分相似，也可以通过引导线扫描。在扫描曲面中最重要的一点，就是引导线的端点必须贯穿轮廓图元。通常必须产生一个几何关系，强迫引导线贯穿轮廓曲线。

4.3.1 扫描曲面选项说明

单击 "曲面" 选项卡中的 "扫描曲面" 按钮 🌊，或者执行 "插入" → "曲面" → "扫描曲面" 菜单命令，弹出 "曲面 - 扫描" 属性管理器，如图 4-22 所示。

1. "轮廓和路径" 选项组

（1）轮廓 🔾：设定用来生成扫描的草图轮廓（截面）。曲面扫描特征的轮廓可为开环或闭环。

（2）路径 🔾：设定轮廓扫描的路径。扫描时，在图形区域或 FeatureManager 设计树中选取路径草图。路径可以是开环或闭环、包含在草图中的一组绘制的曲线、一条曲线或一组模型边线。路径的起点必须位于轮廓的基准面上。

2. "引导线" 选项组

（1）引导线：在轮廓沿路径扫描时加以引导。单击

图 4-22 "曲面 - 扫描" 属性管理器

"上移"按钮⬆和"下移"按钮⬇可调整引导线的顺序。

（2）合并平滑的面：勾选"合并平滑的面"复选框，可以改进带引导线扫描的性能，并在引导线或路径不是曲率连续的所有点处分割扫描。

3."选项"选项组

（1）轮廓方位：包括"随路径变化"和"保持法线不变"选项。

1）"随路径变化"：草图轮廓随着路径的变化变换方向，其法线与路径相切。

2）"保持法线不变"：草图轮廓保持法线方向不变。

（2）轮廓扭转：当"轮廓方位"为"随路径变化"时，包括"无""指定扭转值""指定方向向量""与相邻面相切""随路径和第一引导线变化"和"随第一和第二引导线变化"选项；当"轮廓方位"为"保持法线不变"时，包括"无"和"指定扭转值"选项。

1）"无"：垂直于轮廓而对齐轮廓。

2）"指定扭转值"：沿路径定义轮廓扭转值，选择度数、弧度或圈数。

3）"指定方向向量"：选择一基准面、平面、直线、边线、圆柱、轴、特征上顶点组等来设定方向向量。

4）"与相邻面相切"：将扫描附加到现有几何体时可用。该选项使相邻面在轮廓上相切。

5）"随路径和第一引导线变化"：如果引导线不止一条，选择该项将使扫描随第一条引导线变化。

6）"随第一和第二引导线变化"：如果引导线不止一条，选择该项将使扫描随第一条和第二条引导线同时变化。

（3）合并切面：如果扫描轮廓具有相切线段，可使所产生的扫描中的相应曲面相切。保持相切的面可以是基准面、圆柱面或锥面。其他相邻面被合并，轮廓被近似处理。草图圆弧可以转换为样条曲线。

（4）显示预览：显示扫描的上色预览。取消勾选则只显示轮廓和路径。

4."起始处和结束处相切"选项组

（1）无：未应用相切。

（2）路径相切：垂直于开始点（结束点）路径而生成扫描。

 技巧荟萃

> 在使用引导线扫描曲面时，引导线必须贯穿轮廓草图。通常需要在引导线和轮廓草图之间建立重合和穿透几何关系。

4.3.2 实例——汤锅

本例创建的汤锅模型如图 4-23 所示。创建该模型时主要用到了创建基准面、放样凸台/基体、抽壳、扫描曲面等功能。

01 启动软件。执行"开始"→"所有程序"→"SOLID-WORKS 2024"菜单命令，或者双击桌面上的 SOLIDWORKS 2024 的快捷方式按钮▦，就可以启动该软件。

02 创建零件文件。执行"文件"→"新建"菜单命令，

图 4-23　汤锅模型

或者单击"快速访问"工具栏中的"新建"按钮, 系统弹出"新建 SOLIDWORKS 文件"对话框, 在其中选择"零件"按钮, 单击"确定"按钮, 创建一个新的零件文件。

03 保存文件。执行"文件"→"保存"菜单命令, 或者单击"快速访问"工具栏中的"保存"按钮, 系统弹出"另存为"对话框。在"文件名"文本框中输入"汤锅", 单击"保存"按钮, 创建一个文件名为"汤锅"的零件文件。

04 创建基准面。单击"特征"选项卡"参考几何体"下拉列表中的"基准面"按钮, 或者执行"插入"→"参考几何体"→"基准面"菜单命令, 弹出如图 4-24 所示的"基准面"属性管理器。选择"前视基准面"为参考面, 在![]栏中输入偏移距离 17.00mm, 单击"确定"按钮![], 完成基准面 1 的创建。重复"基准面"命令, 创建距离前视基准面为 30.00mm 的基准面, 如图 4-25 所示。

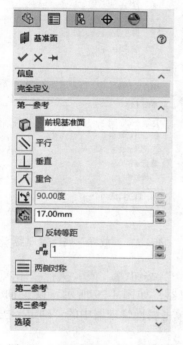

图 4-24　"基准面"属性管理器

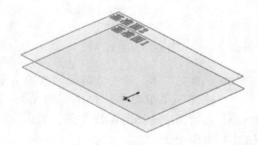

图 4-25　创建基准面

05 设置基准面。在左侧的 FeatureManager 设计树中选择"前视基准面", 然后单击"视图 (前导)"工具栏"视图定向"下拉列表中的"正视于"按钮![], 将该基准面作为绘制图形的基准面。

06 绘制草图 1。单击"草图"选项卡中的"圆"按钮![], 或者执行"工具"→"草图绘制实体"→"圆"菜单命令, 以坐标原点为圆心绘制直径为 50.00mm 的圆。

07 绘制草图 2 和草图 3。重复步骤 **05** 和 **06**, 在基准面 1 和基准面 2 上分别绘制直径为 75.00mm 和 60.00mm 的圆, 结果如图 4-26 所示。

08 放样基体。单击"特征"选项卡中的"放样凸台 / 基体"按钮![], 或者执行"插入"→"凸台 / 基体"→"放样"菜单命令, 弹出"放样"属性管理器, 如图 4-27 所示。选择视图中的草图 1、草图 2 和草图 3 为放样轮廓, 单击属性管理器中的"确定"按钮![], 隐藏基准面，结果如图 4-28 所示。

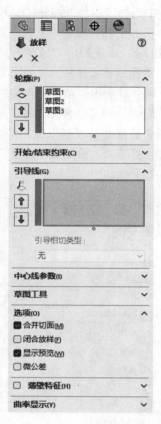

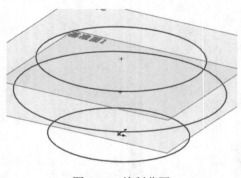

图 4-26　绘制草图

图 4-27　"放样"属性管理器

09 抽壳实体。单击"特征"选项卡中的"抽壳"按钮 📦 ，或者执行"插入"→"特征"→"抽壳"菜单命令，弹出"抽壳1"属性管理器，如图 4-29 所示。设置抽壳厚度为2.00mm，在视图中选择图 4-28 中的上表面为移除面，单击属性管理器中的"确定"按钮 ✔ ，结果如图 4-30 所示。

图 4-28　放样基体

图 4-29　"抽壳 1"属性管理器

图 4-30　抽壳实体

10 设置基准面。在左侧的 FeatureManager 设计树中选择"基准面 1"，单击"视图（前导）"工具栏"视图定向"下拉列表中的"正视于"按钮，将该基准面作为绘制图形的基准面。

11 绘制样条曲线。单击"草图"选项卡中的"样条曲线"按钮，绘制如图 4-31 所示的草图 4 并标注尺寸。单击"退出草图"按钮，退出草图绘制状态。

12 创建基准面 3。单击"特征"选项卡"参考几何体"下拉列表中的"基准面"按钮，或者执行"插入"→"参考几何体"→"基准面"菜单命令，弹出如图 4-32 所示的"基准面"属性管理器。选择"右视基准面"为参考面，拾取刚绘制的样条曲线的端点为参考点，单击"确定"按钮，完成基准面 3 的创建。

13 设置基准面。在左侧的 FeatureManager 设计树中选择"基准面 3"，然后单击"视图（前导）"工具栏"视图定向"下拉列表中的"正视于"按钮，将该基准面作为绘制图形的基准面。

14 绘制扫描轮廓草图。单击"草图"选项卡中的"中心矩形"按钮和"绘制圆角"按钮，绘制如图 4-33 所示的草图 5 并标注尺寸。单击"退出草图"按钮，退出草图绘制状态。

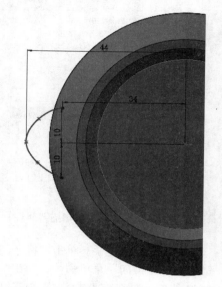

图 4-31　绘制草图 4 并标注尺寸

图 4-32　"基准面"属性管理器

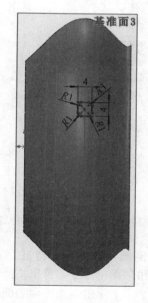

图 4-33　绘制草图 5 并标注尺寸

15 扫描把手。单击"曲面"选项卡中的"扫描曲面"按钮 <svg>，或者执行"插入"→"曲面"→"扫描曲面"菜单命令，弹出"曲面 - 扫描"属性管理器，如图 4-34 所示。选择样条曲线为扫描路径，选择矩形为扫描轮廓，单击"确定"按钮 ✓，结果如图 4-35 所示。

图 4-34 "曲面 - 扫描"属性管理器

图 4-35 扫描把手

16 镜向把手。单击"特征"选项卡中的"镜向"按钮 <svg>，或者执行"插入"→"阵列 /镜向"→"镜向"菜单命令，弹出"镜向"属性管理器，如图 4-36 所示。选择右视基准面为镜向基准面，选择刚创建的把手为要镜向的实体，单击"确定"按钮 ✓，结果如图 4-37 所示。

图 4-36 "镜向"属性管理器

图 4-37 镜向把手

17 倒圆角。单击"特征"选项卡中的"圆角"按钮 <svg>，或者执行"插入"→"特征"→"圆角"菜单命令，弹出"圆角"属性管理器，如图 4-38 所示。选择外表面为边侧面 1，选择上平面为中央面组，选择内表面为边侧面组 2，单击"确定"按钮 ✓，结果如图 4-32 所示。

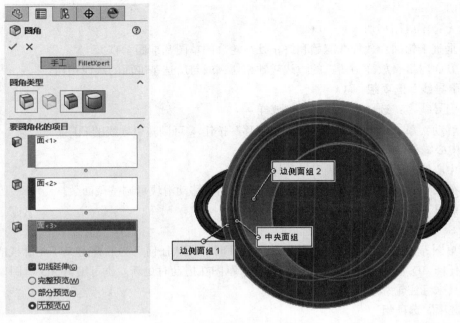

图 4-38　"圆角"属性管理器

4.4　放样曲面

　　放样曲面是通过在曲线之间进行过渡而生成曲面的方法。放样曲面与扫描曲面不同,它可以有多个草图截面,截面之间的特征形状按照"非均匀有理 B 样条"算法实现光顺。

4.4.1　放样曲面选项说明

　　单击"曲面"选项卡中的"放样曲面"按钮 ,或者执行"插入"→"曲面"→"放样曲面"菜单命令,弹出"曲面 - 放样"属性管理器,如图 4-39 所示。

　　1."轮廓"选项组

　　该选项组可决定用来生成放样的轮廓。

　　(1)轮廓 :选择要连接的草图轮廓、面或边线。放样根据轮廓选择的顺序而生成。对于每个轮廓,都需要选择想要放样路径经过的点。

　　(2)移动:单击"上移"按钮 和"下移"按钮 可调整轮廓的顺序。

　　2."开始 / 结束约束"选项组

　　对轮廓草图的光顺过程应用约束,以控制开始和结束

图 4-39　"曲面 - 放样"属性管理器

轮廓的相切。

（1）无：不应用相切。

（2）垂直于轮廓：放样在起始和终止处与轮廓的草图基准面垂直。

（3）方向向量：放样与所选的边线或轴相切，或与所选基准面的法线相切。

3．"引导线"选项组

（1）引导线 ⌇：选择引导线来控制放样。

（2）移动：单击"上移"按钮⬆️和"下移"按钮⬇️可调整引导线的顺序。

4．"中心线参数"选项组

（1）中心线 ⌇：使用中心线引导放样形状。

（2）截面数：在轮廓之间并绕中心线添加截面。移动滑块可调整截面数。

5．"草图工具"选项组

使用 SelectionManager 以帮助选取草图实体。

拖动草图：激活拖动模式。当编辑放样特征时，可从任何已为放样定义了轮廓线的 3D 草图中拖动任何 3D 草图线段、点或基准面。3D 草图在拖动时更新。也可编辑 3D 草图以使用尺寸标注工具来标注轮廓线的尺寸。

6．"选项"选项组

该选项组可用来控制放样的显示形式。

（1）合并切面：勾选"合并切面"复选框，如果对应的线段相切，则使在所生成的放样中的曲面合并。

（2）闭合放样：沿放样方向生成一闭合实体。勾选"合并切面"复选框，会自动连接最后一个和第一个草图。

（3）显示预览：显示放样的上色预览。

（4）微公差：使用微小的几何图形为零件创建放样。

4.4.2　实例——灯罩

灯罩模型如图 4-40 所示，由杯体和边沿部分组成。绘制该模型的命令主要有旋转曲面、延展曲面和圆角曲面等。

图 4-40　灯罩模型

01 启动软件。执行"开始"→"所有应用"→"SOLIDWORKS 2024"菜单命令，或者双击桌面上的 SOLIDWORKS 2024 的快捷方式按钮🔳，就可以启动该软件。

02 创建零件文件。执行"文件"→"新建"菜单命令，或者单击"快速访问"工具栏中的"新建"按钮 ，系统弹出"新建 SOLIDWORKS 文件"对话框，在其中选择"零件"按钮 ，单击"确定"按钮，创建一个新的零件文件。

03 保存文件。执行"文件"→"保存"菜单命令，或者单击"快速访问"工具栏中的"保存"按钮 ，系统弹出"另存为"对话框。在"文件名"文本框中输入"灯罩"，单击"保存"按钮，创建一个文件名为"灯罩"的零件文件。

04 创建基准面。单击"特征"选项卡"参考几何体"下拉列表中的"基准面"按钮 ，或者执行"插入"→"参考几何体"→"基准面"菜单命令，弹出如图 4-41 所示的"基准面"属性管理器。选择"前视基准面"为参考面，在 栏中输入偏移距离为 20.00mm，单击"确定"按钮 ，完成基准面 1 的创建。重复"基准面"命令，分别创建距离前视基准面为 40.00mm、60.00mm 和 70.00mm 的基准面，如图 4-42 所示。

图 4-41　"基准面"属性管理器

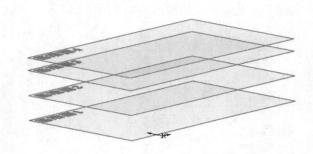

图 4-42　创建基准面

05 设置基准面。在左侧的 FeatureManager 设计树中选择"前视基准面"，然后单击"视图（前导）"工具栏"视图定向"下拉列表中的"正视于"按钮 ，将该基准面作为绘制图形的基准面。

06 绘制草图 1。

❶ 单击"草图"选项卡"直线"下拉列表中的"中心线"按钮 ，或者执行"工具"→"草图绘制实体"→"中心线"菜单命令，绘制一条水平中心线，再单击"草图"选项卡中的"直线"按钮 ，绘制如图 4-43 所示的草图并标注尺寸。

❷ 单击"草图"选项卡中的"镜向实体"按钮 ，或者执行"工具"→"草图工具"→"镜向实体"菜单命令，弹出"镜向"属性管理器，选择刚创建的直线作为要镜向的实体，选择水平中心线为镜向轴，勾选"复制"复选框，如图 4-44 所示。单击"确定"按钮 ，结果如图 4-45 所示。

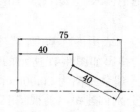

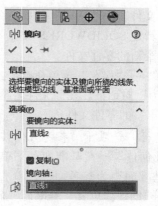

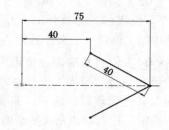

图 4-43　绘制草图 1　　　　图 4-44　"镜向"属性管理器　　　　图 4-45　镜向草图

❸ 单击"草图"选项卡"线性草图阵列"下拉列表中的"圆周草图阵列"按钮 ⟐，或者单击"工具"→"草图工具"→"圆周阵列"菜单命令，弹出"圆周阵列"属性管理器，选择创建的直线为圆周阵列实体，选择坐标原点为中心点，输入阵列个数为 8，勾选"等间距"复选框，如图 4-46 所示。单击"确定"按钮 ✓，结果如图 4-47 所示。

❹ 单击"草图"选项卡中的"绘制圆角"按钮 ⟐，或者执行"工具"→"草图工具"→"圆角"菜单命令，弹出"绘制圆角"属性管理器，如图 4-48 所示。输入圆角半径为 10.00mm，对钝角进行倒圆角操作，再输入圆角半径为 3.00mm，对锐角进行倒圆角操作。单击"确定"按钮 ✓，结果如图 4-49 所示。

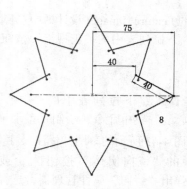

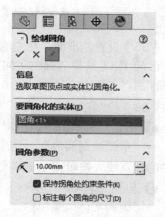

图 4-46　"圆周阵列"属性管理器　　　图 4-47　圆周阵列直线　　　图 4-48　"绘制圆角"属性管理器

07 设置基准面。在左侧的 FeatureManager 设计树中选择"基准面 1"，单击"视图（前导）"工具栏"视图定向"下拉列表中的"正视于"按钮 ⬍，将该基准面作为绘制图形的基准面。

08 绘制草图 2。单击"草图"选项卡中的"圆"按钮 ⊙，或者执行"工具"→"草图工具"→"圆"菜单命令，以坐标原点为圆心绘制直径为 90.00mm 的圆。

09 设置基准面。在左侧的 FeatureManager 设计树中选择"基准面 2"，单击"视图（前导）"工具栏"视图定向"下拉列表中的"正视于"按钮 ⬍，将该基准面作为绘制图形的基准面。

10 绘制草图 3。单击"草图"选项卡中的"圆"按钮 ⊙，或者执行"工具"→"草图工具"→"圆"菜单命令，以坐标原点为圆心绘制直径为 70.00mm 的圆。

11 设置基准面。在左侧的 FeatureManager 设计树中选择"基准面 3"，单击"视图（前导）"工具栏"视图定向"下拉列表中的"正视于"按钮 ⬍，将该基准面作为绘制图形的基准面。

12 绘制草图 4。单击"草图"选项卡中的"圆"按钮 ⊙，或者执行"工具"→"草图工具"→"圆"菜单命令，以坐标原点为圆心绘制直径为 50.00mm 的圆。

13 设置基准面。在左侧的 FeatureManager 设计树中选择"基准面 4"，单击"视图（前导）"工具栏"视图定向"下拉列表中的"正视于"按钮 ⬍，将该基准面作为绘制图形的基准面。

14 绘制草图 5。单击"草图"选项卡中的"圆"按钮 ⊙，或者执行"工具"→"草图工具"→"圆"菜单命令，以坐标原点为圆心绘制直径为 10.00mm 的圆，结果如图 4-50 所示。

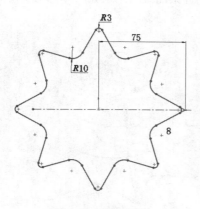

图 4-49　绘制圆角

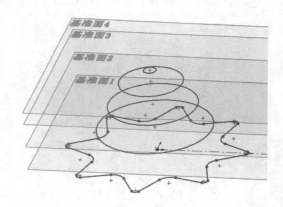

图 4-50　绘制草图 5

15 设置基准面。在左侧的 FeatureManager 设计树中选择"上视基准面"，单击"视图（前导）"工具栏"视图定向"下拉列表中的"正视于"按钮 ⬍，将该基准面作为绘制图形的基准面。

16 绘制草图。单击"草图"选项卡中的"样条曲线"按钮 Ⲛ，或者执行"工具"→"草图工具"→"样条曲线"菜单命令，捕捉圆的节点绘制样条曲线，结果如图 4-51 所示。单击"退出草图"按钮 ↳，退出草图绘制状态。

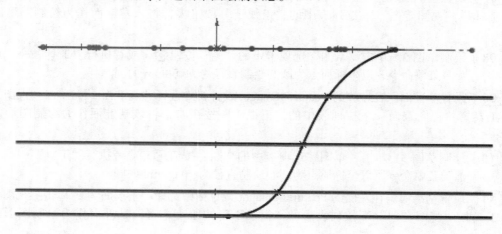

图 4-51　绘制草图

17 重复上面两步操作，在上视基准面的另一侧创建样条曲线，结果如图 4-52 所示。

18 设置基准面。在左侧的 FeatureManager 设计树中选择"右视基准面"，单击"视图（前导）"工具栏"视图定向"下拉列表中的"正视于"按钮↓，将该基准面作为绘制图形的基准面。

19 绘制草图。单击"草图"选项卡中的"样条曲线"按钮 ∧，或者执行"工具"→"草图工具"→"样条曲线"菜单命令，捕捉圆的节点绘制样条曲线。单击"退出草图"按钮 ↳，退出草图绘制状态。

20 重复上面两步，在右视基准面的另一侧创建样条曲线，结果如图 4-53 所示。

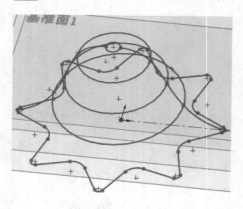

图 4-52　创建样条曲线

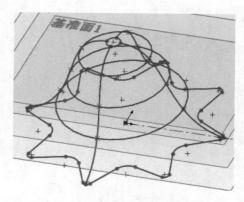

图 4-53　绘制草图

21 放样曲面。单击"曲面"选项卡中的"放样曲面"按钮 ，或者执行"插入"→"曲面"→"放样曲面"菜单命令，系统弹出如图 4-54 所示的"曲面 - 放样"属性管理器。选择草图 1 和草图 5 为轮廓，选择 4 条样条曲线为引导线，单击属性管理器中的"确定"按钮，结果如图 4-55 所示。

22 加厚曲面。执行"插入"→"凸台 / 基体"→"加厚曲面"菜单命令，系统弹出如

图 4-56 所示的"加厚"属性管理器。选择放样曲面为要加厚的曲面，输入厚度为 1.00mm，单击属性管理器中的"确定"按钮✔，结果如图 4-57 所示。

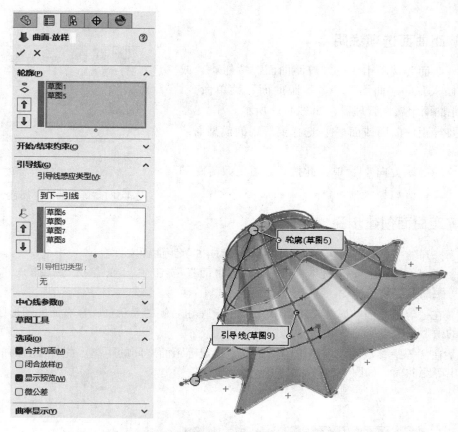

图 4-54　"曲面 - 放样"属性管理器

图 4-55　放样曲面

图 4-56　"加厚"属性管理器

图 4-57　加厚曲面

4.5　等距曲面

对于已经存在的曲面（不论是模型的轮廓面还是生成的曲面），都可以像等距曲线一样生成等距曲面。

4.5.1　等距曲面选项说明

单击"曲面"选项卡中的"等距曲面"按钮 ⑤，或者执行"插入"→"曲面"→"等距曲面"菜单命令，弹出"等距曲面"属性管理器，如图 4-58 所示。

（1）要等距的曲面或面 ⬥：选择要等距的模型面或生成的曲面。

（2）反转等距方向 ⬈：单击此按钮，可更改等距的方向。

图 4-58　"等距曲面"属性管理器

4.5.2　等距曲面创建步骤

01 打开随书电子资料包中源文件 \ 第 4 章 \4.5 等距曲面文件。

02 单击"曲面"选项卡中的"等距曲面"按钮 ⑤，或者执行"插入"→"曲面"→"等距曲面"菜单命令。

03 在"等距曲面"属性管理器中，单击 ⬥ 按钮右侧的显示框，在右面的图形区域中选择要等距的模型面或生成的曲面。

04 在"等距参数"选项组中的微调框中指定等距面之间的距离。此时在右面的图形区域中显示出等距曲面，如图 4-59 所示。

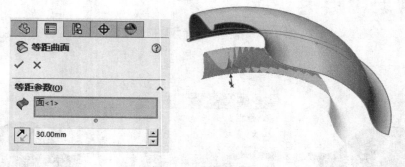

图 4-59　等距曲面

05 如果等距面的方向有误，可单击"反转等距方向"按钮 ⬈，反转等距方向。

06 单击"确定"按钮 ✔，完成等距曲面的生成。

 注意

可以生成距离为 0 的等距曲面，即生成一个独立的轮廓面，如图 4-60 所示。

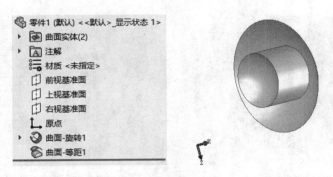

图 4-60　等距曲面后的图形及其 FeatureManager 设计树

4.6　平面曲面

用户可以选择非相交闭合草图、一组闭合边线、多条共有平面分型线来创建平面曲面。

单击"曲面"选项卡中的"平面区域"按钮，或者执行"插入"→"曲面"→"平面区域"菜单命令，系统弹出"平面"属性管理器，选择边线为边界，单击属性管理器中的"确定"按钮，创建平面曲面如图 4-61 所示。

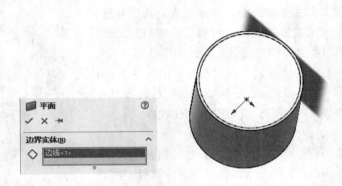

图 4-61　创建平面曲面

4.7　延展曲面

用户可以通过延展分割线、边线，并平行于所选基准面来生成曲面，如图 4-62 所示。延展曲面在拆模时最常用。在零件进行模塑，产生凹、凸模之前，必须先生成模块与分型面，延展曲面就可用来生成分型面。

4.7.1　延展曲面选项说明

单击"曲面"选项卡中的"延展曲面"按钮，或者执行"插入"→"曲面"→"延展曲面"菜单命令，弹出"延展曲面"属性管理器，如图 4-63 所示。

图 4-62　延展曲面

图 4-63　"延展曲面"属性管理器

（1）延展方向参考：在视图中选择一个与想使曲面延展的方向平行的面或基准面。单击"反向"按钮，可更改延展方向。

（2）要延展的曲线：在视图中选择一条边线或一组连续边线。

（3）沿切面延伸：勾选此复选框，可使延展的曲面沿相切面继续延伸。

（4）延展距离：在文本框中输入延展的曲面的宽度。

4.7.2　实例——花盆

本实例绘制的花盆模型如图 4-64 所示。绘制该模型的命令主要有旋转曲面、延展曲面和圆角曲面等。花盆模型由盆体和边沿两部分组成，其绘制过程为：先通过旋转曲面完成盆体的建模，再通过延展曲面完成边沿的建模，然后对边沿和盆体的连接部分进行圆角处理。

01 启动软件。执行"开始"→"所有应用"→"SOL-IDWORKS 2024"菜单命令，或者双击桌面上的 SOLID-WORKS 2024 的快捷方式按钮，就可以启动该软件。

02 创建零件文件。执行"文件"→"新建"菜单命令，或者单击"快速访问"工具栏中的"新建"按钮，系统弹出"新建 SOLIDWORKS 文件"对话框，在其中选择"零件"按钮，单击"确定"按钮，创建一个新的零件文件。

图 4-64　花盆模型

03 保存文件。执行"文件"→"保存"菜单命令，或者单击"快速访问"工具栏中的"保存"按钮，系统弹出"另存为"对话框。在"文件名"文本框中输入"花盆"，单击"保存"按钮，创建一个文件名为"花盆"的零件文件。

04 绘制花盆盆体。

❶ 设置基准面。在左侧的 FeatureManager 设计树中选择"上视基准面"，单击"视图（前导）"工具栏"视图定向"下拉列表中的"正视于"按钮，将该基准面作为绘制图形的基准面。

❷ 绘制草图。执行"工具"→"草图绘制实体"→"中心线"菜单命令，绘制一条通过坐标原点的竖直中心线，再单击"草图"选项卡中的"直线"按钮，绘制两条直线。

❸ 标注尺寸。单击"草图"选项卡中的"智能尺寸"按钮，标注刚绘制的草图，结果如图 4-65 所示。

❹ 旋转曲面。单击"曲面"选项卡中的"旋转曲面"按钮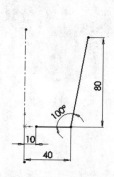，或者执行"插入"→"曲面"→"旋转曲面"菜单命令，系统弹出如图 4-66 所示的"曲面 - 旋转"属性管理器。在"旋转轴"选项组中选择图 4-65 中的竖直中心线，其他设置如图 4-66 所示。单击属性管理器中的"确定"按钮✔，完成曲面旋转，结果如图 4-67 所示。

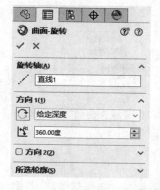

图 4-65 标注尺寸　图 4-66 "曲面 - 旋转"属性管理器　图 4-67 绘制花盆盆体

05 绘制花盆边沿。

❶ 延展曲面。执行"插入"→"曲面"→"延展曲面"菜单命令，系统弹出"延展曲面"属性管理器。在属性管理器的"延展方向参考"选项中选择 FeatureManager 设计树中的"前视基准面"，在"要延展的曲线"选项中选择图 4-67 中的边线 1，此时属性管理器如图 4-68 所示。在设置过程中要注意延展曲面的方向，如图 4-69 所示。单击属性管理器中"确定"按钮✔，生成延展曲面，结果如图 4-70 所示。

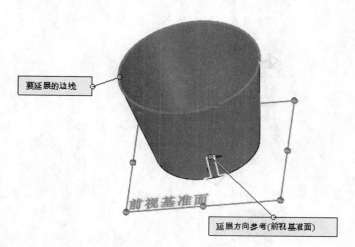

图 4-68 "延展曲面"属性管理器　　　图 4-69 延展曲面方向

❷ 缝合曲面。单击"曲面"选项卡中的"缝合曲面"按钮，或者执行"插入"→"曲面"→"缝合曲面"菜单命令，系统弹出如图 4-71 所示的"缝合曲面"属性管理器。在"要缝合的曲面和面"选项中选择图 4-70 中的曲面 - 延展 1 和曲面 - 旋转 1，单击属性管理器中的"确定"按钮✔，完成曲面缝合，结果如图 4-72 所示。

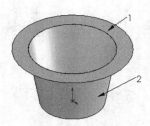

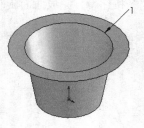

图 4-70　生成延展曲面　　　图 4-71　"缝合曲面"属性管理器　　　图 4-72　缝合曲面

 技巧荟萃

曲面缝合后外观没有任何变化，只是将多个面组合成一个面。此处缝合的含义是为了将两个面的交线进行圆角处理，因为面的边线不能圆角处理，所以将两个面缝合为一个面。

❸ 圆角曲面。单击"特征"选项卡中的"圆角"按钮 ，系统弹出如图 4-73 所示的"圆角"属性管理器。在"要圆角化的项目"的"边线、面、特征和环"选项中选择图 4-72 中的边线 1，在"半径" 栏中输入 10.00mm，其他设置如图 4-73 所示。单击属性管理器中的"确定"按钮 ，完成圆角处理，结果如图 4-74 所示。

图 4-73　"圆角"属性管理器　　　　　　　　图 4-74　圆角处理

4.8 直纹曲面

直纹曲面是指从选定边线以指定方向延伸的曲面。

单击"曲面"选项卡中的"直纹曲面"按钮 ，或者执行"插入"→"曲面"→"直纹曲面"菜单命令，弹出"直纹曲面"属性管理器，如图 4-75 所示。

1. "类型"选项组

（1）相切于曲面：直纹曲面与共享一边线的曲面相切。

（2）正交于曲面：直纹曲面与共享一边线的曲面正交。

（3）锥削到向量：直纹曲面锥削到所指定的向量。

（4）垂直于向量：直纹曲面与所指定的向量垂直。

（5）扫描：直纹曲面通过使用所选边线为引导曲线来生成一扫描曲面而创建。

2. "距离 / 方向"选项组

当选择"锥削到向量""垂直于向量"和"扫描"类型时，选择一边线、面或基准面作为参考向量。

3. "边线选择"选项组

选择作为直纹曲面基体的边线或分型面线。

4. "选项"选项组

（1）剪裁和缝合：取消此复选框的勾选，以手工剪裁和缝合曲面。

（2）连接曲面：取消此复选框的勾选，移除任何连接曲面。

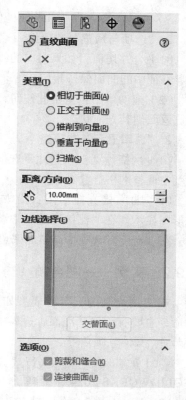

图 4-75 "直纹曲面"属性管理器

4.9 边界曲面

边界曲面特征可用于生成在两个方向上（曲面所有边）相切或曲率连续的曲面。

4.9.1 边界曲面选项说明

单击"曲面"选项卡中的"边界曲面"按钮 ，或者执行"插入"→"曲面"→"边界曲面"菜单命令，弹出"边界 - 曲面"属性管理器，如图 4-76 所示。

1. "方向 1"和"方向 2"选项组

（1）边界曲线：在视图中选择方向上生成边界曲面的曲线。边界曲面根据曲线选择的顺序而生成。单击"上移"按钮 和"下移"按钮 可调整曲线的顺序。

（2）"相切类型"：包括"无""方向向量""垂直于轮廓""与面相切"和"面的曲率"。

1）无：不应用相切约束，此时曲率为零。

2）方向向量：根据方向向量为所选实体应用相切约束。

3）垂直于轮廓：垂直于曲线应用相切约束。

4）与面相切：使相邻面在所选曲线上相切。

5）面的曲率：在所选曲线处应用平滑、具有美感的曲率连续曲面。

2."选项与预览"选项组

（1）合并切面：如果对应的线段相切，则会使所生成的边界特征中的曲面保持相切。

（2）拖动草图：单击此按钮，撤销先前的草图拖动并将预览返回到其先前状态。

3."曲率显示"选项组

（1）网格预览：勾选此复选框，可显示网格，并在网格密度中调整网格行数。

（2）曲率检查梳形图：沿方向 1 或方向 2 的曲率检查梳形图显示。在"比例"选项中调整曲率可检查梳形图的大小，在"密度"选项中调整曲率可检查梳形图的显示行数。

4.9.2 实例——吧台椅

本实例绘制的吧台椅模型如图 4-77 所示。绘制该模型的命令主要有创建基准面、边界曲面、镜向、缝合曲面、旋转凸台 / 基体、圆角等。

01 启动软件。执行"开始"→"所有应用"→"SOLIDWORKS 2024"菜单命令，或者双击桌面上的 SOLIDWORKS 2024 的快捷方式按钮，就可以启动该软件。

02 创建零件文件。执行"文件"→"新建"菜单命令，或者单击"快速访问"工具栏中的"新建"按钮，系统弹出"新建 SOLIDWORKS 文件"对话框，在其中选择"零件"按钮，单击"确定"按钮，创建一个新的零件文件。

03 保存文件。执行"文件"→"保存"菜单命令，或者单击"快速访问"工具栏中的"保存"按钮，系统弹出"另存为"对话框。在"文件名"文本框中输入"吧台椅"，单击"保存"按钮，创建一个文件名为"吧台椅"的零件文件。

04 单击"特征"选项卡"参考几何体"下拉列表中的"基准面"按钮，或者执行"插入"→"参考几何体"→"基准面"菜单命令，弹出如图 4-78 所示的"基准面"属性管理器。选择"上视基准面"为参考面，在栏中输入偏移距离为 25.00mm，单击"确定"按钮，完成基准面 1 的创建。重复"基准面"命令，创建距离上视基准面分别为 28.00mm 和 29.00mm 的基准面，如图 4-79 所示。

图 4-76 "边界 - 曲面"属性管理器

图 4-77 吧台椅模型

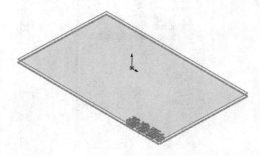

图 4-78　"基准面"属性管理器　　　　　　图 4-79　创建基准面

05 设置基准面。在左侧的 FeatureManager 设计树中选择"基准面 1"作为绘制图形的基准面。

06 绘制草图。单击"草图"选项卡中的"三点圆弧"按钮 ⌒ 和"切线弧"按钮 ⌐，绘制如图 4-80 所示的草图并标注尺寸（注意圆弧和圆弧之间是相切关系）。

07 设置基准面。在左侧的 FeatureManager 设计树中选择"基准面 2"作为绘制图形的基准面。

08 绘制草图。单击"草图"选项卡中的"三点圆弧"按钮 ⌒ 和"切线弧"按钮 ⌐，绘制如图 4-81 所示的草图并标注尺寸（注意圆弧和圆弧之间是相切关系）。

09 设置基准面。在左侧的 FeatureManager 设计树中选择"基准面 3"作为绘制图形的基准面。

10 绘制草图。单击"草图"选项卡中的"直线"按钮 ✎，绘制如图 4-82 所示的草图（注意直线和圆弧之间是重合关系）。

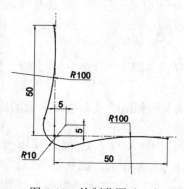

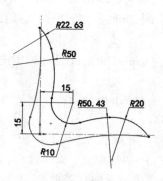

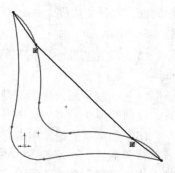

图 4-80　绘制草图（一）　　　图 4-81　绘制草图（二）　　　图 4-82　绘制草图（三）

11 边界曲面。单击"曲面"选项卡中的"边界曲面"按钮 ◈，或者执行"插入"→"曲面"→"边界曲面"菜单命令，弹出"边界 - 曲面"属性管理器，如图 4-83 所示。选择前面绘制的三个草图为边界曲面，单击属性管理器中的"确定"按钮 ✔，结果如图 4-84 所示。

图 4-83 "边界 - 曲面"属性管理器

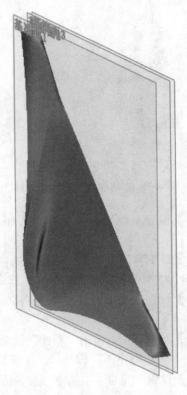

图 4-84 边界曲面

12 镜向曲面。单击"特征"选项卡中的"镜向"按钮 ⊞，或者执行"插入"→"阵列 / 镜向"→"镜向"菜单命令，弹出"镜向"属性管理器，如图 4-85 所示。选择"上视基准面"为镜向面，选择"边界 - 曲面1"为要镜向的实体，单击属性管理器中的"确定"按钮 ✔，结果如图 4-86 所示。

13 设置基准面。在左侧的 FeatureManager 设计树中选择"基准面1"作为绘制图形的基准面。

14 绘制草图。单击"草图"选项卡中的"转换实体引用"按钮 ⬚，提取边界曲面的边界线，绘制如图 4-87 所示的草图。

15 创建基准面。单击"特征"选项卡"参考几何体"下拉列表中的"基准面"按钮 ▦，或者执行"插入"→"参考几何体"→"基准面"菜单命令，弹出"基准面"属性管理器。选择"上视基准面"为参考面，在 ⬓ 栏中输入偏移距离为 25.00mm（注意基准面的方向），完成基准面 4 的创建。

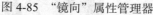

图 4-85　"镜向"属性管理器

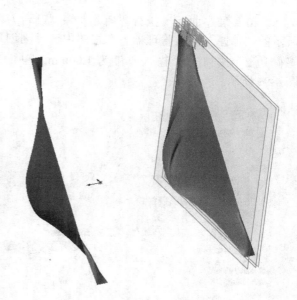

图 4-86　镜向边界曲面

16 设置基准面。在左侧的 FeatureManager 设计树中选择"基准面 4"作为绘制图形的基准面。

17 绘制草图。单击"草图"选项卡中的"转换实体引用"按钮🗊，提取边界曲面的边界线。

18 边界曲面。单击"曲面"选项卡中的"边界曲面"按钮◈，或者执行"插入"→"曲面"→"边界曲面"菜单命令，弹出"边界曲面"属性管理器。选择草图 4 和草图 5 为边界线，单击属性管理器中的"确定"按钮✔，结果如图 4-88 所示。

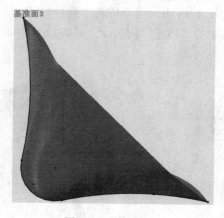

图 4-87　绘制草图

图 4-88　边界曲面

19 缝合曲面。单击"曲面"选项卡中的"缝合曲面"按钮🗊，或者执行"插入"→"曲面"→"缝合曲面"菜单命令，弹出"缝合曲面"属性管理器。选择视图中的边界曲面和镜向曲面，如图 4-89 所示，单击属性管理器中的"确定"按钮✔。

20 加厚曲面。执行"插入"→"凸台/基体"→"加厚"菜单命令，弹出如图 4-90 所示的"加厚"属性管理器。在视图中选择刚创建的缝合曲面作为要加厚的曲面，单击"加厚侧边 2"按钮 ，输入厚度为 1.00mm。单击属性管理器中的"确定"按钮 ，结果如图 4-91 所示。

图 4-89 "缝合曲面"属性管理器　图 4-90 "加厚"属性管理器　　　图 4-91 加厚曲面

21 设置基准面。在左侧的 FeatureManager 设计树中选择"上视基准面"作为绘制图形的基准面。

22 绘制草图。单击"草图"选项卡中的"直线"按钮 、"三点圆弧"按钮 和"转换实体引用"按钮 ，绘制如图 4-92 所示的草图并标注尺寸。

23 绘制底座。单击"特征"选项卡中的"旋转凸台/基体"按钮 ，或者单击"插入"→"凸台/基体"→"旋转"菜单命令，弹出如图 4-93 所示的"旋转"属性管理器。在视图中选择绘制的竖直直线为旋转轴，单击属性管理器中的"确定"按钮 ，结果如图 4-94 所示。

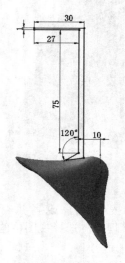

图 4-92 绘制草图并标注尺寸　　图 4-93 "旋转"属性管理器　　　图 4-94 绘制底座

(24) 倒圆角。单击"特征"选项卡中的"圆角"按钮 🔲，或者执行"插入"→"特征"→"圆角"菜单命令，弹出如图 4-95 所示"圆角"属性管理器。选择图 4-94 的边线 1，设置圆角半径为 30.00mm，单击属性管理器中的"确定"按钮 ✔，重复"圆角"命令，选择图 4-94 边线 2，输入圆角半径为 10.00mm，单击"确定"按钮 ✔，结果如图 4-96 所示。

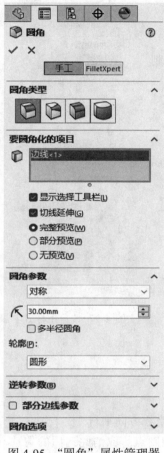

图 4-95　"圆角"属性管理器

图 4-96　倒圆角

4.10　自由样式特征

自由样式特征与顶点特征类似，也是针对模型表面进行变形操作生成的特征，但是具有更多的控制选项。自由样式特征通过展开、约束或拉紧所选曲面可在模型上生成一个变形曲面。变形曲面灵活可变，很像一层膜。

4.10.1　自由样式特征选项说明

单击"曲面"选项卡中的"自由样式"按钮 🔲，或者执行"插入"→"特征"→"自由形"菜单命令，弹出"自由样式"属性管理器，如图 4-97 所示。

1."面设置"选项组

（1）要变形的面 📦：选择一个面作为自由样式特征进行修改。

（2）方向 1 对称：在一个方向添加穿过面对称线的对称控制曲线。

（3）方向 2 对称：在第二个方向添加对称控制曲线。

2."控制曲线"选项组

（1）控制类型：用于沿控制曲线添加控制点的控制类型。

1）"通过点"：在控制曲线上使用控制点。

2）"控制多边形"：在控制曲线上使用控制多边形。

3）"添加曲线"：单击此按钮，可切换"添加曲线"模式。在该模式中将鼠标指针移到所选的面上，然后单击以添加控制曲线。

（2）坐标系：用于设定网格方向。

1）"自然"：在平行于边的方向生成网格。

2）"用户定义"：用鼠标拖动来定义网格方向的操纵杆。

3."控制点"选项组

（1）添加点：单击此按钮，可切换"添加点"模式，在该模式中添加点到控制曲线。

（2）捕捉到几何体：在移动控制点以修改面时将点（如参考曲线上的点）捕捉到几何体。

图 4-97　"自由样式"属性管理器

（3）三重轴方向：用于精确移动控制点的三重轴的方向。

1）"整体"：定向三重轴以匹配零件的轴。

2）"曲面"：在拖动之前使三重轴垂直于曲面。

3）"曲线"：使三重轴与控制曲线上三个点生成的垂直线方向平行。

4）"三重轴跟随选择"：将三重轴移到当前选择的控制点。取消此选项的勾选，当选择其他控制点时，三重轴会保持在当前的控制点。

4."显示"选项组

（1）面透明度：拖动滑动条可调整所选面的透明度。

（2）网格预览：显示可用于帮助放置控制点的网格。拖动滑动条可调整网格的密度。

（3）曲率检查梳形图：沿网格线显示曲率检查梳形图。

4.10.2　自由样式特征创建步骤

01 设置基准面。在左侧的 FeatureManager 设计树中，选择"前视基准面"作为绘制图形的基准面。

02 绘制草图。执行"工具"→"草图绘制实体"→"边角矩形"菜单命令，以坐标原点为一角点绘制一个矩形并标注尺寸，结果如图 4-98 所示。

03 拉伸生成实体。执行"插入"→"凸台/基体"→"拉伸"菜单命令，将刚绘制的草图拉伸为"深度"为 40.00mm 的实体，结果如图 4-99 所示。

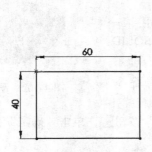

图 4-98　绘制草图并标注尺寸

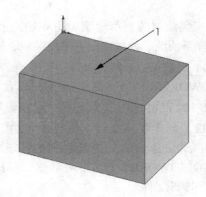

图 4-99　拉伸生成实体

04 打开属性管理器。执行"插入"→"特征"→"自由样式"菜单命令，系统弹出如图 4-100 所示的"自由样式"属性管理器。

05 设置属性管理器。在"面设置"选项组中，选择图 4-99 中的表面 1，进行设置。

06 创建自由样式特征。单击属性管理器中的"确定"按钮 ，结果如图 4-101 所示。

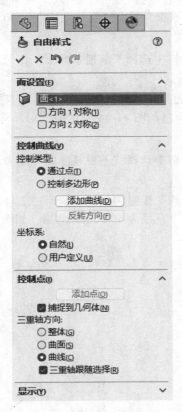

图 4-100　"自由样式"属性管理器

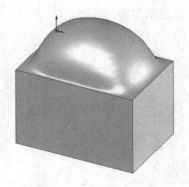

图 4-101　创建自由样式特征

4.11 综合实例——葫芦

本实例绘制的葫芦模型如图 4-102 所示。绘制该模型的命令
主要有样条曲线、扫描曲面、平面区域、缝合曲面等。

01 启动软件。执行"开始"→"所有应用"→
"SOLIDWORKS 2024"菜单命令，或者双击桌面上的 SOLID-
WORKS 2024 的快捷方式按钮，就可以启动该软件。

02 创建零件文件。执行"文件"→"新建"菜单命令，
或者单击"快速访问"工具栏中的"新建"按钮，系统弹出

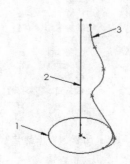

图 4-102 葫芦模型

"新建 SOLIDWORKS 文件"对话框，在其中选择"零件"按钮，单击"确定"按钮，创建
一个新的零件文件。

03 保存文件。执行"文件"→"保存"菜单命令，或者单击"快速访问"工具栏中的
"保存"按钮，系统弹出"另存为"对话框。在"文件名"文本框中输入"葫芦"，单击"保
存"按钮，创建一个文件名为"葫芦"的零件文件。

04 设置基准面。在左侧的 FeatureManager 设计树中选择"前视基准面"作为绘制图形
的基准面。

05 绘制路径草图。单击"草图"选项卡中的"直线"按钮，或者执行"工
具"→"草图绘制实体"→"直线"菜单命令，以坐标原点为起点绘制一条长度为 90.00mm 的
竖直中心线。结果如图 4-103 所示。然后退出草图绘制状态。

06 设置基准面。在左侧的 FeatureManager 设计树中选择"前视基准面"作为绘制图形
的基准面。

07 绘制引导线草图。单击"草图"选项卡中的"样条曲线"按钮，或者执行"工
具"→"草图绘制实体"→"样条曲线"菜单命令，绘制如图 4-104 所示的图形并标注尺寸。
然后退出草图绘制状态。

08 设置基准面。在左侧的 FeatureManager 设计树中选择"上视基准面"作为绘制图形
的基准面。

09 绘制轮廓草图。单击"草图"选项卡中的"圆"按钮，或者执行"工具"→"草
图绘制实体"→"圆"菜单命令，以原点为圆心绘制一个直径为 40.00mm 的圆，如图 4-105 所
示，然后退出草图绘制状态。

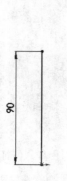

图 4-103 绘制路径草图

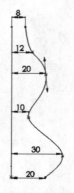

图 4-104 绘制引导线草图

图 4-105 绘制轮廓草图

10 扫描曲面。单击"曲面"选项卡中的"扫描曲面"按钮 ，或者执行"插入"→"曲面"→"扫描曲面"菜单命令，系统弹出如图 4-106 所示的"曲面 - 扫描"属性管理器。在"轮廓"选项中选择图 4-103 中的圆 1，在"路径"选项中选择图 4-103 中的直线 2，在"引导线"选项中选择图 4-105 中的样条曲线 3，单击"曲面 - 扫描"属性管理器中的"确定"按钮 ，扫描特征完毕，结果如图 4-107 所示。

图 4-106　"曲面 - 扫描"属性管理器

图 4-107　扫描曲面

11 创建平面区域。单击"曲面"选项卡中的"平面区域"按钮 ，或者执行"插入"→"曲面"→"平面区域"菜单命令，弹出"平面"属性管理器，选择底面边线，如图 4-108 所示。单击"平面"属性管理器中的"确定"按钮 ，结果如图 4-109 所示。

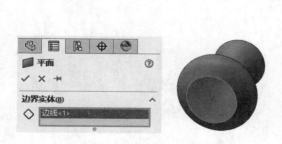

图 4-108　"平面"属性管理器

图 4-109　创建平面区域

12 缝合曲面。单击"曲面"选项卡中的"缝合曲面"按钮 ，或者执行"插入"→"曲面"→"缝合曲面"菜单命令，弹出如图 4-110 所示的"缝合曲面"属性管理器。选择扫描曲面和底面，结果如图 4-111 所示。

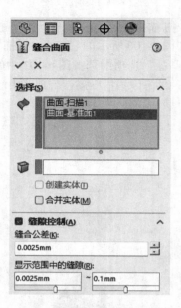

图 4-110 "缝合曲面"属性管理器

图 4-111 缝合曲面

第 **5** 章

编辑曲面

　　复杂和不规则的实体模型，通常是由曲线和曲面组成的，所以曲线和曲面是三维曲面实体模型建模的基础。

学　习　要　点

◎ 延伸、剪裁、填充、缝合曲面
◎ 中面
◎ 替换、删除、移动、复制曲面
◎ 曲面切除

5.1 延伸曲面

延伸曲面可以在现有曲面的边缘，沿着切线方向，以直线或随曲面的弧度产生附加的曲面。

5.1.1 延伸曲面选项说明

单击"曲面"选项卡中的"延伸曲面"按钮 ，或者执行"插入"→"曲面"→"延伸曲面"菜单命令，弹出"延伸曲面"属性管理器，如图 5-1 所示。

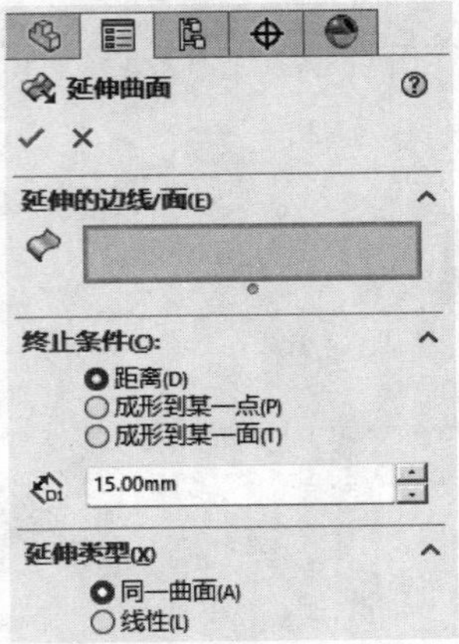

1. "延伸的边线 / 面"选项组

在图形中选择一条或多条边线或面作为延伸曲面。

2. "终止条件"栏

（1）距离：勾选此单选按钮，在 栏中输入延伸距离，结果如图 5-2a 所示。

（2）成形到某一点：勾选此单选按钮，将曲面延伸到在视图中选择的点或顶点，结果如图 5-2b 所示。

（3）成形到某一面：勾选此单选按钮，将曲面延伸到在视图中选择的曲面或面，结果如图 5-2c 所示。

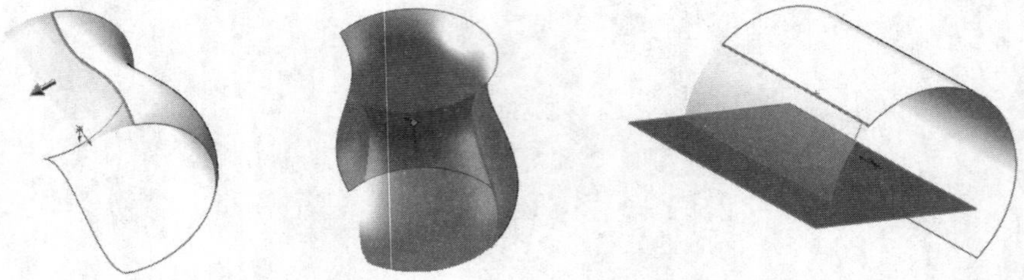

图 5-1 "延伸曲面"属性管理器

a）延伸距离为 15mm　　　　b）成形到某一点　　　　c）成形到某一面

图 5-2 终止条件

3. "延伸类型"栏

（1）同一曲面：勾选此单选按钮，沿曲面的几何体延伸曲面，如图 5-3a 所示。

（2）线性：勾选此单选按钮，沿边线相切于原来曲面来延伸曲面，如图 5-3b 所示。

a）延伸类型为"同一曲面"　　　　b）延伸类型为"线性"

图 5-3 延伸类型

5.1.2　实例——塑料盒盖

本实例绘制的塑料盒盖如图 5-4 所示。该模型由盒盖和盖顶两部分组成。绘制该模型的命令主要有拉伸曲面、延展曲面和圆角曲面等。

01 启动软件。执行"开始"→"所有应用"→"SOLIDWORKS 2024"菜单命令，或者双击桌面上的 SOLIDWORKS 2024 的快捷方式按钮🖥，就可以启动该软件。

02 创建零件文件。执行"文件"→"新建"菜单命令，或者单击"快速访问"工具栏中的"新建"按钮🗋，系统弹出"新建 SOLIDWORKS 文件"对话框，在其中选择"零件"按钮🝖，单击"确定"按钮，创建一个新的零件文件。

03 保存文件。执行"文件"→"保存"菜单命令，或者单击"快速访问"工具栏中的"保存"按钮💾，系统弹出"另存为"对话框。在"文件名"文本框中输入"塑料盒盖"，单击"保存"按钮，创建一个文件名为"塑料盒盖"的零件文件。

04 设置基准面。在左侧的 FeatureManager 设计树中选择"前视基准面"，然后单击"视图（前导）"工具栏"视图定向"下拉列表中的"正视于"按钮🡇，将该基准面作为绘制图形的基准面。

05 绘制草图。单击"草图"选项卡中的"草图绘制"按钮▢，进入草图绘制界面。单击"草图"选项卡中的"中心矩形"按钮▣、"三点圆弧"按钮🝆和"智能尺寸"按钮🝕，绘制并标注草图，结果如图 5-5 所示。

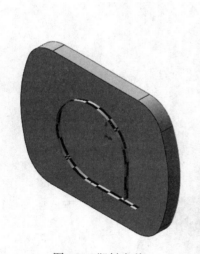

图 5-4　塑料盒盖

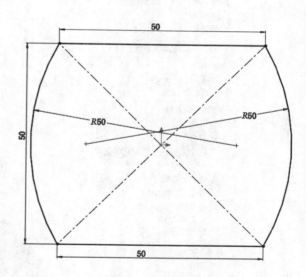

图 5-5　绘制并标注草图

06 拉伸曲面。单击"曲面"选项卡中的"拉伸曲面"按钮🝰，系统弹出如图 5-6 所示的"曲面 - 拉伸"属性管理器，在"终止条件"选项中选择"给定深度"，在"深度"栏中输入"10.00mm"，勾选"封底"复选框，单击属性管理器中的"确定"按钮✔，完成曲面拉伸，结果如图 5-7 所示。

07 创建圆角。单击"特征"选项卡中的"圆角"按钮🝪，弹出"圆角"属性管理器，如图 5-8 所示。选择圆角边，设置圆角半径为 11.00mm，单击属性管理器中的"确定"按钮✔，完成圆角操作，结果如图 5-9 所示。

图 5-6 "曲面 - 拉伸" 属性管理器

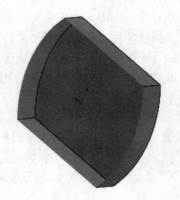

图 5-7 拉伸曲面

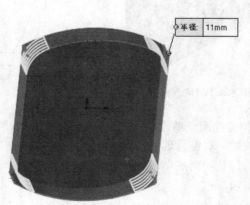

图 5-8 "圆角" 属性管理器

08 设置基准面。在左侧的 FeatureManager 设计树中选择"上视基准面","视图（前导）"工具栏"视图定向"下拉列表中的"正视于"按钮 ⬆️，将该基准面作为绘制图形的基准面，单击"草图"选项卡中的"草图绘制"按钮 ▢，进入草图绘制界面。

09 创建草图。单击"草图"选项卡"直线"下拉列表中的"中心线"按钮 ✏️ 和"直线"按钮 ✏️，绘制如图 5-10 所示的草图并标注尺寸。

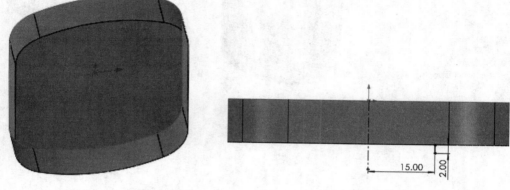

图 5-9 倒圆角结果

图 5-10 绘制并标注草图

10 旋转曲面。单击"曲面"选项卡中的"旋转曲面"按钮 🌐，系统弹出如图 5-11 所示的"曲面 - 旋转"属性管理器，在"旋转轴"选项组中选择草图中的中心线为旋转轴，输入旋转角度为 270.00 度，单击属性管理器中的"确定"按钮 ✓，完成曲面旋转，结果如图 5-12 所示。

图 5-11 "曲面 - 旋转"属性管理器

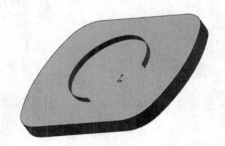

图 5-12 旋转曲面后的图形

11 延伸曲面。单击"曲面"选项卡中的"延伸曲面"按钮 ⬦，弹出"延伸曲面"属性管理器，参数设置如图 5-13 所示，结果如图 5-14 所示。

12 延伸曲面。单击"曲面"选项卡中的"延伸曲面"按钮 ⬦，弹出"延伸曲面"属性管理器，参数设置如图 5-15 所示。

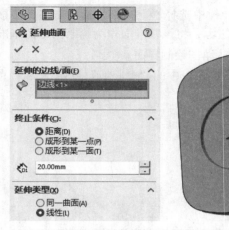

图 5-13 "延伸曲面"属性管理器（一）

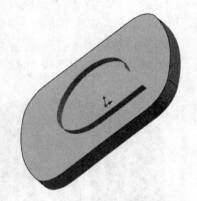

图 5-14 延伸曲面

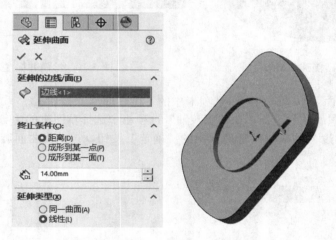

图 5-15 "延伸曲面"属性管理器（二）

5.2 剪裁曲面

剪裁曲面主要有两种方式，第一种是将两个曲面互相剪裁，第二种是以线性图元修剪曲面。

5.2.1 剪裁曲面选项说明

单击"曲面"选项卡中的"剪裁曲面"按钮，或者执行"插入"→"曲面"→"剪裁曲面"菜单命令，弹出"剪裁曲面"属性管理器，如图 5-16 所示。

1. "剪裁类型"选项组

（1）标准：使用曲面、草图实体、曲线、基准面等来剪裁曲面，如图 5-17a 所示。

（2）相互：使用曲面本身来剪裁多个曲面，如图 5-17b 所示。

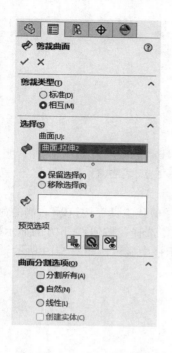

图 5-16 "剪裁曲面"属性管理器

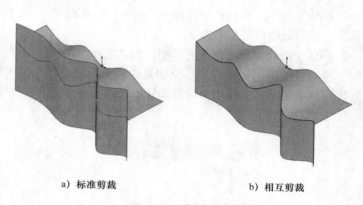

a）标准剪裁   b）相互剪裁

图 5-17 剪裁类型

2. "选择"选项组

（1）剪裁工具 ：当选择"标准"类型时，在图形区域中选择曲面、草图实体、曲线或基准面作为剪裁其他曲面的工具；当选择"相互"类型时，在图形区域中选择多个曲面以让剪裁曲面来剪裁自身。

（2）保留选择：在视图中选择剪裁曲面时要保留的部分，如图 5-18b 所示。未选择的曲面被删除。

（3）移除选择：在视图中选择剪裁曲面时要删除的部分，如图 5-18c 所示。未选择的曲面被保留。

a）剪裁前   b）保留选择   c）移除选择

图 5-18 选择选项

3."曲面分割选项"选项组

（1）分割所有：勾选此复选框，显示视图中曲面的所有分割。

（2）自然：边界边线随曲线形状变化。

（3）线性：边界边线随剪裁点的线性方向变化。

5.2.2　剪裁曲面操作步骤

01 打开随书电子资料包中源文件＼第 5 章＼剪裁曲面文件。

02 单击"曲面"选项卡中的"剪裁曲面"按钮✎，或者执行"插入"→"曲面"→"剪裁曲面"菜单命令。

03 选择"标准"裁剪类型，在"选择"选项组中单击"剪裁工具"按钮✎右侧的显示框，然后在图形区域中选择一个曲面作为剪裁工具；单击"保留选择"按钮✎下方的显示框，在图形区域中选择曲面作为保留部分。所选项目会在相应的显示框中显示，如图 5-19 所示。

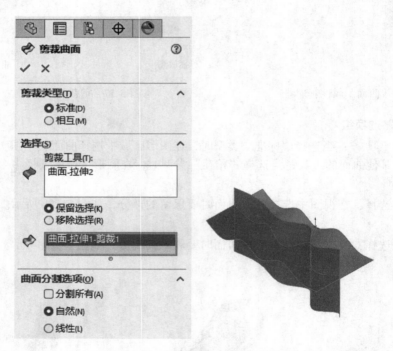

图 5-19　"剪裁类型"为标准剪裁

04 选择"相互"剪裁类型，在"选择"选项组中单击"剪裁工具"按钮✎右侧的显示框，然后在图形区域中选择作为剪裁曲面的至少两个相交曲面；单击"保留选择"按钮✎下方的显示框，然后在图形区域中选择需要的区域作为保留部分（可以是多个部分）。所选项目会在相应的显示框中显示，如图 5-20 所示。

05 单击"确定"按钮✎，完成曲面的剪裁，结果如图 5-21 所示。

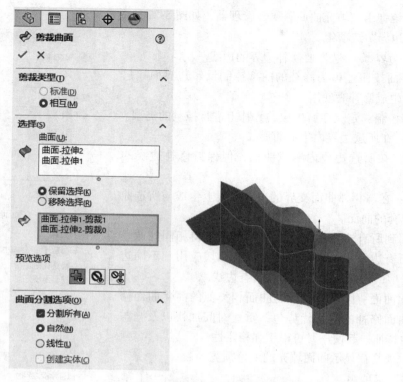

图 5-20 "剪裁类型"为相互剪裁

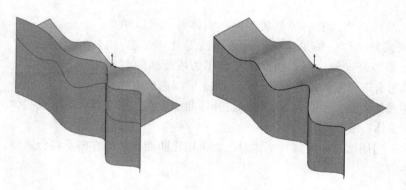

图 5-21 完成曲面的剪裁

5.3 填充曲面

填充曲面是指在现有模型边线、草图或者曲线定义的边界内构成带任何边数的曲面修补。

5.3.1 填充曲面选项说明

单击"曲面"选项卡中的"填充曲面"按钮 ，或者执行"插入"→"曲面"→"填充"

菜单命令，系统弹出"填充曲面"属性管理器，如图 5-22 所示。

1."修补边界"选项组

（1）修补边界 ⤷：选择要修补边界的边线。

（2）交替面按钮：可为修补的曲率控制反转边界面。只在实体模型上生成修补时使用。

（3）曲率控制：定义在所生成的修补上进行控制的类型。

1）相触：在所选边界内生成曲面。

2）相切：在所选边界内生成曲面，但保持修补边线的相切。

3）曲率：在与相邻曲面交界的边界边线上生成与所选曲面的曲率相配套的曲面。

（4）应用到所有边线：勾选此复选框，可将相同的曲率控制应用到所有边线。如果在将接触以及相切应用到不同边线后选择此选项，将应用当前选择到所有边线。

（5）优化曲面：优化与放样的曲面相类似的简化曲面修补。优化的曲面修补的潜在优势包括重建时间加快以及当与模型中的其他特征一起使用时可以增强稳定性。

（6）显示预览：显示曲面填充的上色预览。

2."选项"选项组

（1）修复边界：通过自动建造遗失部分或剪裁过大部分来构造有效边界。

（2）合并结果：当所有边界都属于同一实体时，可以使用曲面填充来修补实体。如果至少有一条边线是开环薄边，勾选"合并结果"复选框，那么曲面填充会用边线所属的曲面缝合。如果所有边界实体都是开环边线，那么可以选择生成实体。

（3）创建实体：如果所有边界实体都是开环曲面边线，那么有可能形成实体。默认情况下，不勾选"创建实体"复选框。

（4）反向：当用填充曲面修补实体时，如果填充曲面显示的方向不符合需要，勾选"反向"复选框可更改方向。

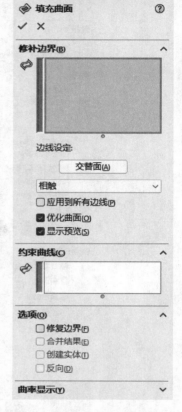

图 5-22　"填充曲面"属性管理器

 技巧荟萃

　　使用边线进行曲面填充时，所选择的边线必须是封闭的曲线。如果勾选属性管理器中的"合并结果"选项，则填充的曲面将和边线的曲面组成一个实体，否则填充的曲面为一个独立的曲面。

5.3.2　实例——桌子

桌子模型如图 5-23 所示，由桌腿、支撑架和桌面三部分组成。绘制该模型的命令主要有放样曲面、曲面填充、圆周阵列、拉伸实体和拉伸曲面等。

01 新建文件。

❶ 启动软件。执行"开始"→"所有应用"→"SOLIDWORKS 2024"菜单命令，或者双击桌面上的 SOLIDWORKS 2024 的快捷方式按钮 ，就可以启动该软件。

❷ 创建零件文件。执行"文件"→"新建"菜单命令，或者单击"快速访问"工具栏中的"新建"按钮 ，系统弹出"新建 SOLIDWORKS 文件"对话框，在其中选择"零件"按钮 ，单击"确定"按钮，创建一个新的零件文件。

❸ 保存文件。执行"文件"→"保存"菜单命令，或者单击"快速访问"工具栏中的"保存"按钮 ，系统弹出"另存为"对话框。在"文件名"文本框中输入"桌子"，单击"保存"按钮，创建一个文件名为"桌子"的零件文件。

图 5-23　桌子模型

02 绘制桌腿。

❶ 设置基准面。在左侧的 FeatureManager 设计树中选择"上视基准面"，单击"视图（前导）"工具栏"视图定向"下拉列表中的"正视于"按钮 ，将该基准面作为绘制图形的基准面。

❷ 绘制草图。单击"草图"选项卡"直线"下拉列表中的"中心线"按钮 ，绘制一条通过坐标原点的水平中心线，再单击"直线"按钮 和"样条曲线"按钮 ，绘制如图 5-24 所示的草图并标注尺寸，然后退出草图绘制状态。

 技巧荟萃

样条曲线中的 4 个型值点分别关于水平中心线对称，并且起始点和终点处的切线垂直于图中的两条直线。下面绘制的基准面 1 上的草图和基准面 2 上的草图与此相同。

❸ 添加基准面。单击"特征"选项卡"参考几何体"下拉列表中的"基准面"按钮 ，或者执行"插入"→"参考几何体"→"基准面"菜单命令，系统弹出如图 5-25 所示的"基准面"属性管理器。在属性管理器的"第一参考"选项组中选择 FeatureManager 设计树中的"上视基准面"，在"距离" 栏中输入 600.00mm，注意添加基准面的方向。单击属性管理器中的"确定"按钮 ，添加一个基准面。

❹ 设置视图方向。单击"视图（前导）"工具栏"视图定向"下拉列表中的"等轴测"按钮 ，将视图以等轴测方向显示，结果如图 5-26 所示。

❺ 设置基准面。在左侧的 FeatureManager 设计树中选择"基准面 1"，单击"视图（前导）"工具栏"视图定向"下拉列表中的"正视于"按钮 ，将该基准面作为绘制图形的基准面。

❻ 绘制草图。单击"草图"选项卡"直线"下拉列表中的"中心线"按钮 ，绘制一条通过坐标原点的水平中心线，再单击"直线"按钮 和"样条曲线"按钮 ，绘制如图 5-27 所示的草图并标注尺寸，然后退出草图绘制状态。

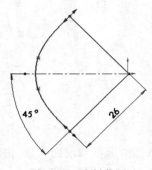

图 5-24　绘制草图

图 5-25　"基准面"属性管理器

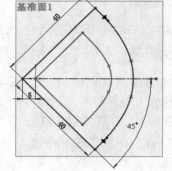

图 5-26　等轴测视图

图 5-27　绘制并标注草图

❼ 添加基准面。单击"特征"选项卡"参考几何体"下拉列表中的"基准面"按钮 ，系统弹出如图 5-28 所示的"基准面"属性管理器。在属性管理器的"第一参考"选项组中选择 FeatureManager 设计树中的"上视基准面"，在"距离" 栏中输入 660.00mm，注意添加基准面的方向。单击属性管理器中的"确定"按钮 ，添加一个基准面。

❽ 设置视图方向。单击"视图（前导）"工具栏"视图定向"下拉列表中的"等轴测"按

钮，将视图以等轴测方向显示，结果如图 5-29 所示。

图 5-28　"基准面"属性管理器

图 5-29　等轴测视图

⑨ 设置基准面。在左侧的 FeatureManager 设计树中选择"基准面 2"，单击"视图（前导）"工具栏"视图定向"下拉列表中的"正视于"按钮↓，将该基准面作为绘制图形的基准面。

⑩ 绘制草图。单击"草图"选项卡"直线"下拉列表中的"中心线"按钮，绘制一条通过坐标原点的水平中心线，再单击"直线"按钮／和"样条曲线"按钮Ｎ，绘制如图 5-30 所示的草图并标注尺寸，然后退出草图绘制状态。

⑪ 设置基准面。在左侧 FeatureManager 设计树中选择"前视基准面"，单击"视图（前导）"工具栏"视图定向"下拉列表中的"正视于"按钮↓，将该基准面作为绘制图形的基准面。

⑫ 绘制草图。单击"草图"选项卡中的"样条曲线"按钮Ｎ，绘制如图 5-31 所示的草图，然后退出草图绘制状态。

 技巧荟萃

样条曲线的型值点分别和其他 3 张草图的顶点重合。

⑬ 设置基准面。在左侧的 FeatureManager 设计树中选择"前视基准面"，单击"视图（前导）"工具栏"视图定向"下拉列表中的"正视于"按钮↓，将该基准面作为绘制图形的基准面。

⑭ 绘制草图。单击"草图"选项卡中的"直线"按钮／和"样条曲线"按钮Ｎ，绘制如图 5-32 所示的草图（注意样条曲线的型值点及直线端点分别和其他 3 张草图的直线端点重合），然后退出草图绘制状态。

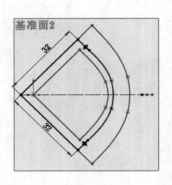

图 5-30　绘制草图（一）　　　图 5-31　绘制草图（二）　　　图 5-32　绘制草图（三）

⑮ 设置视图方向。单击"视图（前导）"工具栏"视图定向"下拉列表中的"等轴测"按钮⬛，将视图以等轴测方向显示，结果如图 5-33 所示。

⑯ 放样曲面。单击"曲面"选项卡中的"放样曲面"按钮⬇，或者执行"插入"→"曲面"→"放样曲面"菜单命令，系统弹出如图 5-34 所示的"曲面 - 放样"属性管理器。在属性管理器的"轮廓"选项组中依次选择图 5-33 中的草图 1、草图 2 和草图 3，在"引导线"选项组中选择图 5-33 中的草图 4 和草图 5。单击属性管理器中的"确定"按钮✔，生成放样曲面，结果如图 5-35 所示。

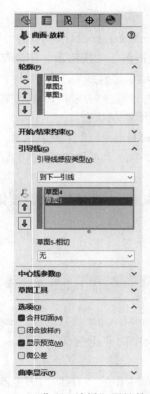

图 5-33　等轴测视图　　　图 5-34　"曲面 - 放样"属性管理器　　　图 5-35　生成放样曲面

03 编辑桌腿。

❶ 填充曲面。单击"曲面"选项卡的"填充曲面"按钮，或者执行"插入"→"曲面"→"填充曲面"菜单命令，系统弹出如图 5-36 所示的"填充曲面"属性管理器。在"修补边界"选项组中选择图 5-35 中顶部的全部边线，并勾选"选项"选项组中的"合并结果"选项。单击属性管理器中的"确定"按钮 ✓，完成曲面填充，结果如图 5-37 所示。

技巧荟萃

此处填充曲面时一定要勾选"合并结果"选项，否则在圆周阵列桌腿时只能阵列放样生成的曲面，而不能阵列填充的曲面。

图 5-36　"填充曲面"属性管理器

图 5-37　填充曲面

❷ 填充曲面。重复步骤❶，填充桌腿的下底面，并勾选"合并结果"选项。

❸ 设置基准面。在左侧的 FeatureManager 设计树中选择"前视基准面"，单击"视图（前导）"工具栏"视图定向"下拉列表中的"正视于"按钮 ⬆，将该基准面作为绘制图形的基准面。

❹ 绘制草图。单击"草图"选项卡中的"直线"按钮 ✐，绘制如图 5-38 所示的草图并标注尺寸，然后退出草图绘制状态。

❺ 添加基准轴。单击"特征"选项卡中的"基准轴"按钮 ✐，或者执行"插入"→"参考几何体"→"基准轴"菜单命令，系统弹出如图 5-39 所示的"基准轴"属性管理器。在属性管理器的"选择"选项组中选择步骤❹绘制的直线，系统会自动选择"一直线 / 边线 / 轴"选

项，单击属性管理器中的"确定"按钮✅，添加一个基准轴。

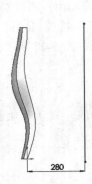

图 5-38　绘制并标注草图　　　　　　　　　图 5-39　"基准轴"属性管理器

❻ 设置视图显示。执行"视图"→"隐藏 / 显示（H）"→"草图"菜单命令，取消视图中草图的显示，结果如图 5-40 所示。

❼ 圆周阵列桌腿。单击"特征"选项卡"线性阵列"下拉列表中的"圆周阵列"按钮🔆，或者执行"插入"→"阵列 / 镜向"→"圆周阵列"菜单命令，系统弹出如图 5-41 所示的"阵列（圆周）"属性管理器。在属性管理器的"阵列轴"选项中选择步骤❺添加的基准轴，在"总角度"🔽栏中输入 360.00 度，在"实例数"❄栏中输入 4，勾选"等间距"选项，在"要阵列的实体"选项中选择绘制的桌腿，单击属性管理器中的"确定"按钮✅，完成圆周阵列。

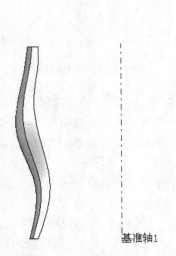

图 5-40　取消草图显示　　　　　　　　　图 5-41　"阵列（圆周）"属性管理器

❽ 设置视图方向。单击"视图（前导）"工具栏"视图定向"下拉列表中的"等轴测"按钮 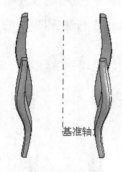，将视图以等轴测方向显示，结果如图 5-42 所示。

❾ 取消基准轴显示。执行"视图"→"隐藏 / 显示（H）"→"基准轴"菜单命令，取消视图中基准轴的显示，结果如图 5-43 所示。

图 5-42　等轴测视图

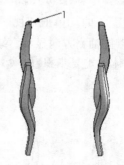

图 5-43　取消基准轴显示

04 绘制支撑架。

❶ 设置基准面。选择图 5-43 中的面 1，单击"视图（前导）"工具栏"视图定向"下拉列表中的"正视于"按钮 ，将该面作为绘制图形的基准面。

❷ 转换实体引用。单击"草图"选项卡中的"草图绘制"按钮 ，进入草图绘制状态。依次选择图 5-43 中面的边线，然后执行"工具"→"草图绘制工具"→"转换实体引用"菜单命令，将边线转换为草图，结果如图 5-44 所示。

❸ 拉伸实体。单击"特征"选项卡中的"拉伸凸台 / 基体"按钮 ，或者执行"插入"→"凸台 / 基体"→"拉伸"菜单命令，系统弹出如图 5-45 所示的"凸台 - 拉伸"属性管理器。在"方向 1"的"终止条件"下拉菜单中选择"给定深度"选项，在"深度" 栏中输入 10.00mm，注意拉伸方向，单击属性管理器中的"确定"按钮 ，完成实体拉伸。

图 5-44　转换实体引用

图 5-45　"凸台 - 拉伸"属性管理器

技巧荟萃

桌腿顶部拉伸实体主要是为绘制支撑架做准备，因为曲面是零厚度的面，不能作为基准面，因此需要绘制一个实体图形。

❹ 设置视图方向。单击"视图（前导）"工具栏"视图定向"下拉列表中的"等轴测"按钮 ▣，将视图以等轴测方向显示，结果如图 5-46 所示。

❺ 拉伸实体。重复步骤❶~❹，将其他 3 根桌腿进行拉伸处理，结果如图 5-47 所示。

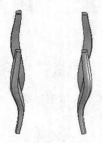

图 5-46　等轴测视图

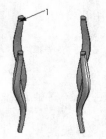

图 5-47　拉伸实体

❻ 设置基准面。单击选择图 5-47 中的面 1，单击"视图（前导）"工具栏"视图定向"下拉列表中的"正视于"按钮 ↧，将该面作为绘制图形的基准面。

❼ 绘制草图。单击"草图"选项卡中的"边角矩形"按钮 ▢，绘制如图 5-48 所示的草图并标注尺寸，注意矩形的上边线和面的上边线重合。

❽ 拉伸曲面。单击"曲面"选项卡中的"拉伸曲面"按钮 ◈，或者执行"插入"→"曲面"→"拉伸曲面"菜单命令，系统弹出如图 5-49 所示的"曲面 - 拉伸"属性管理器。在"方向 1"的"终止条件"下拉菜单中选择"成形到面"选项，在"面 / 平面"选项中选择与拉伸方向相对应的最近的一个面。单击属性管理器中的"确定"按钮 ✓，完成曲面拉伸。

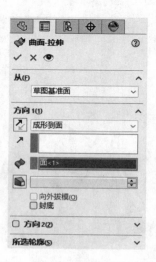

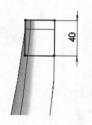

图 5-48　绘制草图

图 5-49　"曲面 - 拉伸"属性管理器

❾ 设置视图方向。单击"视图（前导）"工具栏"视图定向"下拉列表中的"等轴测"按钮 ⬡，将视图以等轴测方向显示，结果如图 5-50 所示。

❿ 显示基准轴。执行"视图"→"隐藏 / 显示（H）"→"基准轴"菜单命令，显示视图中的基准轴，结果如图 5-51 所示。

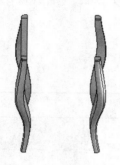

图 5-50　等轴测视图

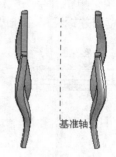

图 5-51　显示基准轴

⓫ 圆周阵列实体。单击"特征"选项卡"线性阵列"下拉列表中的"圆周阵列"按钮 🎛，或者执行"插入"→"阵列 / 镜向"→"圆周阵列"菜单命令，系统弹出如图 5-52 所示的"阵列（圆周）"属性管理器。在属性管理器的"阵列轴"选项中选择图 5-51 中的基准轴，在"总角度" ↰ 栏中输入 360.00 度，在"实例数" ❄ 栏中输入 4，勾选"等间距"选项，在"要阵列的实体"选项中选择步骤 ❽ 拉伸的曲面。单击属性管理器中的"确定"按钮 ✔，完成圆周阵列。

⓬ 设置视图显示。执行"视图"→"隐藏 / 显示（H）"→"基准轴"菜单命令，取消视图中基准轴的显示，结果如图 5-53 所示。

图 5-52　"阵列（圆周）"属性管理器

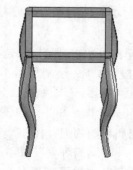

图 5-53　取消基准轴显示

05 绘制桌面。

❶ 设置基准面。在左侧的 FeatureManager 设计树中选择"前视基准面",单击"视图(前导)"工具栏"视图定向"下拉列表中的"正视于"按钮 ⌄,将该基准面作为绘制图形的基准面。

❷ 绘制草图。单击"草图"选项卡中的"直线"按钮 / 和"样条曲线"按钮 ∿,绘制如图 5-54 所示的草图并标注尺寸,边缘细节如图 5-55 所示。

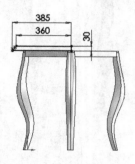

图 5-54 绘制草图

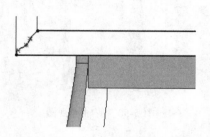

图 5-55 草图边缘细节

 技巧荟萃

绘制时使草图的下边线和桌腿边线重合,草图的右边线位于桌腿中间位置。

❸ 旋转实体。单击"特征"选项卡中的"旋转凸台/基体"按钮 ⬳,或者执行"插入"→"凸台/基体"→"旋转"菜单命令,系统弹出如图 5-56 所示的"旋转"属性管理器。在"旋转轴"选项中选择 FeatureManager 设计树中的"基准轴 1",在"角度" ⌃ 栏中输入 360.00 度,勾选"合并结果"选项。单击属性管理器中的"确定"按钮 ✓,完成实体旋转,结果如图 5-57 所示。

❹ 设置基准面。选择图 5-57 中的面 1,单击"视图(前导)"工具栏"视图定向"下拉列表中的"正视于"按钮 ⌄,将该表面作为绘制图形的基准面。

❺ 绘制草图。单击"草图"选项卡中的"圆"按钮 ⊙,绘制如图 5-58 所示的两个圆,注意绘制的圆和桌面实体的圆为"同心"几何关系。

❻ 绘制草图。单击"草图"选项卡中的"直线"按钮 / 和"三点圆弧"按钮 ⌒,绘制如图 5-59 所示的草图并标注尺寸,注意绘制的圆弧和上一步绘制的圆为"同心"几何关系。

❼ 圆周阵列草图。单击"草图"选项卡"线性阵列"下拉列表中的"圆周草图阵列"按钮 ⊞,或者执行"工具"→"草图绘制工具"→"圆周阵列"菜单命令,系统弹出如图 5-60 所示的"圆周阵列"属性管理器。在"中心"选项中选择直径为

图 5-56 "旋转"属性管理器

660mm 的圆的圆心，在"要阵列的实体"选项中选择步骤❻绘制的草图。单击属性管理器中的"确定"按钮✔，完成圆周阵列草图，结果如图 5-61 所示。

图 5-57　旋转实体

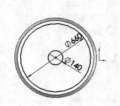

图 5-58　绘制并标注草图

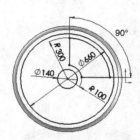

图 5-59　绘制并标注草图

❽ 拉伸切除实体。单击"特征"选项卡中的"拉伸切除"按钮🔲，或者执行"插入"→"切除"→"拉伸"菜单命令，系统弹出如图 5-62 所示的"切除 - 拉伸"属性管理器。在"终止条件"下拉菜单中选择"给定深度"选项，在"深度"🔩栏中输入 1.00mm，注意拉伸切除的方向，单击属性管理器中的"确定"按钮✔，完成拉伸切除实体。

图 5-60　"圆周阵列"属性管理器

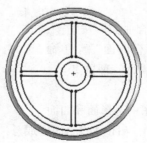

图 5-61　圆周阵列草图

图 5-62　"切除 - 拉伸"属性管理器

❾ 设置视图方向。单击"视图（前导）"工具栏"视图定向"下拉列表中的"等轴测"按钮📦，将视图以等轴测方向显示，结果如图 5-63 所示。

桌子模型及其 FeatureManager 设计树如图 5-64 所示。

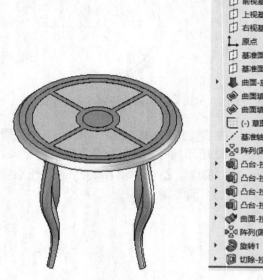

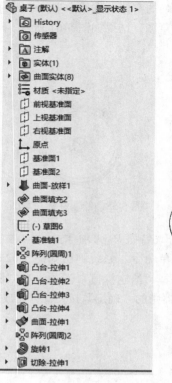

图 5-63　等轴测视图

图 5-64　桌子模型及其 FeatureManager 设计树

5.4　缝合曲面

缝合曲面是将相连的两个或多个面和曲面连接成一体。

5.4.1　缝合曲面选项说明

单击"曲面"选项卡中的"缝合曲面"按钮，或者执行"插入"→"曲面"→"缝合曲面"菜单命令，弹出如图 5-65 所示的"缝合曲面"属性管理器。

1. "选择"选项组

（1）要缝合的曲面和面：在视图中选择面和曲面。

（2）创建实体：勾选此复选框，从闭合的曲面生成一实体模型。

（3）合并实体：勾选此复选框，将面与相同的内在几何体进行合并。

2. "缝隙控制"选项组

勾选此复选框，可以查看可引发缝隙问题的边线对组，并查看或编辑缝合公差或缝隙范围。

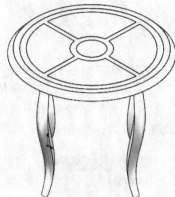

图 5-65　"缝合曲面"属性管理器

技巧荟萃

使用曲面缝合时，要注意以下几项：
（1）曲面的边线必须相邻并且不重叠。
（2）曲面不必处于同一基准面上。
（3）缝合的曲面实体可以是一个或多个相邻曲面实体。
（4）缝合曲面不吸收用于生成它们的曲面。
（5）在缝合曲面形成一闭合体或保留为曲面实体时生成一实体。
（6）曲面缝合前后，曲面和面的外观没有任何变化。

5.4.2　实例——漏斗

漏斗模型如图 5-66 所示，由杯体和边沿两部分组成。绘制该模型的命令主要有旋转曲面、填充曲面和圆角曲面等。

图 5-66　漏斗模型

01 新建文件。

❶ 启动软件。执行"开始"→"所有应用"→"SOLIDWORKS 2024"菜单命令，或者双击桌面上的 SOLIDWORKS 2024 的快捷方式按钮 ，就可以启动该软件。

❷ 创建零件文件。执行"文件"→"新建"菜单命令，或者单击"快速访问"工具栏中的"新建"按钮 ，系统弹出"新建 SOLIDWORKS 文件"对话框，在其中选择"零件"按钮 ，单击"确定"按钮，创建一个新的零件文件。

❸ 保存文件。执行"文件"→"保存"菜单命令，或者单击"快速访问"工具栏中的"保存"按钮 ，系统弹出"另存为"对话框。在"文件名"文本框中输入"漏斗"，单击"保存"按钮，创建一个文件名为"漏斗"的零件文件。

02 绘制主体部分。

❶ 设置基准面。在左侧的 FeatureManager 设计树中选择"前视基准面"，单击"视图（前导）"工具栏"视图定向"下拉列表中的"正视于"按钮 ，将该基准面作为绘制图形的基准面。

❷ 绘制草图。单击"草图"选项卡"直线"下拉列表中的"中心线"按钮 ，或者执行"工具"→"草图绘制实体"→"中心线"菜单命令，绘制一条竖直中心线，再单击"草图"选项卡中的"直线"按钮 ，绘制如图 5-67 所示的草图并标注尺寸。

❸ 旋转曲面。单击"曲面"选项卡中的"旋转曲面"按钮 ，或者执行"插入"→"曲面"→"旋转曲面"菜单命令，系统弹出如图 5-68 所示的"曲面 - 旋转"属性管理器。在"旋转轴"选项中选择图 5-67 中的竖直中心线，其他设置如图 5-68 所示。单击属性管理器中的"确定"按钮 ，结果如图 5-69 所示。

❹ 倒圆角。单击"特征"选项卡中的"圆角"按钮 ，或者执行"插入"→"特征"→"圆角"菜单命令，系统弹出图 5-70 所示的"圆角"属性管理器。输入圆角半径为

10.00mm，选择如图 5-70 所示的边线为圆角边线。单击属性管理器中的"确定"按钮✔，结果如图 5-71 所示。

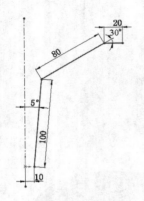

图 5-67　绘制草图　　　　图 5-68　"曲面 - 旋转"属性管理器　　　　图 5-69　旋转曲面

❺ 设置基准面。选择图 5-71 中的面 1，单击"视图（前导）"工具栏"视图定向"下拉列表中的"正视于"按钮↥，将该基准面作为绘制图形的基准面。

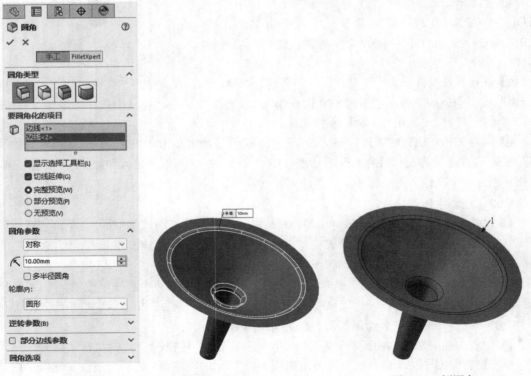

图 5-70　"圆角"属性管理器　　　　　　　　　　图 5-71　倒圆角

❻ 绘制草图。单击"草图"选项卡中的"转换实体引用"按钮⬜、"边角矩形"按钮▭、"圆"按钮◉和"剪裁实体"按钮✂，绘制如图 5-72 所示的草图并标注尺寸。

❼ 填充曲面。单击"曲面"选项卡中的"填充曲面"按钮，或者执行"插入"→"曲面"→"填充曲面"菜单命令，系统弹出如图 5-73 所示的"曲面填充"属性管理器。选择刚创建的草图为修补边界，单击属性管理器中的"确定"按钮，结果如图 5-74 所示。

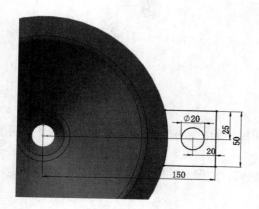

图 5-72　绘制草图

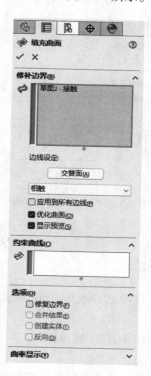

图 5-73　"曲面填充"属性管理器

❽ 缝合曲面。单击"曲面"选项卡中的"缝合曲面"按钮，或者执行"插入"→"曲面"→"缝合曲面"菜单命令，系统弹出如图 5-75 所示的"曲面 - 缝合"属性管理器。选择旋转曲面和填充曲面，单击属性管理器中的"确定"按钮，完成缝合曲面。

图 5-74　填充曲面

图 5-75　"曲面 - 缝合"属性管理器

❾ 加厚曲面。执行"插入"→"凸台/基体"→"加厚"菜单命令，系统弹出如图 5-76 所示的"加厚"属性管理器。选择刚创建的缝合曲面，选择"加厚侧边 2"按钮 ☰，输入厚度距离为 0.50mm，单击属性管理器中的"确定"按钮 ✔，结果如图 5-77 所示。

图 5-76 "加厚"属性管理器

图 5-77 加厚曲面

5.5 中面

中面工具可在实体上适当的所选双对面之间生成中面。所选的双对面应该处处等距，并且必须属于同一实体。

与任何在 SOLIDWORKS 2024 中生成的曲面相同，中面具有所有曲面的属性。中面通常有以下几种情况：

（1）单个：从视图区域中选择单个等距面生成中面。

（2）多个：从视图区域中选择多个等距面生成中面。

（3）所有：单击"中面"属性管理器中的"查找双对面"按钮，系统选择模型上所有适当的等距面，生成所有等距面的中面。

5.5.1 中面选项说明

执行"插入"→"曲面"→"中面"菜单命令，系统弹出"中面"属性管理器，如图 5-78 所示。

1."选择"选项组

（1）面：在视图中选择要创建中面的曲面或面。注意，面 1 和面 2 之间必须等距。

（2）查找双对面：单击此按钮，系统扫描模型上所有适当的双对面。查找双对面自动过滤去除不适当的双对面。

（3）定位：将中面放置在双对面之间，默认值为 50%。

2."缝合曲面"复选框

勾选此复选框，生成缝合曲面。取消此复选框的勾选，则保留单个曲面。

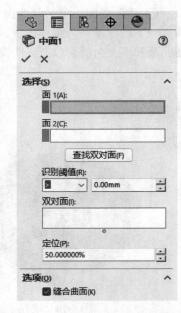

图 5-78 "中面"属性管理器

5.5.2 中面操作步骤

01 打开随书电子资料包中源文件 \ 第 5 章 \ 中面文件。

02 执行中面命令。执行"插入"→"曲面"→"中面"菜单命令，系统弹出"中面"属性管理器。

03 设置"中面"属性管理器。在属性管理器的"面 1"选项中选择图 5-79 中的面 1，在"面 2"选项中选择图 5-79 中的面 2，在"定位"栏中输入 50.000000％，其他设置如图 5-80 所示。

04 确认中面。单击属性管理器中的"确定"按钮 ✔，生成中面。

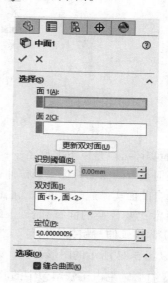

图 5-80 "中面"属性管理器

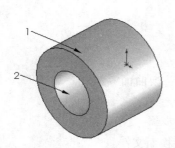

图 5-79 待生成中面的图形

 注意

> 生成中面的定位值是从面 1 的位置开始，位于面 1 和面 2 之间的数值。

生成中面后的图形及其 FeatureManager 设计树如图 5-81 所示。

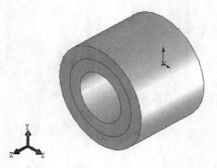

图 5-81 生成中面后的图形及其 FeatureManager 设计树

5.6　替换面

替换面是指以新曲面实体来替换原有的曲面或者实体中的面。替换曲面实体不必与原有的面具有相同的边界。在替换面时，原来实体中的相邻面自动延伸并剪裁到替换曲面实体。比较常用的是用一曲面实体替换另一个曲面实体中的一个面。

单击"曲面"选项卡中的"替换面"按钮🖳，或者执行"插入"→"面"→"替换面"菜单命令，系统弹出"替换面"属性管理器，如图5-82所示。

图5-82　"替换面"属性管理器

替换面实体可以是以下类型之一：

1）任何类型的曲面特征，如拉伸、放样等。

2）缝合曲面实体或复杂的输入曲面实体。

3）通常比要替换的面宽和长。在某些情况下，当替换曲面实体比要替换的面小的时候，替换曲面实体将延伸与相邻面相遇。

下面以图5-83所示的图形为例，说明替换面的操作步骤。

01 打开随书电子资料包中的源文件\第5章\替换面文件。

02 执行"替换面"命令。单击"曲面"选项卡中的"替换面"按钮🖳，或者执行"插入"→"面"→"替换面"菜单命令，系统弹出"替换面"属性管理器。

03 设置"替换面"属性管理器。在属性管理器的"替换的目标面"选项中选择图5-83中的面2，在"替换曲面"选项中选择图5-83中的曲面1，此时属性管理器如图5-84所示。

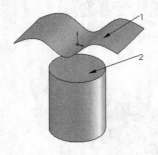

图5-83　待替换的图形

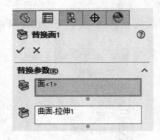

图5-84　"替换面"属性管理器

04 确认替换面。单击属性管理器中的"确定"按钮✅，生成替换面，结果如图5-85所示。

05 隐藏替换的目标面。右键单击图5-85中的曲面1，在系统弹出的快捷菜单中选择

"隐藏"选项，如图 5-86 所示。

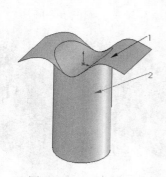

图 5-85　生成替换面

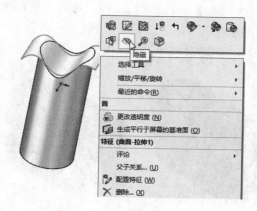

图 5-86　右键快捷菜单

隐藏目标面后的图形及其 FeatureManager 设计树如图 5-87 所示。

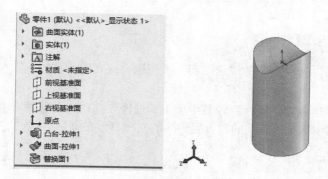

图 5-87　隐藏目标面后的图形及其 FeatureManager 设计树

 技巧荟萃

确认替换曲面实体比要替换的面宽和长。

5.7　删除面

图 5-88　"删除面"属性管理器

用户可以从曲面实体中删除一个面，并能对实体中的面进行删除和自动修补。

5.7.1　删除面选项说明

单击"曲面"选项卡中的"删除面"按钮，或者执行"插入"→"面"→"删除面"菜单命令，弹出"删除面"属性管理器，如图 5-88 所示。

（1）删除：从曲面实体删除面，或从实体中删除一个或多个面，如图 5-89b 所示。

（2）删除并修补：从曲面实体或实体中删除一个面，并自动对实体进行修补和剪裁，如图 5-89c 所示。

（3）删除并填补：删除面并生成单一面，将所有缝隙填补起来，如图 5-89d 所示。

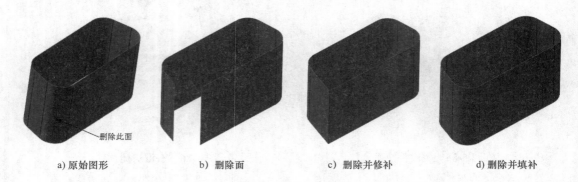

a) 原始图形　　　　　b) 删除面　　　　　c) 删除并修补　　　　　d) 删除并填补

图 5-89　删除选项

5.7.2　删除面创建步骤

01 单击"曲面"选项卡中的"删除面"按钮，或者执行"插入"→"面"→"删除面"菜单命令。

02 在弹出的"删除面"属性管理器中单击"选择"选项组中图标右侧的显示框，在图形区域或特征管理器中选择要删除的面，要删除的曲面显示在该显示框中，如图 5-90 所示。

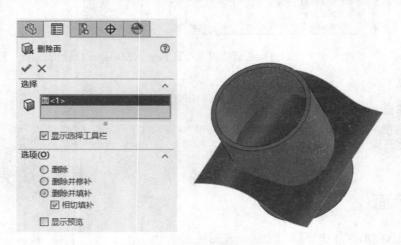

图 5-90　"删除面"属性管理器及图形

03 如果选择"删除"，则将删除所选曲面；如果选择"删除并修补"，则在删除曲面的同时对删除曲面后的曲面进行自动修补；如果选择"删除并填补"，则在删除曲面的同时对删除曲面后的曲面进行自动填充。

04 单击"确定"按钮，完成曲面的删除。

5.8　移动 / 复制 / 旋转曲面

用户可以像对拉伸特征、旋转特征那样对曲面特征进行移动、复制、旋转等操作。

5.8.1　移动 / 复制 / 旋转曲面选项说明

执行"插入"→"曲面"→"移动 / 复制"菜单命令，弹出"移动 / 复制实体"属性管理器，如图 5-91 所示。

1."要移动 / 复制的实体"选项组

（1）要移动 / 复制的实体 ：在图形区域中选择要移动、复制或旋转的实体。选定的实体作为单一的实体一起移动。

（2）复制：勾选此复选框，选择要复制的实体，在"复制数"　栏中输入复制的数量。取消此复选框的勾选，则移动而不复制实体。

2."平移"选项组

（1）平移参考体 ：在图形区域中选择一边线来定义平移方向。

（2） ΔX ΔY ΔZ：在文本框中输入数值来重新定位实体位置。

3."旋转"选项组（见图 5-92）

（1）旋转参考体 ：在图形区域中选择一边线来定义旋转方向。

（2） 、 、 ：为旋转原点（实体旋转所绕的点）的坐标设定数值。默认值为所选实体的质量中心的坐标。

（3） 、 、 ：在文本框中输入角度来重新定位实体位置。

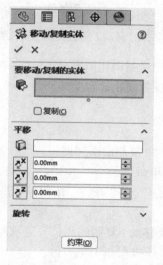
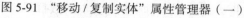

图 5-91　"移动 / 复制实体"属性管理器（一）

图 5-92　"旋转"选项组

4."约束"按钮

单击此按钮弹出属性管理器，如图 5-93 所示。

（1）要配合的实体 ：选择两个实体（面、边线、基准面等）配合在一起。

（2）添加 添加(A)：单击此按钮，在选择配合类型并设定以下参数后添加配合。

（3）重合入：重合配合关系比较常用，它是将所选择的两个零件的平面、边线、顶点，或者平面与边线、点与平面重合。

（4）平行⬎：平行也是常用的配合关系，它用来定位所选零件的平面或者基准面，使之保持相同的方向，并且彼此间保持相同的距离。

（5）垂直⊥：相互垂直的配合关系可以用在两零件的基准面与基准面、基准面与轴线、平面与平面、平面与轴线、轴线与轴线的配合。面与面之间的垂直配合是指空间法向量的垂直，并不是指平面的垂直。

（6）相切◯：相切配合关系可以用在两零件的圆弧面与圆弧面、圆弧面与平面、圆弧面与圆柱面、圆柱面与圆柱面、圆柱面与平面之间的配合。

（7）同心◎：同心配合关系可以用在两零件的圆柱面与圆柱面、圆孔面与圆孔面、圆锥面与圆锥面之间的配合。

（8）距离⊢⊣：距离配合关系可以用在两零件的平面与平面、基准面与基准面、圆柱面与圆柱面、圆锥面与圆锥面之间的配合，可以形成平行距离的配合关系。

（9）角度⬔：角度配合关系可以用在两零件的平面与平面、基准面与基准面以及可以形成角度值的两实体之间的配合关系。

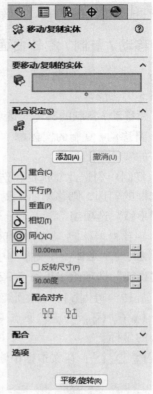

图 5-93 "移动/复制实体"属性管理器（二）

（10）同向对齐⬚⬚：放置实体以使所选面的法向或轴向量指向相同方向。

（11）反向对齐⬚⬚：以所选面的法向或轴向量指向相反方向来放置实体。

5.8.2 移动/复制曲面创建步骤

01 打开随书电子资料包中的源文件\第 5 章\移动/复制曲面文件。

02 执行"插入"→"曲面"→"移动/复制"菜单命令。

03 单击"移动/复制实体"属性管理器最下面的"平移/旋转"按钮，切换到"平移/旋转"模式。

04 在"移动/复制实体"属性管理器中单击"要移动/复制的实体"选项组中 图标右侧的显示框，在图形区域或特征管理器设计树中选择要移动/复制的实体。

05 如果要复制曲面，则选择"复制"复选框，在 微调框中指定复制的数目。

06 单击"平移"选项组中 图标右侧的显示框，在图形区域中选择一条边线来定义平移方向，或者在图形区域中选择两个顶点来定义曲面移动或复制体之间的方向和距离。

07 也可以在 Δ**X**、Δ**Y**、Δ**Z** 微调框中指定移动的距离或复制体之间的距离。此时在右面的图形区域中可以预览曲面移动或复制的效果，如图 5-94 所示。

08 单击"确定"按钮✓，完成曲面的移动/复制。

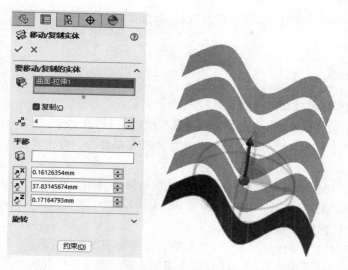

图 5-94 "移动 / 复制实体"属性管理器及预览效果

5.8.3 旋转 / 复制曲面创建步骤

01 打开随书电子资料包中源文件 \ 第 5 章 \ 旋转 \ 复制曲面文件。

02 执行"插入"→"曲面"→"移动 / 复制"菜单命令。

03 在弹出的"移动 / 复制实体"属性管理器中单击"要移动 / 复制的曲面"选项组中 图标右侧的显示框，然后在图形区域或特征管理器设计树中选择要旋转 / 复制的曲面。

04 如果要复制曲面，则选择"复制"复选框，在 微调框中指定复制的数目。

05 激活"旋转"选项，单击 图标右侧的显示框，在图形区域中选择一条边线定义旋转方向。

06 在 C_x、C_y、C_z 微调框中为旋转原点（实体旋转所绕的点）的坐标设定数值。默认值为所选实体的质量中心的坐标。在 、 、 微调框中指定曲面绕 X 轴、Y 轴、Z 轴旋转的角度。此时在右面的图形区域中可以预览曲面复制 / 旋转的效果，如图 5-95 所示。

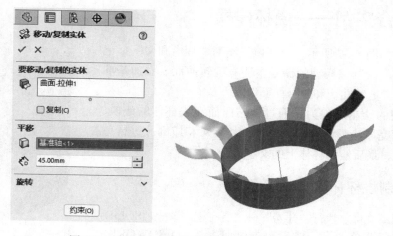

图 5-95 "旋转 / 复制"属性管理器及预览效果

07 单击"确定"按钮 ✅，完成曲面的旋转 / 复制。

5.9 曲面切除

SOLIDWORKS 还可以利用曲面来对实体进行切除。

01 打开随书电子资料包中的源文件 \ 第 5 章 \ 曲面切除文件。

02 执行"插入"→"切除"→"使用曲面"菜单命令，弹出"使用曲面切除"属性管理器。

03 在图形区域或特征管理器设计树中选择切除要使用的曲面，所选曲面显示在"曲面切除参数"选项组的显示框中，如图 5-96a 所示。图形区域中的箭头指示的是实体切除的方向。如有必要，可单击反向按钮 ⤢ 改变切除方向。

04 单击"确定"按钮 ✅，则实体被切除，结果如图 5-96b 所示。

除了这种常用的曲面编辑方法，还有圆角曲面、加厚曲面、填充曲面等多种编辑方法。它们的操作大多与特征的编辑类似。

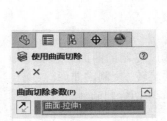
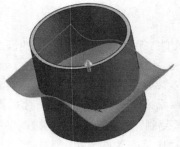

a)"使用曲面切除"属性管理器   b) 切除实体

图 5-96　曲面切除

5.10 综合实例——烧杯建模

烧杯模型如图 5-97 所示，由杯体、滴嘴、杯沿和文字标记等 4 部分组成。绘制该模型的命令主要有旋转曲面、添加基准面、放样曲面、剪裁曲面和修补曲面等。

烧杯模型的绘制过程为：通过旋转曲面完成杯体的建模，通过放样曲面完成滴嘴和杯沿的建模，然后对相应部分进行剪裁和修补处理，最后绘制杯体上的文字模型。

5.10.1 绘制烧杯杯体

01 启动软件。执行"开始"→"所有程序"→"SOLID-WORKS 2024"菜单命令，或者双击桌面上的 SOLIDWORKS

图 5-97　烧杯模型

2024 的快捷方式按钮 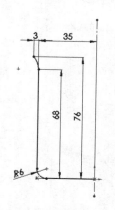，就可以启动该软件。

02 创建零件文件。执行"文件"→"新建"菜单命令，或者单击"快速访问"工具栏中的"新建"按钮 ，系统弹出"新建 SOLIDWORKS 文件"属性管理器，在其中选择"零件"按钮 ，单击"确定"按钮，创建一个新的零件文件。

03 保存文件。执行"文件"→"保存"菜单命令，或者单击"快速访问"工具栏中的"保存"按钮 ，系统弹出"另存为"对话框。在"文件名"文本框中输入"烧杯"，单击"保存"按钮，创建一个文件名为"烧杯"的零件文件。

04 设置基准面。在左侧的 FeatureManager 设计树中选择"前视基准面"，单击"视图（前导）"工具栏"视图定向"下拉列表中的"正视于"按钮 ，将该基准面作为绘制图形的基准面。

05 绘制草图。执行"工具"→"草图绘制实体"→"中心线"菜单命令，绘制一条通过原点的竖直中心线，然后单击"草图"选项卡中的"直线"按钮 、"三点圆弧"按钮 和"绘制圆角"按钮 ，绘制如图 5-98 所示的草图并标注尺寸。

06 旋转曲面。单击"曲面"选项卡中的"旋转曲面"按钮 ，或者执行"插入"→"曲面"→"旋转曲面"菜单命令，系统弹出如图 5-99 所示的"曲面 - 旋转"属性管理器，在"旋转轴"选项组中选择图 5-98 中的竖直中心线，其他设置如图 5-99 所示。单击属性管理器中的"确定"按钮 ，完成曲面旋转，结果如图 5-100 所示。

图 5-98　绘制草图　　　图 5-99　"曲面 - 旋转"属性管理器　　　图 5-100　完成曲面旋转

07 添加基准面 1。在左侧的 FeatureManager 设计树中选择"上视基准面"，然后单击"特征"选项卡"参考几何体"下拉列表中的"基准面"按钮 ，或者执行"插入"→"参考几何体"→"基准面"菜单命令，系统弹出如图 5-101 所示的"基准面"属性管理器。在属性管理器中的"偏移距离"栏中输入 63.00mm，并调整要添加的基准面的方向。单击属性管理器中的"确定"按钮 ，添加一个新的基准面，结果如图 5-102 所示。

08 添加基准面 2。重复步骤 **07**，在距离上视基准面上方 76.00mm 处添加一个基准面。结果如图 5-103 所示。

09 显示临时轴。执行"视图"→"隐藏 / 显示（H）"→"临时轴"菜单命令，显示旋转曲面的临时轴，结果如图 5-104 所示。

图 5-101 "基准面"属性管理器

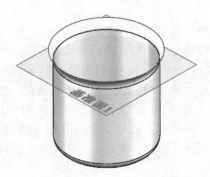

图 5-102 添加基准面 1

图 5-103 添加基准面 2

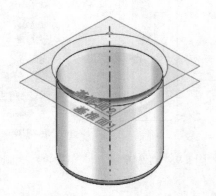

图 5-104 显示临时轴

10 添加基准面 3。单击"特征"选项卡"参考几何体"下拉列表中的"基准面"按钮 ▮，系统弹出"基准面"属性管理器。在"参考实体"选项中选择图 5-104 中的临时轴和 FeatureManager 设计树中的"前视基准面"，在"两面夹角"栏中输入 20.00 度，此时属性管理器如图 5-105 所示。单击属性管理器中的"确定"按钮 ✓，添加一个新的基准面，结果如图 5-106 所示。

11 添加基准面 4。重复步骤 **10**，在与前视基准面夹角为 20.00 度并通过临时轴的另一个方向上添加一个基准面，结果如图 5-107 所示。

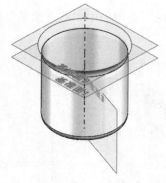

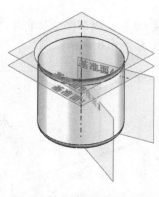

图 5-105　"基准面"属性管理器　　　图 5-106　添加基准面 3　　　图 5-107　添加基准面 4

5.10.2　绘制烧杯滴嘴

01 生成交叉曲线。单击"草图"选项卡中的"3D 草图"按钮 3D，执行"工具"→"草图工具"→"交叉曲线"菜单命令，单击烧杯杯体轮廓和视图中的基准面 1，生成交叉曲线，如图 5-108 中的曲线 1 所示。单击"草图"选项卡中的"3D 草图"按钮 3D，退出3D 草图绘制状态。

02 设置基准面。选择图 5-108 中的基准面 1，单击"视图（前导）"工具栏"视图定向"下拉列表中的"正视于"按钮，将该基准面作为绘制图形的基准面。

03 转换实体引用。单击"草图"选项卡中的"草图绘制"按钮，进入草图绘制状态。单击杯体上边线，然后执行"工具"→"草图工具"→"转换实体引用"菜单命令，将边线转换为草图，结果如图 5-109 所示。

04 绘制草图 1。单击"草图"选项卡"直线"下拉列表中的"中心线"按钮、"直线"按钮、"三点圆弧"按钮、"绘制圆角"按钮和"镜向实体"按钮，绘制如图 5-110 所示的草图并标注尺寸。然后退出草图绘制状态。

05 设置基准面。在左侧的 FeatureManager 设计树中选择"前视基准面"，单击"视图（前导）"工具栏"视图定向"下拉列表中的"正视于"按钮，将该基准面作为绘制图形的基准面。

173

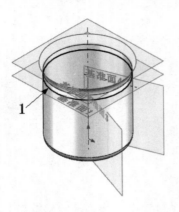

图 5-108　生成交叉曲线

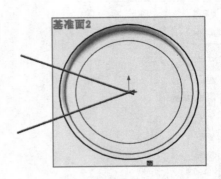

图 5-109　转换实体引用

06 绘制草图 2。单击"草图"选项卡中"三点圆弧"按钮🔊，绘制如图 5-111 所示的草图，然后退出草图绘制状态。

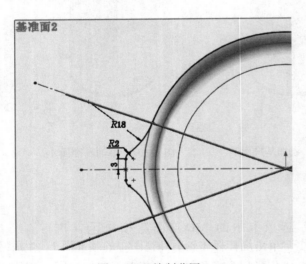

图 5-110　绘制草图 1

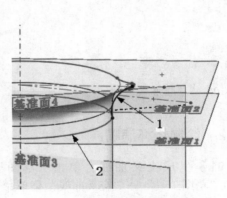

图 5-111　绘制草图 2

⚠ **注意**

绘制圆弧的端点和草图 1、草图 2 的端点是穿透几何关系。

07 生成交叉曲线。按住 Ctrl 键，在左侧的 FeatureManager 设计树中选择"基准面 3"和"曲面旋转 1"，然后执行"工具"→"草图工具"→"交叉曲线"菜单命令，生成如图 5-112 所示的交叉曲线。

08 删除多余曲线。选择交叉曲线的右侧线段、杯底直线及圆弧端，按 Delete 键删除，结果如图 5-113 所示。然后退出草图绘制状态。

09 生成其他曲线。重复步骤 **07** ~ **08**，生成其他 3 条曲线，其中 1 条为"基准面 3"和"曲面旋转 1"的交叉曲线，其他两条为"基准面 4"和"曲面旋转 1"的交叉曲线。结果如图 5-114 所示。

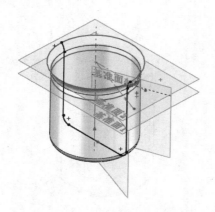

图 5-112　生成交叉曲线

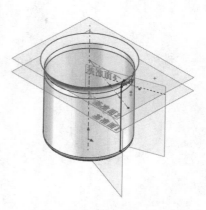

图 5-113　删除多余曲线

10 剪裁曲面。单击"曲面"选项卡中的"剪裁曲面"按钮，系统弹出图 5-115 所示的"剪裁曲面"属性管理器。在"剪裁工具"的"剪裁曲面、基准面或草图"选项中单击视图中的基准面 1；在"保留部分"选项中单击视图中基准面 1 下面的旋转曲面部分。单击属性管理器中的"确定"按钮，曲面剪裁完毕，结果如图 5-116 所示。

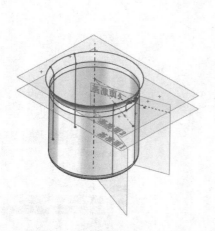

图 5-114　生成其他 3 条曲线

图 5-115　"剪裁曲面"属性管理器

11 设置视图显示。执行"视图"→"隐藏／显示（H）"→"基准面"和"临时轴"菜单命令，取消视图中所选项的显示，结果如图 5-117 所示。

12 放样曲面。单击"曲面"选项卡中的"放样曲面"按钮，或者执行"插入"→"曲面"→"放样曲面"菜单命令，系统弹出如图 5-118 所示的"曲面 - 放样"属性管理器。在属性管理器的"轮廓"选项组中选择图 5-117 中的草图 1 和草图 2，在"引导线"选项组中依次选择图 5-117 中的草图 3、4、5、6 和 7。单击属性管理器中的"确定"按钮，生成放样曲面，结果如图 5-119 所示。

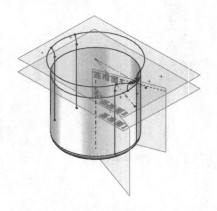

图 5-116　剪裁曲面

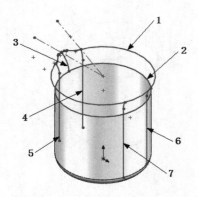

图 5-117　取消所选项的显示

13　缝合曲面。单击"曲面"选项卡中的"缝合曲面"按钮 🎇，或者执行"插入"→"曲面"→"缝合曲面"菜单命令，系统弹出如图 5-120 所示的"缝合曲面"属性管理器。在"要缝合的曲面和面"选项中选择放样的杯沿和旋转的杯体。单击属性管理器中的"确定"按钮 ✔，将上下曲面缝合，结果如图 5-121 所示。

图 5-118　"曲面 - 放样"属性管理器

图 5-119　放样曲面

图 5-120　"缝合曲面"属性管理器

14 加厚曲面。执行"插入"→"凸台 / 基体"→"加厚"菜单命令，系统弹出如图 5-122 所示的"加厚"属性管理器。在"要加厚的曲面"选项中选择图 5-121 所示的缝合曲面，单击选择"加厚侧边 1"按钮 ▤（即外侧加厚），在"厚度"栏中输入 2.00mm。单击属性管理器中的"确定"按钮 ✔，完成曲面加厚，结果如图 5-123 所示。

图 5-121　缝合曲面　　　　图 5-122　"加厚"属性管理器　　　　图 5-123　加厚曲面

5.10.3　标注文字

01 添加基准面 5。单击"特征"选项卡"参考几何体"下拉列表中的"基准面"按钮 ▤，系统弹出如图 5-124 所示的"基准面"属性管理器。在"参考实体"选项中选择 Feature-Manager 设计树中的"前视基准面"，在"偏移距离"栏中输入 38.00mm。单击属性管理器中的"确定"按钮 ✔，添加一个新的基准面，结果如图 5-125 所示。

图 5-124　"基准面"属性管理器　　　　　图 5-125　添加基准面 5

02 等距曲面。单击"曲面"选项卡中的"等距曲面"按钮 🐚，或者执行"插入"→"曲面"→"等距曲面"菜单命令，系统弹出如图 5-126 所示的"等距曲面"属性管理器。在"要等距的曲面和面"选项中选择图 5-125 中烧杯的内壁表面，在"等距距离"栏中输入 1.00mm，注意等距的方向为向外等距。单击属性管理器中的"确定"按钮 ✔，完成等距曲面，结果如图 5-127 所示。

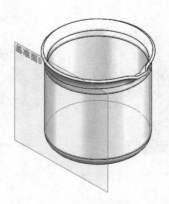

图 5-126 "等距曲面"属性管理器　　　　　图 5-127 等距曲面

03 设置基准面。在左侧的 FeatureManager 设计树中选择"基准面 5"，单击"视图（前导）"工具栏"视图定向"下拉列表中的"正视于"按钮 ↓，将该基准面作为绘图的基准面。

04 绘制草图文字。单击"草图"选项卡中的"文本"按钮 A，或者执行"工具"→"草图绘制实体"→"文字"菜单命令，弹出如图 5-128 所示的"草图文字"属性管理器。在"草图文字"栏中输入"MADE IN CHINA"，并设置文字的大小及属性。单击属性管理器中的"确定"按钮 ✔。用鼠标调整文字在基准面上的位置。重复该命令，在基准面 5 上输入草图文字 50ML，结果如图 5-129 所示。

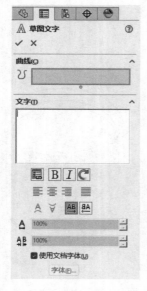

图 5-128 "草图文字"属性管理器　　　　　图 5-129 绘制草图文字

05 设置视图方向。单击"视图（前导）"工具栏"视图定向"下拉列表中的"等轴测"按钮 ，将视图以等轴测方向显示，结果如图 5-130 所示。

06 拉伸切除草图文字。单击"特征"选项卡中的"拉伸切除"按钮 ，或者执行"插入"→"切除"→"拉伸"菜单命令，系统弹出如图 5-131 所示的"切除 - 拉伸"属性管理器。在"终止条件"下拉菜单中选择"成形到一面"选项，在"面 / 平面"选项中选择图 5-130 中等距的曲面。单击属性管理器中的"确定"按钮 ，生成凹进的文字，结果如图 5-132 所示。

图 5-130　等轴测视图

图 5-131　"切除 - 拉伸"属性管理器

07 设置外观属性。

❶ 设置烧杯显示效果。单击 FeatureManager 设计树中的"加厚 1"选项，然后单击"视图（前导）"工具栏中的"编辑外观"按钮 ，系统弹出如图 5-133 所示的"颜色"属性管理器。

图 5-132　拉伸切除草图文字

图 5-133　"颜色"属性管理器

❷ 设置颜色属性。调节属性管理器中的"颜色"选项组中各颜色成分的控标，如图 5-134 所示，直到颜色满意为止。

❸ 设置光学属性。单击"高级"按钮，调节"照明度"选项组中各选项的控标，如图 5-135 所示，设置透明度和明暗度等，直到满意为止。单击属性管理器中的"确定"按钮✔，结果如图 5-136 所示。

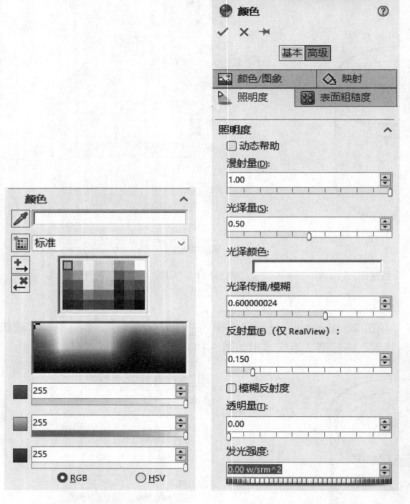

图 5-134　设置颜色属性　　　　　图 5-135　设置光学属性　　　　图 5-136　设置杯体外观

❹ 设置文字颜色。单击 FeatureManager 设计树中的"切除 - 拉伸 1"文字选项，然后单击"视图（前导）"工具栏中的"编辑外观"按钮🎨，系统弹出如图 5-137 所示的"颜色"属性管理器，在其中选择"黑色"颜色图块，单击属性管理器中的"确定"按钮✔。

烧杯模型及其 FeatureManager 设计树如图 5-138 所示。

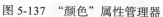

图 5-137 "颜色"属性管理器

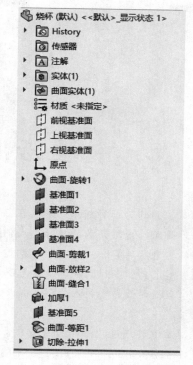

图 5-138 烧杯模型及其 FeatureManager 设计树

 注意

在设置烧杯杯体颜色和光学属性时，不能选择整个杯体（因为此时包括文字），也不能在视图中单击杯体的某个面（因为此时设置的是选该面），只能单击 FeatureManager 设计树中的"加厚 1"选项，因为最后形成的杯体是执行加厚命令后的实体。

第 6 章

生活用品造型实例

　　曲面作为一种随意的形状在日常生活中处处触手可及。这是因为曲面的自然天成的属性与人们追求生活自由自在的潜意识有着非常自然的契合点。人们有意无意之间就创造和使用着各种曲面造型用品，小到锅碗瓢盆，大到桌椅床柜，大多采用曲面造型。在这里，曲面造型给人提供的是一种自然的美感和随意性的心理需求。

　　本章将通过几个曲面造型日常生活用品的实例介绍曲面造型在日常生活用品中的应用和在 SOLIDWORKS 中实现的操作技巧。

学 习 要 点

- 卫浴把手
- 瓶子
- 足球建模
- 茶壶

6.1　卫浴把手

本节绘制的卫浴把手模型如图 6-1 所示。卫浴把手模型由卫浴把手主体和手柄两部分组成。绘制该模型的命令主要有旋转曲面、加厚、拉伸切除实体、添加基准面和圆角等。

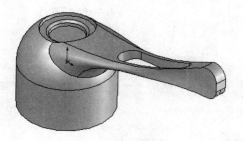

图 6-1　卫浴把手模型

6.1.1　新建文件

01 启动软件。执行"开始"→"所有应用"→"SOLIDWORKS 2024"菜单命令，或者双击桌面上的 SOLIDWORKS 2024 的快捷方式按钮，就可以启动该软件。

02 创建零件文件。执行"文件"→"新建"菜单命令，或者单击"快速访问"工具栏中的"新建"按钮，系统弹出如图 6-2 所示的"新建 SOLIDWORKS 文件"对话框，在其中选择"零件"按钮，单击"确定"按钮，创建一个新的零件文件。

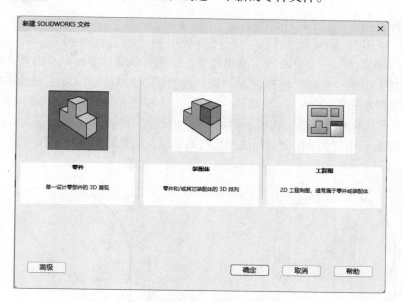

图 6-2　"新建 SOLIDWORKS 文件"对话框

03 保存文件。执行"文件"→"保存"菜单命令，或者单击"快速访问"工具栏中的"保存"按钮，系统弹出如图 6-3 所示的"另存为"对话框。在"文件名"文本框中输入"卫浴把手"，单击"保存"按钮，创建一个文件名为"卫浴把手"的零件文件。

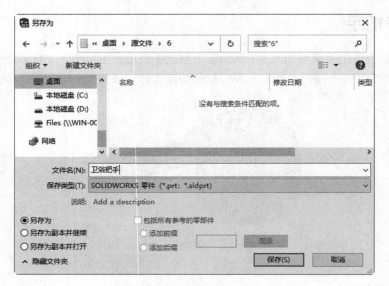

图 6-3 "另存为"对话框

6.1.2 绘制主体部分

01 设置基准面。在左侧的 FeatureManager 设计树中选择"前视基准面",单击"视图(前导)"工具栏"视图定向"下拉列表中的"正视于"按钮⬆,将该基准面作为绘制图形的基准面。

02 绘制草图。

❶ 单击"草图"选项卡"直线"下拉列表中的"中心线"按钮,或者执行"工具"→"草图绘制实体"→"中心线"菜单命令,绘制一条通过坐标原点的竖直中心线,再单击"草图"选项卡中的"直线"按钮/和"圆"按钮⊙,绘制如图 6-4 所示的草图。注意,绘制的直线与圆弧的左侧相切。

❷ 标注尺寸。单击"草图"选项卡中的"智能尺寸"按钮,或者执行"工具"→"标注尺寸"→"智能尺寸"菜单命令,标注刚绘制的草图,结果如图 6-5 所示。

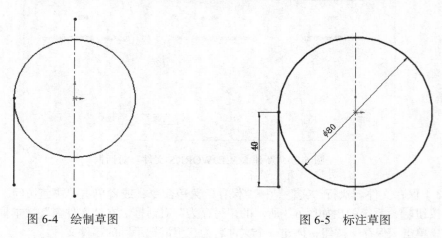

图 6-4 绘制草图　　　　　图 6-5 标注草图

❸ 剪裁草图实体。单击"草图"选项卡中的"剪裁实体"按钮 ✂，或者执行"工具"→"草图绘制工具"→"剪裁"菜单命令，系统弹出如图 6-6 所示的"剪裁"属性管理器。单击"剪裁到最近端"按钮 ⊞，剪裁图 6-5 中的圆弧，结果如图 6-7 所示。

图 6-6　"剪裁"属性管理器

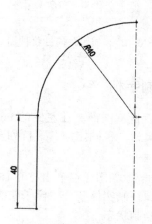

图 6-7　剪裁草图

03 旋转曲面。单击"曲面"选项卡中的"旋转曲面"按钮 🌀，或者执行"插入"→"曲面"→"旋转曲面"菜单命令，系统弹出如图 6-8 所示的"曲面 - 旋转"属性管理器。在"旋转轴"选项组中选择图 6-7 中的竖直中心线，其他设置如图 6-8 所示。单击属性管理器中的"确定"按钮 ✓，完成曲面旋转，结果如图 6-9 所示。

图 6-8　"曲面 - 旋转"属性管理器

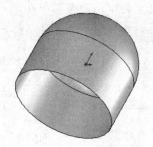

图 6-9　旋转曲面

04 加厚曲面实体。执行"插入"→"凸台 / 基体"→"加厚"菜单命令，系统弹出如图 6-10 所示的"加厚"属性管理器。在"要加厚的曲面"选项中选择 FeatureManager 设计树中的"曲面 - 旋转 1"（即步骤 **03** 旋转生成的曲面实体），在"厚度"的 ⬚ 栏中输入 6.00mm，其他设置如图 6-10 所示。单击属性管理器中的"确定"按钮 ✓，将曲面实体加厚，结果如图 6-11 所示。

图 6-10 "加厚" 属性管理器

图 6-11 加厚实体

6.1.3 绘制手柄

01 设置基准面。在左侧的 FeatureManager 设计树中选择 "前视基准面"，单击 "视图（前导）" 工具栏 "视图定向" 下拉列表中的 "正视于" 按钮 ，将该基准面作为绘制图形的基准面。

02 绘制草图 1。单击 "草图" 选项卡中的 "样条曲线" 按钮 ∿，或者执行 "工具" → "草图绘制实体" → "样条曲线" 菜单命令，绘制如图 6-12 所示的草图并标注尺寸。然后退出草图绘制状态。

03 设置基准面。在左侧的 FeatureManager 设计树中选择 "前视基准面"，单击 "视图（前导）" 工具栏 "视图定向" 下拉列表中的 "正视于" 按钮 ，将该基准面作为绘制图形的基准面。

04 绘制草图 2。单击 "草图" 选项卡中的 "样条曲线" 按钮 ∿，绘制如图 6-13 所示的草图并标注尺寸，然后退出草图绘制状态。

ⓘ 注意

虽然这里绘制的两个草图在同一基准面上，但是不能一步操作完成，即绘制在同一草图内，因为绘制的两个草图分别作为后面放样实体的两条引导线。

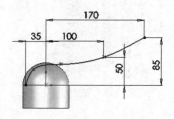

图 6-12 绘制草图 1

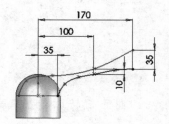

图 6-13 绘制草图 2

05 设置基准面。在左侧的 FeatureManager 设计树中选择 "上视基准面"，单击 "视图（前导）" 工具栏 "视图定向" 下拉列表中的 "正视于" 按钮 ，将该基准面作为绘制图形的基准面。

06 绘制草图 3。单击"草图"选项卡中的"圆"按钮⊙，以坐标原点为圆心绘制直径为 70mm 的圆，结果如图 6-14 所示。然后退出草图绘制状态。

07 添加基准面 1。单击"特征"选项卡"参考几何体"下拉列表中的"基准面"按钮▥，或者执行"插入"→"参考几何体"→"基准面"菜单命令，系统弹出如图 6-15 所示的"基准面"属性管理器。在属性管理器的"选择"选项中选择 FeatureManager 设计树中的"右视基准面"，在"距离"🔘栏中输入 100.00mm，注意添加基准面的方向。单击属性管理器中的"确定"按钮✔，添加一个基准面。

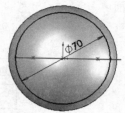

图 6-14　绘制草图 3

08 设置视图方向。单击"视图（前导）"工具栏"视图定向"下拉列表中的"等轴测"按钮▣，将视图以等轴测方向显示，结果如图 6-16 所示。

图 6-15　"基准面"属性管理器

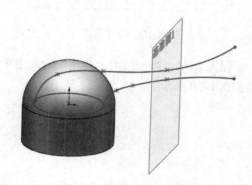

图 6-16　添加基准面 1（等轴测视图）

09 设置基准面。在左侧的 FeatureManager 设计树中选择"基准面 1"，单击"视图（前导）"工具栏"视图定向"下拉列表中的"正视于"按钮↧，将该基准面作为绘制图形的基准面。

10 绘制草图。单击"草图"选项卡中的"边角矩形"按钮▭，或者执行"工具"→"草图绘制实体"→"矩形"菜单命令，绘制如图 6-17 所示的草图并标注尺寸。

11 添加基准面 2。单击"特征"选项卡"参考几何体"下拉列表中的"基准面"按钮▥，系统弹出如图 6-18 所示的"基准面"属性管理器。在属性管理器的"选择"选项中选择 FeatureManager 设计树中的"右视基准面"，在"距离"🔘栏中输入 170.00mm，注意添加基准面的方向。单击属性管理器中的"确定"按钮✔，添加一个基准面。

12 设置视图方向。单击"视图（前导）"工具栏"视图定向"下拉列表中的"等轴测"按钮▣，将视图以等轴测方向显示，结果如图 6-19 所示。

13 设置基准面。在左侧的 FeatureManager 设计树中选择"基准面 2"，然后单击"视图

（前导）"工具栏"视图定向"下拉列表中的"正视于"按钮↓，将该基准面作为绘制图形的基准面。

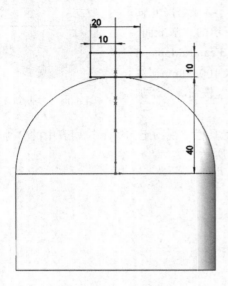

图 6-17　绘制草图

图 6-18　"基准面"属性管理器

（14）绘制草图。单击"草图"选项卡中的"边角矩形"按钮▢，绘制草图并标注尺寸，结果如图 6-20 所示。

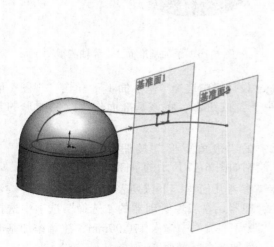

图 6-19　添加基准面 2（等轴测视图）

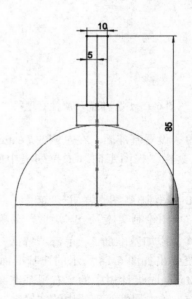

图 6-20　绘制草图

（15）设置视图方向。单击"视图（前导）"工具栏"视图定向"下拉列表中的"等轴测"按钮⬜，将视图以等轴测方向显示，结果如图 6-21 所示。

16 放样实体。单击"特征"选项卡中的"放样凸台 / 基体"按钮 ⬇，或者执行"插入"→"凸台 / 基体"→"放样"菜单命令，系统弹出如图 6-22 所示的"曲面 - 放样"属性管理器。在"轮廓"选项组中依次选择图 6-21 中的草图 4、草图 5 和草图 6；在"引导线"选项组中依次选择图 6-21 中的草图 2 和草图 3。单击属性管理器中的"确定"按钮 ✔，完成实体放样，结果如图 6-23 所示。

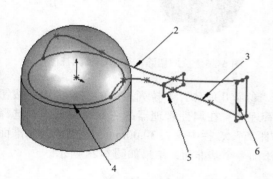

图 6-21　等轴测视图

图 6-22　"曲面 - 放样"属性管理器

17 设置基准面。在左侧的 FeatureManager 设计树中选择"上视基准面"，然后单击"视图（前导）"工具栏"视图定向"下拉列表中的"正视于"按钮 ⬆，将该基准面作为绘制图形的基准面。

18 绘制草图。单击"草图"选项卡中的"中心线"按钮 ✏、"三点圆弧"按钮 🔵 和"直线"按钮 ／，绘制如图 6-24 所示的草图并标注尺寸。

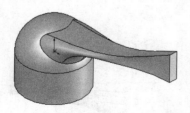

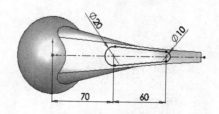

图 6-23　放样实体

图 6-24　绘制草图

19 拉伸切除实体。单击"特征"选项卡中的"拉伸切除"按钮 ▣，或者执行"插入"→"切除"→"拉伸"菜单命令，系统弹出如图 6-25 所示的"切除 - 拉伸"属性管理器。在"方向 1"的"终止条件"下拉菜单中选择"完全贯穿"选项，注意拉伸切除的方向。单击属性管理器中的"确定"按钮✔，完成拉伸切除实体。

⑳ 设置视图方向。单击"视图（前导）"工具栏"视图定向"下拉列表中的"等轴测"按钮🧊，将视图以等轴测方向显示，结果如图 6-26 所示。

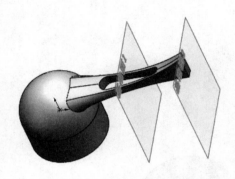

图 6-25　"切除 - 拉伸"属性管理器　　　　图 6-26　拉伸切除实体（等轴测视图）

㉑ 添加基准面 3。单击"特征"选项卡"参考几何体"下拉列表中的"基准面"按钮🔲，系统弹出如图 6-27 所示的"基准面"属性管理器。在属性管理器的"选择"选项中选择 FeatureManager 设计树中的"上视基准面"，在"距离" 🔲栏中输入 30.00mm，注意添加基准面的方向。单击属性管理器中的"确定"按钮✔，添加一个基准面，结果如图 6-28 所示。

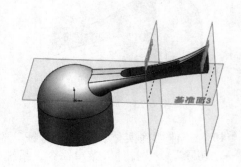

图 6-27　"基准面"属性管理器　　　　图 6-28　添加基准面 3

22 设置基准面。在左侧的 FeatureManager 设计树中选择"基准面 3",然后单击"视图(前导)"工具栏"视图定向"下拉列表中的"正视于"按钮 ⊥,将该基准面作为绘制图形的基准面。

23 绘制草图。单击"草图"选项卡中的"圆"按钮 ⊙,以坐标原点为圆心绘制直径为 45mm 的圆,结果如图 6-29 所示。

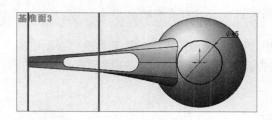

图 6-29 绘制草图

24 拉伸切除实体。单击"特征"选项卡中的"拉伸切除"按钮 ▣,系统弹出如图 6-30 所示的"切除 - 拉伸"属性管理器。在"方向 1"的"终止条件"下拉菜单中选择"完全贯穿"选项,注意拉伸切除的方向。单击属性管理器中的"确定"按钮 ✓,完成拉伸切除实体。

25 设置视图方向。单击"视图(前导)"工具栏"视图定向"下拉列表中的"等轴测"按钮 ▣,将视图以等轴测方向显示,结果如图 6-31 所示。

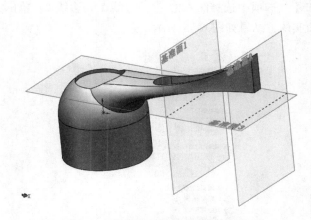

图 6-30 "切除 - 拉伸"属性管理器   图 6-31 拉伸切除实体(等轴测视图)

26 设置基准面。在左侧的 FeatureManager 设计树中选择"基准面 3",然后单击"视图(视图)"工具栏"视图定向"下拉列表中的"正视于"按钮 ⊥,将该基准面作为绘制图形的基准面。

27 绘制草图。单击"草图"选项卡中的"圆"按钮 ⊙,以坐标原点为圆心绘制直径为 30mm 的圆,结果如图 6-32 所示。

28 拉伸切除实体。单击"特征"选项卡中的"拉伸切除"按钮 ▣,系统弹出"切除 -

拉伸"属性管理器。输入拉伸距离为 5.00mm。单击属性管理器中的"确定"按钮✔，完成拉伸切除实体。

 注意

> 进行拉伸切除实体时，一定要注意调节拉伸切除的方向，否则系统会提示所进行的切除不与模型相交，或者切除的实体与所需要的切除相反。

(29) 设置视图方向。单击"视图（前导）"工具栏"视图定向"下拉列表中的"等轴测"按钮🔲，将视图以等轴测方向显示，结果如图 6-33 所示。

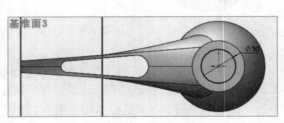

图 6-32　绘制草图

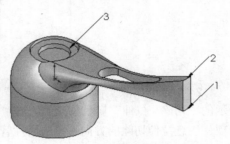

图 6-33　等轴测视图

(30) 圆角实体。单击"特征"选项卡中的"圆角"按钮🔲，或者执行"插入"→"特征"→"圆角"菜单命令，系统弹出如图 6-34 所示的"圆角"属性管理器。在"圆角类型"选项组中选择"恒定大小圆角"按钮🔲，在"半径"🔲栏中输入 10.00mm；在"边线、面、特征和环"选项中选择图 6-33 中的边线 1 和边线 2。单击属性管理器中的"确定"按钮✔，完成圆角实体，结果如图 6-35 所示。

图 6-34　"圆角"属性管理器

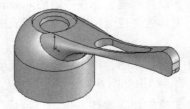

图 6-35　圆角实体

31 圆角实体。重复步骤 **30** ，以半径为 2.00mm 对图 6-33 中的边线 3 进行圆角，结果如图 6-36 所示。设置视图方向后的图形如图 6-37 所示。

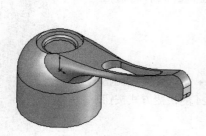

图 6-36　圆角实体

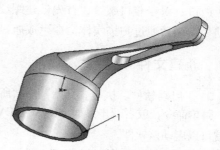

图 6-37　设置视图方向后的图形

32 倒角实体。单击"特征"选项卡"圆角"下拉列表中的"倒角"按钮，或者执行"插入"→"特征"→"倒角"菜单命令，系统弹出如图 6-38 所示的"倒角"属性管理器。在"边线和面或顶点"选项中选择图 6-37 中的边线 1，选择"角度距离"选项，在"距离"栏中输入 2.00mm，在"角度"栏中输入 45.00 度。单击属性管理器中的"确定"按钮，完成倒角实体，结果如图 6-39 所示。绘制完成的卫浴把手模型如图 6-40 所示。

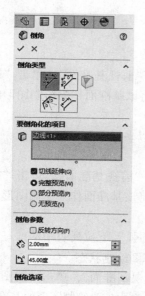

图 6-38　"倒角"属性管理器

图 6-39　倒角实体

图 6-40　卫浴把手模型

6.2　瓶子

瓶子模型如图 6-41 所示。绘制该模型的命令主要有扫描实体、抽壳、拉伸、拉伸切除和镜向等。

瓶子模型由瓶身、瓶口和瓶口螺纹三部分组成。其绘制过程为：对于瓶身，首先通过扫描实体命令生成瓶身主体，然后执行抽壳命令将瓶身抽壳为薄壁实体，并通过拉伸命令编辑顶部，再切除拉伸瓶身上贴图部分，并通过镜向命令镜向另一侧贴图部分，最后通过圆顶命令编辑底部；对于瓶口，首先通过拉伸命令绘制外部轮廓，然后通过拉伸切除命令生成瓶口；对于瓶口螺纹，首先创建螺纹轮廓的基准面，然后绘制轮廓和路径，最后通过扫描实体命令生成瓶口螺纹。

图 6-41　瓶子模型

6.2.1　新建文件

01 启动软件。执行"开始"→"所有应用"→"SOLIDWORKS 2024"菜单命令，或者双击桌面上的 SOLIDWORKS 2024 的快捷方式按钮，就可以启动该软件。

02 创建零件文件。执行"文件"→"新建"菜单命令，或者单击"快速访问"工具栏中的"新建"按钮，系统弹出"新建 SOLID-WORKS 文件"对话框，在其中选择"零件"按钮，单击"确定"按钮，创建一个新的零件文件。

03 保存文件。执行"文件"→"保存"菜单命令，或者单击"快速访问"工具栏中的"保存"按钮，系统弹出"另存为"对话框。在"文件名"文本框中输入"瓶子"，单击"保存"按钮，创建一个文件名为"瓶子"的零件文件。

6.2.2　绘制瓶身

01 绘制瓶身主体部分。

❶ 设置基准面。在左侧的"FeatureManager"设计树中选择"前视基准面"，单击"视图（前导）"工具栏"视图定向"下拉列表中的"正视于"按钮，将该基准面作为绘制图形的基准面。

❷ 绘制草图 1。单击"草图"选项卡中的"直线"按钮，以坐标原点为起点绘制一条竖直直线并标注尺寸，结果如图 6-42 所示。然后退出草图绘制状态。

❸ 设置基准面。在左侧的"FeatureManager"设计树中选择"前视基准面"，单击"视图（前导）"工具栏"视图定向"下拉列表中的"正视于"按钮，将该基准面作为绘制图形的基准面。

❹ 绘制草图 2。单击"草图"选项卡"圆心 / 起 / 终点绘制圆弧"下拉列表中的"三点圆弧"按钮，绘制如图 6-43 所示的草图并标注尺寸。然后退出草图绘制状态。

❺ 设置基准面。在左侧的 FeatureManager 设计树中选择"右视基准面"，单击"视图（前导）"工具栏"视图定向"下拉列表中的"正视于"按钮，将该基准面作为绘制图形的基准面。

❻ 绘制草图 3。单击"草图"选项卡"圆心 / 起 / 终点绘制圆弧"下拉列表中的"三点圆弧"按钮，绘制如图 6-44 所示的草图并标注尺寸，并添加圆弧下面的起点和坐标原点为"水平"几何关系，然后退出草图绘制状态。

❼ 设置基准面。在左侧的 FeatureManager 设计树中选择"上视基准面"，单击"视图（前导）"工具栏"视图定向"下拉列表中的"正视于"按钮，将该基准面作为绘制图形的基准面。

❽ 绘制草图 4。单击"草图"选项卡中的"椭圆"按钮，绘制如图 6-45 所示的草图，并使椭圆的长轴和短轴分别与步骤❹和步骤❻绘制的草图的起点重合，然后退出草图绘制状态。

图 6-42　绘制草图 1

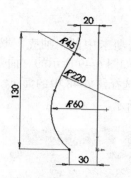

图 6-43　绘制草图 2

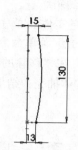

图 6-44　绘制草图 3

9 设置视图方向。单击"视图（前导）"工具栏"视图定向"下拉列表中的"等轴测"按钮，将视图以等轴测方向显示，结果如图 6-46 所示。

10 扫描实体。单击"特征"选项卡中的"扫描"按钮，或者执行"插入"→"凸台 / 基体"→"扫描"菜单命令，系统弹出如图 6-47 所示的"扫描"属性管理器。在"轮廓"选项中选择图 6-46 中的草图 4，在"路径"选项中选择图 6-46 中的草图 1，在"引导线"选项组中选择图 6-46 中的草图 2 和草图 3，勾选"合并平滑的面"选项。单击属性管理器中的"确定"按钮，完成实体扫描，结果如图 6-48 所示。

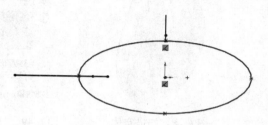

图 6-45　绘制草图 4

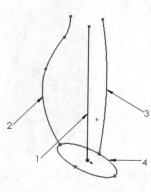

图 6-46　等轴测视图

图 6-47　"扫描"属性管理器

195

02 编辑瓶身。

❶ 抽壳实体。单击"特征"选项卡中的"抽壳"按钮 ⬜，或者执行"插入"→"特征"→"抽壳"菜单命令，系统弹出如图 6-49 所示的"抽壳"属性管理器。在"厚度"栏中输入 3.00mm，在"移除的面"选项中选择图 6-48 中的面 1。单击属性管理器中的"确定"按钮 ✔，完成实体抽壳，结果如图 6-50 所示。

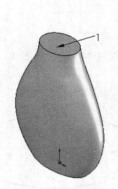

图 6-48　扫描实体　　　　图 6-49　"抽壳"属性管理器　　　　图 6-50　抽壳实体

❷ 转换实体引用。首先选择图 6-50 中的上表面，然后单击"草图"选项卡中的"草图绘制"按钮 ⬜，进入草图绘制状态。单击图 6-50 中的边线 1，然后执行"工具"→"草图工具"→"转换实体引用"菜单命令，将边线转换为草图，结果如图 6-51 所示。

❸ 拉伸实体。单击"特征"选项卡中的"拉伸凸台 / 基体"按钮 ⬜，或者执行"插入"→"凸台 / 基体"→"拉伸"菜单命令，系统弹出如图 6-52 所示的"凸台 - 拉伸"属性管理器。在"方向 1"的"终止条件"下拉菜单中选择"给定深度"选项，在"深度"栏中输入 3.00mm，注意拉伸方向。单击属性管理器中的"确定"按钮 ✔，完成实体拉伸，结果如图 6-53 所示。

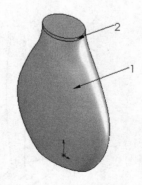

图 6-51　转换实体引用　　　　图 6-52　"凸台 - 拉伸"属性管理器　　　　图 6-53　拉伸实体

注意

此处设置实体拉伸深度为 3.00mm，是因为抽壳实体厚度为 3.00mm，这样可以使瓶身成为一个等厚实体，并且将瓶身顶部封闭。

❹ 添加基准面 1。单击"特征"选项卡"参考几何体"下拉列表中的"基准面"按钮 🗊，或者执行"插入"→"参考几何体"→"基准面"菜单命令，系统弹出如图 6-54 所示的"基准面"属性管理器。在属性管理器的"参考实体"选项中选择 FeatureManager 设计树中的"前视基准面"，在"距离"栏中输入 30.00mm，注意添加基准面的方向。单击属性管理器中的"确定"按钮 ✔，添加一个基准面，结果如图 6-55 所示。

❺ 设置基准面。在左侧的 FeatureManager 设计树中选择"基准面 1"，单击"视图（前导）"工具栏"视图定向"下拉列表中的"正视于"按钮 ↓，将该基准面作为绘制图形的基准面。

❻ 绘制草图。单击"草图"选项卡中的"椭圆"按钮 ⊙，绘制如图 6-56 所示的草图并标注尺寸，添加椭圆的圆心和坐标原点为"竖直"几何关系。

图 6-54 "基准面"属性管理器

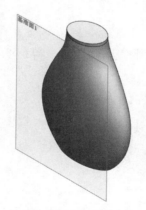

图 6-55 添加基准面 1

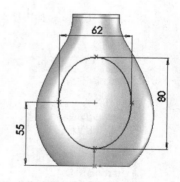

图 6-56 绘制草图

❼ 拉伸切除实体。单击"特征"选项卡中的"拉伸切除"按钮 🔟，或者执行"插入"→"切除"→"拉伸"菜单命令，系统弹出如图 6-57 所示的"切除 - 拉伸"属性管理器。在"终止条件"下拉菜单中选择"到离指定面指定的距离"选项，在"面 / 平面"选项中选择距离基准面 1 较近一侧的扫描实体面，在"偏移距离"栏中输入 1.00mm，勾选"反向等距"选项。单击属性管理器中的"确定"按钮 ✔，完成拉伸切除实体。

❽ 设置视图方向。单击"视图（前导）"工具栏"视图定向"下拉列表中的"等轴测"按钮 🟦，将视图以等轴测方向显示，结果如图 6-58 所示。

❾ 镜向实体。单击"特征"选项卡中的"镜向"按钮 🔣，或者执行"插入"→"阵列 / 镜向"→"镜向"菜单命令，系统弹出如图 6-59 所示的"镜向"属性管理器。在"镜向面 / 基准

面"选项组中选择 FeatureManager 设计树中的"前视基准面",在"要镜向的特征"选项组中
选择 FeatureManager 设计树中的"切除 - 拉伸 1"(即步骤❼拉伸切除的实体)。单击属性管理
器中的"确定"按钮✔️,完成镜向实体,结果如图 6-60 所示。

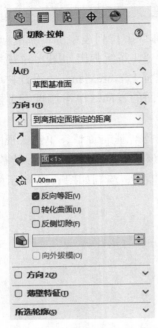

图 6-57 "切除 - 拉伸"属性管理器

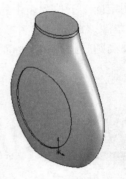

图 6-58 拉伸切除实体(等轴测视图)

图 6-59 "镜向"属性管理器

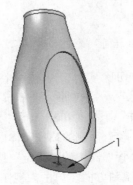

图 6-60 镜向实体

❿ 圆顶实体。执行"插入"→"特征"→"圆顶"菜单命令,系统弹出如图 6-61 所示
的"圆顶"属性管理器。在"到圆顶的面"选项中选择图 6-60 中的面 1,在"距离"栏中输入

2.00mm，注意圆顶的方向为向内侧凹进。单击属性管理器中的"确定"按钮✔，完成圆顶实体，结果如图 6-62 所示。

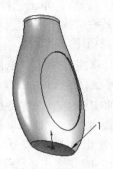

图 6-61　"圆顶"属性管理器　　　　　　　　　　图 6-62　圆顶实体

⓫ 圆角实体。单击"特征"选项卡中的"圆角"按钮🗔，或者执行"插入"→"特征"→"圆角"菜单命令，系统弹出如图 6-63 所示的"圆角"属性管理器。在"圆角类型"选项组中选择"恒定大小圆角"按钮🗔，在"半径"栏中输入 2.00mm，在"边线、面、特征和环"选项中选择图 6-62 中的边线 1。单击属性管理器中的"确定"按钮✔，完成圆角实体，结果如图 6-64 所示。

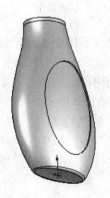

图 6-63　"圆角"属性管理器　　　　　　　　　　图 6-64　圆角实体

⑫ 设置视图方向。单击"视图（前导）"工具栏"视图定向"下拉列表中的"等轴测"按钮，将视图以等轴测方向显示，结果如图 6-65 所示。

6.2.3 绘制瓶口

01 设置基准面。单击选择图 6-65 中的面 1，然后单击"视图（前导）"工具栏"视图定向"下拉列表中的"正视于"按钮，将该面作为绘制图形的基准面。

02 绘制草图。单击"草图"选项卡中的"圆"按钮⊙，以坐标原点为圆心绘制直径为 22mm 的圆，结果如图 6-66 所示。

03 拉伸实体。单击"特征"选项卡中的"拉伸凸台/基体"按钮，或者执行"插入"→"凸台/基体"→"拉伸"菜单命令，系统弹出如图 6-67 所示的"凸台-拉伸"属性管理器。在"方向 1"的"终止条件"下拉菜单中选择"给定深度"选项，在"深度"栏中输入 20.00mm，注意拉伸方向，勾选"合并结果"选项。单击属性管理器中的"确定"按钮，完成实体拉伸，结果如图 6-68 所示。

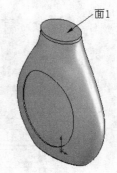

图 6-65　等轴测视图

图 6-66　绘制草图　　图 6-67　"凸台-拉伸"属性管理器　　图 6-68　拉伸实体

04 设置基准面。单击选择图 6-68 中的面 1，然后单击"视图（前导）"工具栏"视图定向"下拉列表中的"正视于"按钮，将该面作为绘制图形的基准面。

05 绘制草图。单击"草图"选项卡中的"圆"按钮⊙，以坐标原点为圆心绘制直径为 16mm 的圆，结果如图 6-69 所示。

06 拉伸切除实体。单击"特征"选项卡中的"拉伸切除"按钮，或者执行"插入"→"切除"→"拉伸"菜单命令，系统弹出如图 6-70 所示的"切除-拉伸"属性管理器。在"终止条件"下拉菜单中选择"给定深度"选项，在"深度"栏中输入 25.00mm，注意拉伸切除的方向。单击属性管理器中的"确定"按钮，完成拉伸切除实体。

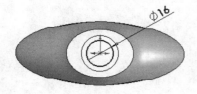

图 6-69 绘制草图

图 6-70 "切除 - 拉伸"属性管理器

 技巧荟萃

　　此处切除拉伸实体时，采用的终止条件为"给定深度"，切除的效果为将瓶口和瓶身抽壳部分相连接，不能使用终止条件为"完全贯穿"选项，否则瓶底部也将穿透。

　　07 设置视图方向。单击"视图（前导）"工具栏"视图定向"下拉列表中的"等轴测"按钮 ，将视图以等轴测方向显示，结果如图 6-71 所示。

6.2.4　绘制瓶口螺纹

　　01 添加基准面。单击"特征"选项卡"参考几何体"下拉列表中的"基准面"按钮 ，或者执行"插入"→"参考几何体"→"基准面"菜单命令，系统弹出如图 6-72 所示的"基准面"属性管理器。在属性管理器的"选择"选项中选择图 6-71 中的面 1，在"距离" 栏中输入 1.00mm，注意添加基准面的方向。单击属性管理器中的"确定"按钮 ，添加一个基准面，结果如图 6-73 所示。

图 6-71 拉伸切除实体（等轴测视图）

 技巧荟萃

　　此处添加的基准面距面 1 为 1mm，在本例中螺纹的轮廓为直径 2mm 的圆，这样可保证旋转后的螺纹与面 1 相切且不超过面 1，从而使图形美观。

02 设置基准面。在左侧的 FeatureManager 设计树中选择"基准面2",单击"视图(前导)"工具栏"视图定向"下拉列表中的"正视于"按钮⬇,将该基准面作为绘制图形的基准面。

03 绘制草图。单击"草图"选项卡中的"圆"按钮⊙,以坐标原点为圆心绘制直径为22mm的圆,结果如图6-74所示。

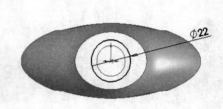

图 6-72 "基准面"属性管理器　　　图 6-73 添加基准面　　　图 6-74 绘制草图

04 绘制螺旋线。单击"特征"选项卡中的"螺旋线/涡状线"按钮➇,或者执行"插入"→"曲线"→"螺旋线/涡状线"菜单命令,系统弹出如图6-75所示的"螺旋线/涡状线"属性管理器。选择"恒定螺距"选项,在"螺距"栏中输入4.00mm,勾选"反向"选项,在"圈数"栏中输入4.5,在"起始角度"栏中输入0.00度,选择"顺时针"选项。单击属性管理器中的"确定"按钮✔,完成螺旋线绘制。

05 设置视图方向。单击"视图(前导)"工具栏"视图定向"下拉列表中的"等轴测"按钮⬢,将视图以等轴测方向显示,结果如图6-76所示。

06 设置基准面。在左侧的 FeatureManager 设计树中选择"右视基准面",单击"视图(前导)"工具栏"视图定向"下拉列表中的"正视于"按钮⬇,将该基准面作为绘制图形的基准面。

07 绘制草图。单击"草图"选项卡中的"圆"按钮⊙,以螺旋线的端点为圆心绘制一个直径为2mm的圆,结果如图6-77所示。

08 设置视图方向。单击"视图(前导)"工具栏"视图定向"下拉列表中的"等轴测"按钮⬢,将视图以等轴测方向显示,结果如图6-78所示。

09 扫描实体。单击"特征"选项卡中的"扫描"按钮⌗,或者执行"插入"→"凸台/基体"→"扫描"菜单命令,系统弹出如图6-79所示的"扫描"属性管理器。在"轮廓"选项中选择图6-78中的草图13(即螺旋线),在"路径"选项中用鼠标选择图6-78中的草图2(即直径为 2 mm 的圆）。单击属性管理器中的"确定"按钮✔，完成实体扫描。

图 6-75　"螺旋线 / 涡状线"属性管理器　　　图 6-76　绘制螺旋线　　　图 6-77　绘制草图

（**10**）设置视图方向。单击"视图（前导）"工具栏"视图定向"下拉列表中的"等轴测"按钮📦，将视图以等轴测方向显示，结果如图 6-80 所示。

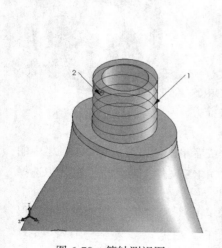

图 6-78　等轴测视图　　　图 6-79　"扫描"属性管理器　　　图 6-80　扫描实体（等轴测视图）

绘制完成的瓶子模型及其 FeatureManager 设计树如图 6-81 所示。

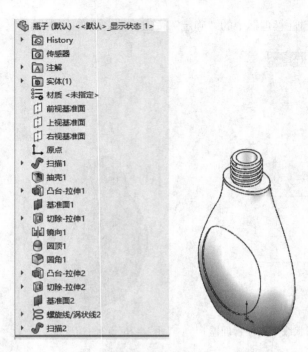

图 6-81　瓶子模型及其 FeatureManager 设计树

6.3　足球建模

足球模型如图 6-82 所示，由五边形球皮和六边形球皮装配而成。绘制该模型的命令主要有绘制多边形、扫描实体、抽壳和组合实体等命令。

6.3.1　绘制基本草图

01 新建文件。

❶ 启动软件。执行"开始"→"所有应用"→"SOLIDWORKS 2024"菜单命令，或者双击桌面上的 SOLIDWORKS 2024 的快捷方式按钮，就可以启动该软件。

图 6-82　足球模型

❷ 创建零件文件。执行"文件"→"新建"菜单命令，或者单击"快速访问"工具栏中的"新建"按钮，系统弹出如图 6-83 所示的"新建 SOLIDWORKS 文件"对话框，在其中选择"零件"按钮，单击"确定"按钮，创建一个新的零件文件。

❸ 保存文件。执行"文件"→"保存"菜单命令，或者单击"快速访问"工具栏中的"保存"按钮，系统弹出如图 6-84 所示的"另存为"对话框。在"文件名"文本框中输入"足球基本草图"，单击"保存"按钮，创建一个文件名为"足球基本草图"的零件文件。

02 绘制足球辅助草图。

❶ 设置基准面。在左侧的 FeatureManager 设计树中选择"前视基准面"，然后单击"视图

（前导）"工具栏"视图定向"下拉列表中的"正视于"按钮 ↨，将该基准面作为绘制图形的基准面。

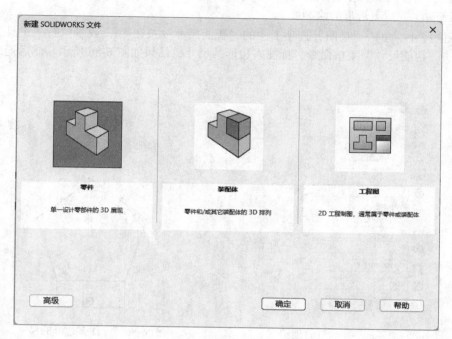

图 6-83　"新建 SOLIDWORKS 文件"对话框

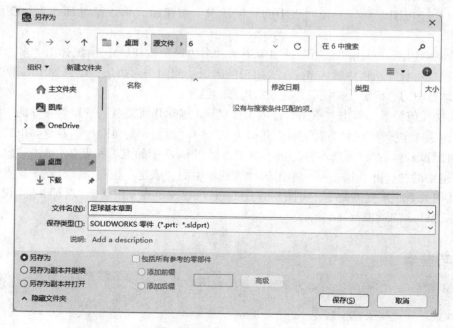

图 6-84　"另存为"对话框

❷ 绘制五边形。单击"草图"选项卡中的"多边形"按钮 ⬡，或者执行"工具"→"草

图绘制实体"→"多边形"菜单命令，系统弹出如图 6-85 所示的"多边形"属性管理器。在"边数" 栏中输入 5，以坐标原点为圆心绘制一个内切圆模式的多边形。单击属性管理器中的"确定"按钮，完成五边形的绘制。

❸ 标注尺寸。单击"草图"选项卡中的"智能尺寸"按钮，或者执行"工具"→"标注尺寸"→"智能尺寸"菜单命令，标注多边形的尺寸，结果如图 6-86 所示。然后退出草图绘制状态。

图 6-85 "多边形"属性管理器

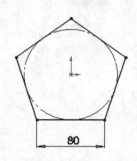

图 6-86 标注多边形的尺寸

❹ 设置基准面。在左侧的 FeatureManager 设计树中选择"前视基准面"，单击"视图（前导）"工具栏"视图定向"下拉列表中的"正视于"按钮，将该基准面作为绘制图形的基准面。

❺ 绘制六边形。单击"草图"选项卡中的"多边形"按钮，系统弹出"多边形"属性管理器。在"边数" 栏中输入 6，在五边形的附近绘制两个六边形，结果如图 6-87 所示。单击属性管理器中的"确定"按钮，完成六边形的绘制。

❻ 添加几何关系。单击"草图"选项卡"显示\删除几何关系"下拉列表中的"添加几何关系"按钮，或者执行"工具"→"几何关系"→"添加"菜单命令，系统弹出"添加几何关系"属性管理器。在"所选实体"选项组中选择图 6-87 中的点 1 和点 2，单击"添加几何关系"选项组中的"合并"按钮，单击属性管理器中的"确定"按钮，将点 1 和点 2 设置为"合并"几何关系。重复该命令，将图 6-87 中的点 3 和点 4、点 5 和点 6、点 6 和点 7 设置为"合并"几何关系，结果如图 6-88 所示。

 技巧荟萃

添加几何关系的目的，一是为了使绘制的六边形和五边形等边长，二是为后续绘制草图做准备。

❼ 绘制草图。单击"草图"选项卡中的"直线"按钮，绘制图 6-88 中直线 1 和直线 2 的延长线，接着绘制点 3 到直线 2 延长线的垂线，点 4 到直线 1 延长线的垂线，结果如图 6-89 所示。然后退出草图绘制状态。

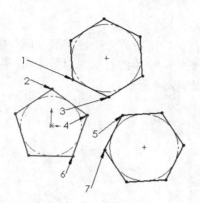

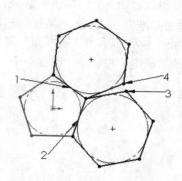

图 6-87　绘制六边形　　　　　　　　　　图 6-88　添加几何关系

⑧ 设置视图方向。单击"视图（前导）"工具栏"视图定向"下拉列表中的"等轴测"按钮，将视图以等轴测方向显示。

⑨ 添加基准面 1。单击"特征"选项卡"参考几何体"下拉列表中的"基准面"按钮，或者执行"插入"→"参考几何体"→"基准面"菜单命令，系统弹出如图 6-90 所示的"基准面"属性管理器。选择图 6-89 中的直线 1 和垂足 2（系统显示直线 13 和点 22），单击属性管理器中的"确定"按钮，添加一个基准面，结果如图 6-91 所示。

⑩ 设置基准面。在左侧的 FeatureManager 设计树中选择步骤⑨添加的"基准面 1"，单击"视图（前导）"工具栏"视图定向"下拉列表中的"正视于"按钮，将该基准面作为绘制图形的基准面。

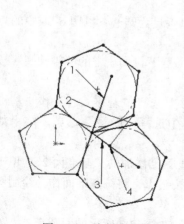 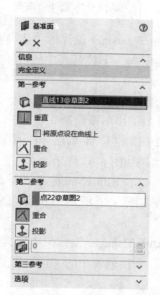 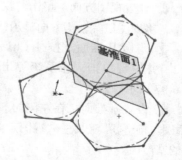

图 6-89　绘制草图　　　图 6-90　"基准面"属性管理器　　　图 6-91　添加基准面 1

⑪ 绘制草图。单击"草图"选项卡中的"圆"按钮，以垂足为圆心，以图 6-88 中的点 3 到直线 2 的距离为半径绘制圆。然后退出草图绘制状态。

⑫ 设置视图方向。单击"视图（前导）"工具栏"视图定向"下拉列表中的"等轴测"按

钮 ，将视图以等轴测方向显示，结果如图 6-92 所示。

⑬ 添加基准面 2。单击"特征"选项卡"参考几何体"下拉列表中的"基准面"按钮 ，系统弹出如图 6-93 所示的"基准面"属性管理器。选择图 6-89 中的直线 3 和垂足 4，单击属性管理器中的"确定"按钮 ，添加一个基准面，结果如图 6-94 所示。

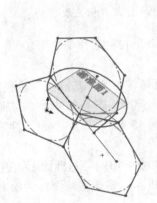

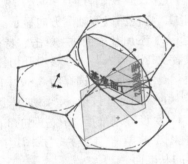

图 6-92　等轴测视图　　　　图 6-93　"基准面"属性管理器　　　图 6-94　添加基准面 2

⑭ 设置基准面。在左侧的 FeatureManager 设计树中选择步骤⑬添加的"基准面 2"，然后单击"视图（前导）"工具栏"视图定向"下拉列表中的"正视于"按钮 ，将该基准面作为绘制图形的基准面。

⑮ 绘制草图。单击"草图"选项卡中的"圆"按钮 ，以垂足为圆心，以图 6-88 中的点 4 到直线 1 的距离为半径绘制圆，然后退出草图绘制状态。

⑯ 设置视图方向。单击"视图（前导）"工具栏"视图定向"下拉列表中的"等轴测"按钮 ，将视图以等轴测方向显示，结果如图 6-95 所示。

⑰ 隐藏基准面。按住 Ctrl 键，在 FeatureManager 设计树中选择"基准面 1"和"基准面 2"并右键单击，在系统弹出的如图 6-96 所示的快捷菜单中选择"隐藏"选项，结果如图 6-97 所示。

⑱ 设置基准面。在左侧的 FeatureManager 设计树中选择步骤⑬添加的"基准面 2"，单击"视图（前导）"工具栏"视图定向"下拉列表中的"正视于"按钮 ，将该基准面作为绘制图形的基准面。

⑲ 绘制草图。单击"草图"选项卡中的"点"按钮 ，在如图 6-97 所示的两圆交点 2 处绘制点。然后退出草图绘制状态。

⑳ 设置视图方向。单击"视图（前导）"工具栏"视图定向"下拉列表中的"等轴测"按钮 ，将视图以等轴测方向显示，结果如图 6-98 所示。

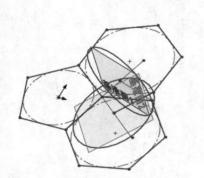

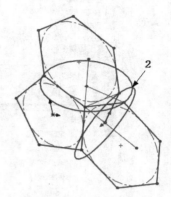

图 6-95　等轴测视图　　　　图 6-96　右键快捷菜单　　　　图 6-97　隐藏基准面

 技巧荟萃

足球是由五边形周边环绕六边形组成。前面绘制的草图都是辅助草图，用于确定五边形周边可以环绕六边形。

03 绘制足球基本草图。

❶ 添加基准面 3。单击"特征"选项卡"参考几何体"下拉列表中的"基准面"按钮 ▣，系统弹出如图 6-99 所示的"基准面"属性管理器。选择图 6-98 中的五边形的边线 1（直线 5）和点（点 1）。单击属性管理器中的"确定"按钮 ✔，添加一个基准面，结果如图 6-100 所示。

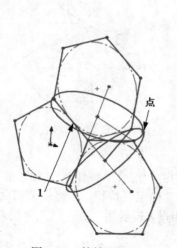

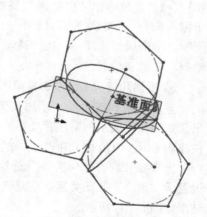

图 6-98　等轴测视图　　　图 6-99　"基准面"属性管理器　　　图 6-100　添加基准面 3

❷ 隐藏草图。按住 Ctrl 键，在 FeatureManager 设计树中选择 "草图 2" "草图 3" "草图 4"
和 "草图 5" 并右键单击，在系统弹出的如图 6-101 的快捷菜单中选择 "隐藏" 选项，结果如
图 6-102 所示。

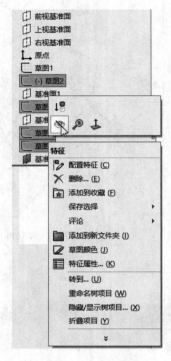

图 6-101　右键快捷菜单

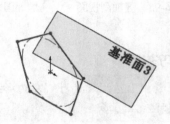

图 6-102　隐藏草图

❸ 设置基准面。在左侧的 FeatureManager 设计树中选
择 "基准面 3"，单击 "视图（前导）" 工具栏 "视图定向"
下拉列表中的 "正视于" 按钮 ↥，将该基准面作为绘制图形
的基准面。

❹ 绘制六边形。单击 "草图" 选项卡中的 "多边形"
按钮 ⬡，系统弹出 "多边形" 属性管理器。在 "边数" 栏
中输入 6，在五边形的附近绘制一个六边形，结果如图 6-103
所示。单击属性管理器中的 "确定" 按钮 ✔，完成六边形的
绘制。

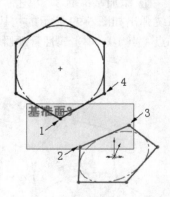

图 6-103　绘制六边形

❺ 添加几何关系。单击 "草图" 选项卡 "显示 / 删除几
何关系" 下拉列表中的 "添加几何关系" 按钮 ⊥，系统弹
出 "添加几何关系" 属性管理器。在 "所选实体" 选项组中
选择图 6-103 中的点 1 和点 2，单击 "添加几何关系" 选项组中的 "重合" 按钮 ⟋，此时 "重
合" 出现在 "现有几何关系" 选项组中。单击属性管理器中的 "确定" 按钮 ✔，将点 1 和点 2
设置为 "重合" 几何关系。重复该命令，将图 6-103 中的点 3 和点 4 设置为 "重合" 几何关系，
结果如图 6-104 所示。

⑥ 绘制中心线。单击"草图"选项卡中的"中心线"按钮⬘，绘制图 6-104 中六边形内切圆的圆心到五边形公共边的垂线，结果如图 6-105 所示。然后退出草图绘制状态。

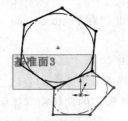
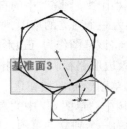

图 6-104　添加几何关系　　　　　　　　图 6-105　绘制中心线

⑦ 添加基准面 4。单击"特征"选项卡"参考几何体"下拉列表中的"基准面"按钮▥，系统弹出如图 6-106 所示的"基准面"属性管理器。在属性管理器的"选择"选项中选择图 6-105 中的中心线和五边形内切圆的圆心，单击属性管理器中的"确定"按钮✔，添加一个基准面。

⑧ 设置视图方向。单击"视图（前导）"工具栏"视图定向"下拉列表中的"等轴测"按钮▥，将视图以等轴测方向显示，结果如图 6-107 所示。

⑨ 设置基准面。在左侧的 FeatureManager 设计树中选择"基准面 4"，单击"视图（前导）"工具栏"视图定向"下拉列表中的"正视于"按钮⬍，将该基准面作为绘制图形的基准面。

⑩ 绘制草图。单击"草图"选项卡中的"直线"按钮✐，绘制通过五边形内切圆的圆心并垂直于五边形的直线，再绘制通过六边形内切圆的圆心并垂直于六边形的直线，然后绘制两直线的交点到公共边线中点的连线。然后退出草图绘制状态。

⑪ 设置视图方向。按住鼠标中键，出现"旋转"按钮↻，将视图以适当的方向显示，结果如图 6-108 所示。

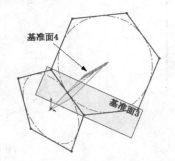
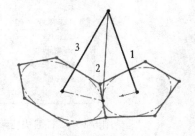

图 6-106　"基准面"属性管理器　　　图 6-107　等轴测视图　　　图 6-108　旋转视图

⑫ 创建五边形路径。在左侧的 FeatureManager 设计树中选择"基准面 4",单击"草图"选项卡中的"草图绘制"按钮▣,进入草图绘制状态。选择图 6-108 中的直线 1 (即 Feature-Manager 设计树中"草图 6"中的直线 1),单击"草图"选项卡中的"转换实体引用"按钮▣,将直线 1 转换为一个独立的草图,然后退出草图绘制状态。此时在 FeatureManager 设计树中产生"草图 8",将该草图作为五边形的路径。

⑬ 创建六边形路径。在左侧的 FeatureManager 设计树中选择"基准面 4",单击"草图"选项卡中的"草图绘制"按钮▣,进入草图绘制状态。选择图 6-108 中的直线 3 (即 Feature-Manager 设计树中"草图 6"中的直线 3),单击"草图"选项卡中的"转换实体引用"按钮▣,将直线 3 转换为一个独立的草图,然后退出草图绘制状态。此时在 FeatureManager 设计树中生成"草图 9",将该草图作为六边形的路径。

⑭ 创建引导线。在左侧的 FeatureManager 设计树中选择"基准面 4",单击"草图"选项卡中的"草图绘制"按钮▣,进入草图绘制状态。选择图 6-108 中的直线 2 (即 FeatureManager 设计树中"草图 6"中的直线 2),单击"草图"选项卡中的"转换实体引用"按钮▣,将直线 2 转换为一个独立的草图,然后退出草图绘制状态。此时在 FeatureManager 设计树中生成"草图 10",将该草图作为引导线。

 技巧荟萃

在执行转换实体引用命令时,一般有比较严格的步骤,通常是先确定基准面,接着选择要转换模型或者草图的边线,然后执行命令,最后退出草图绘制状态。

⑮ 隐藏基准面。按住 Ctrl 键,在 FeatureManager 设计树中选择"基准面 3"和"基准面 4"并右键单击,在系统弹出的如图 6-109 的快捷菜单中选择"隐藏"选项,结果如图 6-110 所示。

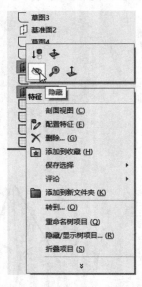

图 6-109　右键快捷菜单

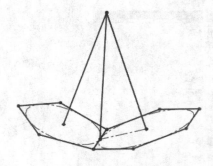

图 6-110　隐藏基准面

绘制完成的足球基本草图及其 FeatureManager 设计树如图 6-111 所示。

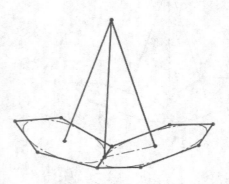

图 6-111　足球基本草图及其 FeatureManager 设计树

6.3.2　绘制五边形球皮

01 新建文件。

❶ 打开文件。执行"文件"→"打开"菜单命令，或者单击"快速访问"工具栏中的"打开"按钮，打开 6.3.1 节中绘制的"足球基本草图 .sldprt"文件。

❷ 另存为文件。执行"文件"→"另存为"菜单命令，此时系统弹出"另存为"对话框，在"文件名"文本框中输入"五边形球皮"，然后单击"保存"按钮。此时图形如图 6-112 所示。

02 绘制五边形球皮。

❶ 扫描实体。单击"特征"选项卡中的"扫描"按钮，或者执行"插入"→"凸台 /基体"→"扫描"菜单命令，系统弹出如图 6-113 所示的"扫描"属性管理器。在"轮廓"选项中选择图 6-112 中的正五边形（草图 11），在"路径"选项中用鼠标选择图 6-112 中的直线 3（草图 13），在"引导线"选项组中选择图 6-112 中的直线 2（草图 1），取消勾选"合并平滑的面"选项，此时扫描预览视图如图 6-114 所示。单击属性管理器中的"确定"按钮，完成实体扫描，结果如图 6-115 所示。

 技巧荟萃

从图 6-114 中可以看出，在扫描实体时，路径和引导线分别是独立的草图，路径是草图 11，引导线是草图 13。如果在 FeatureManager 设计树中不隐藏草图 6，则选择路径和引导线时可能会因选择不到草图 11 和草图 13 而产生错误。

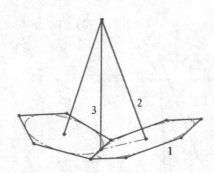

图 6-112　另存为的图形

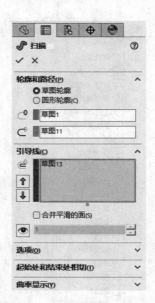

图 6-113　"扫描"属性管理器

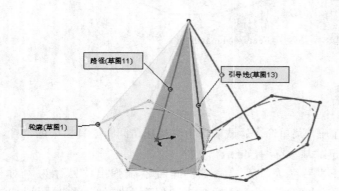

图 6-114　扫描预览视图

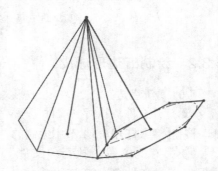

图 6-115　扫描实体

❷ 设置基准面。在左侧的 FeatureManager 设计树中选择"基准面 4"，然后单击"视图（前导）"工具栏"视图定向"下拉列表中的"正视于"按钮↥，将该基准面作为绘制图形的基准面。

❸ 绘制草图。单击"草图"选项卡中的"直线"按钮╱和"圆"按钮⊙，绘制如图 6-116 所示的草图并标注尺寸。

❹ 剪裁草图实体。单击"草图"选项卡中的"剪裁实体"按钮⊁⊾，或者执行"工具"→"草图绘制工具"→"剪裁"菜单命令，系统弹出如图 6-117 所示"剪裁"属性管理器。单击其中的"剪裁到最近端"按钮⊹，再单击图 6-116 中两直线外的圆弧处（即 3/4 圆弧处）。单击属性管理器中的"确定"按钮✔，完成草图实体剪裁，结果如图 6-118 所示。

❺ 旋转实体。单击"特征"选项卡中的"旋转凸台 / 基体"按钮▦，或者执行"插入"→"凸台 / 基体"→"旋转"菜单命令，系统弹出"旋转"属性管理器。在"旋转轴"选项组中选择图 6-116 中的水平直线，取消勾选"合并结果"选项，其他设置如图 6-119 所示。单击属性管理器中的"确定"按钮✔，完成实体旋转。

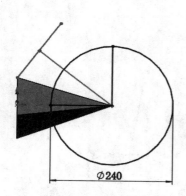

图 6-116 绘制草图

图 6-117 "剪裁"属性管理器

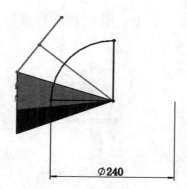

图 6-118 剪裁草图实体

技巧荟萃

在执行旋转实体命令时,必须取消勾选"合并结果"选项,否则旋转实体将与扫描实体合并,在后面执行抽壳命令时得不到需要的结果。

❻ 旋转实体。按住中键,出现"旋转"按钮 🡒,将视图以适当的方向显示,结果如图 6-120 所示。

❼ 抽壳实体。单击"特征"选项卡中的"抽壳"按钮 🡒,或者执行"插入"→"特征"→"抽壳"菜单命令,系统弹出如图 6-121 所示的"抽壳"属性管理器。在"厚度" 🡒 栏中输入 10.00mm,在"移除的面"选项中选择图 6-120 中的面 1。单击属性管理器中的"确定"按钮 🡒,完成实体抽壳,结果如图 6-122 所示。

图 6-119 "旋转"属性管理器

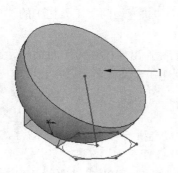

图 6-120 旋转实体

图 6-121 "抽壳"属性管理器

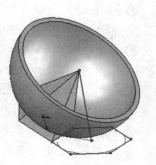

图 6-122 抽壳实体

215

❽ 组合实体。执行"插入"→"特征"→"组合"菜单命令，系统弹出如图 6-123 所示的"组合"属性管理器。在"操作类型"选项组中选择"共同"选项，在"要组合的实体"选项组中选择视图中的扫描实体和抽壳实体。单击属性管理器中的"确定"按钮 ✔️，完成组合实体，结果如图 6-124 所示。

图 6-123 "组合"属性管理器

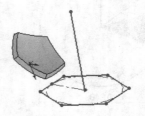

图 6-124 组合实体

❾ 取消草图显示。执行"视图"→"隐藏/显示（H）"→"草图"菜单命令，取消视图中草图的显示。

❿ 设置视图方向。单击"视图（前导）"工具栏"视图定向"下拉列表中的"等轴测"按钮 🧊，将视图以等轴测方向显示，结果如图 6-125 所示。

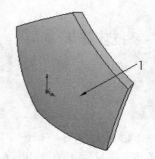

图 6-125 等轴测视图

⓫ 圆角实体。单击"特征"选项卡中的"圆角"按钮 🔘，或者执行"插入"→"特征"→"圆角"菜单命令，系统弹出如图 6-126 所示的"圆角"属性管理器。在"圆角类型"选项组中选择"恒定大小圆角"按钮 🔲，在"半径"选项中输入 4.00mm，在"边、线、面、特征和环"选项中选择图 6-125 中面 1 的 5 条边线。单击属性管理器中的"确定"按钮 ✔️，完成圆角处理，结果如图 6-127 所示。

绘制完成的五边形球皮模型及其 FeatureManager 设计树如图 6-128 所示。

6.3.3 绘制六边形球皮

01 新建文件。

❶ 打开文件。执行"文件"→"打开"菜单命令，或者单击"快速访问"工具栏中的"打开"按钮 📂，打开 6.3.1 节中绘制的"足球基本草图 .sldprt"文件。

❷ 另存为文件。执行"文件"→"另存为"菜单命令，系统弹出"另存为"对话框，在"文件名"文本框中输入"六边形球皮"，单击"保存"按钮，创建一个文件名为"六边形球皮"的零件文件。此时图形如图 6-129 所示。

02 绘制六边形球皮。

❶ 扫描实体。单击"特征"选项卡中的"扫描"按钮 〽️，或者执行"插入"→"凸台/基体"→"扫描"菜单命令，系统弹出如图 6-130 所示的"扫描"属性管理器。在"轮廓"选项中选择图 6-129 中的正六边形 1（草图 8），在"路径"选项中选择图 6-129 中的直线 2（草图

12），在"引导线"选项组中选择图 6-129 中的直线 3（草图 13），取消勾选"合并平滑的面"选项，此时扫描预览视图如图 6-131 所示。单击属性管理器中的"确定"按钮 ✔，完成实体扫描，结果如图 6-132 所示。

图 6-126 "圆角"属性管理器

图 6-127 圆角实体

图 6-128 五边形球皮及其 FeatureManager 设计树

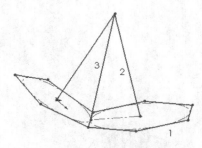

图 6-129 另存为的图形

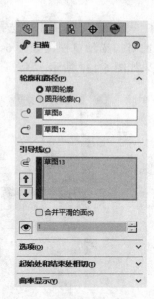

图 6-130 "扫描"属性管理器

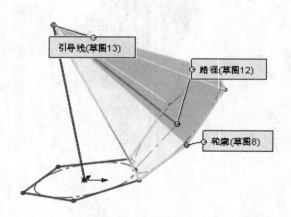

图 6-131 扫描预览视图

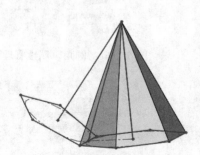

图 6-132 扫描实体

❷ 设置基准面。在左侧的 FeatureManager 设计树中选择"基准面 4",然后单击"视图（前导）"工具栏"视图定向"下拉列表中的"正视于"按钮，将该基准面作为绘制图形的基准面。

❸ 绘制草图。单击"草图"选项卡中的"直线"按钮 和"圆"按钮，绘制如图 6-133 所示的草图并标注尺寸。

❹ 剪裁草图实体。单击"草图"选项卡中的"剪裁实体"按钮，或者执行"工具"→"草图绘制工具"→"剪裁"菜单命令，系统弹出如图 6-134 所示的"剪裁"属性管理器。单击"剪裁到最近端"按钮，然后单击图 6-133 中的 3/4 圆弧处。单击属性管理器中的"确定"按钮，完成草图实体剪裁，结果如图 6-135 所示。

❺ 旋转实体。单击"特征"选项卡中的"旋转凸台 / 基体"按钮，或者执行"插入"→"凸台 / 基体"→"旋转"菜单命令，系统弹出"旋转"属性管理器。在"旋转轴"选

项组选择图 6-135 中的直线 1, 取消勾选 "合并结果" 选项, 其他设置如图 6-136 所示。单击属性管理器中的 "确定" 按钮 ✅, 完成实体旋转。将视图以适当的方向显示, 结果如图 6-137 所示。

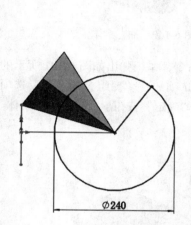

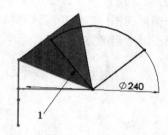

图 6-133　绘制草图　　　图 6-134　"剪裁" 属性管理器　　　图 6-135　剪裁草图实体

❻ 取消草图显示。执行 "视图" → "隐藏 / 显示 (H)" → "草图" 菜单命令, 取消视图中草图的显示, 结果如图 6-138 所示。

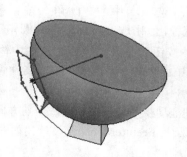

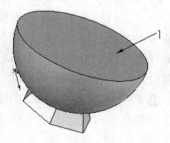

图 6-136　"旋转" 属性管理器　　　图 6-137　旋转实体　　　图 6-138　取消草图显示

❼ 抽壳实体。单击 "特征" 选项卡中的 "抽壳" 按钮 🗊, 或者执行 "插入" → "特征" → "抽壳" 菜单命令, 系统弹出如图 6-139 所示的 "抽壳" 属性管理器。在 "厚度" 🏠栏中输入 10.00mm, 在 "移除的面" 选项中选择图 6-138 中的面 1。单击属性管理器中的 "确定" 按钮 ✅, 完成实体抽壳, 结果如图 6-140 所示。

图 6-139 "抽壳"属性管理器

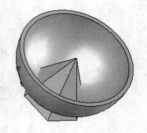

图 6-140 抽壳实体

8 组合实体。执行"插入"→"特征"→"组合"菜单命令,系统弹出如图 6-141 所示的"组合"属性管理器。在"操作类型"选项组中选择"共同"选项;在"要组合的实体"选项组中选择视图中的扫描实体和抽壳实体。单击属性管理器中的"确定"按钮✔,完成组合实体。将视图以适当的方向显示,结果如图 6-142 所示。

图 6-141 "组合"属性管理器

图 6-142 组合实体

9 圆角实体。单击"特征"选项卡中的"圆角"按钮 ,或者执行"插入"→"特征"→"圆角"菜单命令,系统弹出如图 6-143 所示的"圆角"属性管理器。在"圆角类型"选项组中选择"恒定大小圆角"按钮 ,在"半径" 栏中输入 4.00mm,在"边、线、面、特征和环"选项中选择图 6-142 中面 1 的 6 条边线。单击属性管理器中的"确定"按钮✔,完成圆角处理,结果如图 6-144 所示。

10 调整视图方向。按住中键拖动视图,将视图以适当的方向显示,结果如图 6-145 所示。绘制完成的六边形球皮模型及其 FeatureManager 设计树如图 6-146 所示。

6.3.4 绘制足球装配体

01 新建文件。

1 创建零件文件。执行"文件"→"新建"菜单命令,或者单击"快速访问"工具栏中的"新建"按钮 ,系统弹出"新建 SOLIDWORKS 文件"对话框,在其中选择"装配体"图标 ,单击"确定"按钮,创建一个新的装配文件。

图 6-143　"圆角"属性管理器

图 6-144　圆角实体

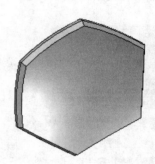

图 6-145　调整视图方向

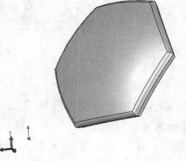

图 6-146　六边形球皮模型及其 FeatureManager 设计树

❷ 保存文件。执行"文件"→"保存"菜单命令，或者单击"快速访问"工具栏中的"新建"按钮 🔚，系统弹出"另存为"对话框。在"文件名"文本框中输入"足球装配体"，然后单击"保存"按钮，创建一个文件名为"足球装配体"的装配文件。

02 绘制足球装配体。

❶ 插入五边形球皮。单击"装配体"选项卡中的"插入零部件"按钮 📑，或者执行"插入"→"零部件"→"现有零件/装配体"菜单命令，系统弹出如图 6-147 所示的"开始装配体"属性管理器。单击"浏览"按钮，系统弹出如图 6-148 所示的"打开"对话框，在其中选择需要的零部件，即"五边形球皮 .sldprt"。单击"打开"按钮，此时所选的零部件显示在图 6-147 中的"打开文档"显示框中。单击属性管理器中的"确定"按钮 ✔，此时所选的零部件显示在视图中，如图 6-149 所示。

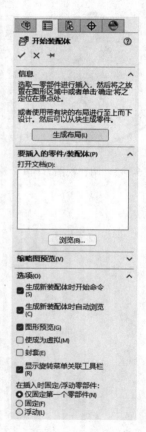

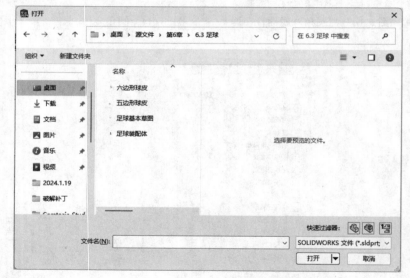

图 6-147 "开始装配体"
属性管理器

图 6-148 "打开"对话框

❷ 设置视图方向。单击"视图（前导）"工具栏"视图定向"下拉列表中的"等轴测"按钮 🧊，将视图以等轴测方向显示。

❸ 取消草图显示。执行"视图"→"隐藏/显示"（H）→"草图"菜单命令，取消视图中草图的显示，然后将视图以适当的方向显示，结果如图 6-150 所示。

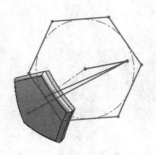

图 6-149　插入五边形球皮

图 6-150　取消视图显示

❹ 插入六边形球皮。执行"插入"→"零部件"→"现有零件 / 装配体"菜单命令，插入六边形球皮（具体操作步骤参考步骤❶），将六边形球皮插入到图中适当的位置，结果如图 6-151 所示。

❺ 插入配合关系。单击"装配体"选项卡中的"配合"按钮 ◎，或者执行"插入"→"配合"菜单命令，系统弹出"重合"属性管理器，如图 6-152 所示。在属性管理器的"配合选择"选项组中选择图 6-151 中点 1 和点 4 所在的面、点 2 和点 3 所在的面，单击"配合类型"选项组中的"重合"按钮 人，将两个面设置为重合配合关系。重复"配合"命令，选择图 6-151 中的点 1 和点 2，单击"配合类型"选项组中的"重合"按钮 人，将点 1 和点 2 设置为重合配合关系，再将点 3 和点 4 设置为重合配合关系。单击属性管理器中的"确定"按钮 ✔，完成重合配合，结果如图 6-153 所示。

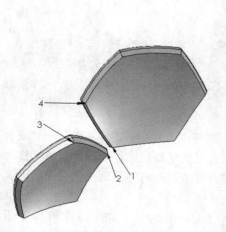

图 6-151　插入六边形球皮

图 6-152　"重合"属性管理器

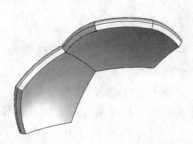

图 6-153　完成重合配合

技巧荟萃

在进行足球装配体装配时，配合点的选择是能否装配成足球的关键。在本例中，选择五边形球皮和六边形球皮的内表面边线的端点配合，是由绘制的足球基本草图和组合实体后的图形决定的。

❻ 插入 4 个六边形球皮。执行"插入"→"零部件"→"现有零件 / 装配体"菜单命令，在图中适当的位置插入 4 个六边形球皮（具体操作步骤参考步骤❶），结果如图 6-154 所示。

 技巧荟萃

足球是由五边形球皮周边环绕六边形球皮组成的，在装配时要注意。

❼ 插入配合关系。重复步骤❺，将插入的六边形球皮的一个边线及其端点与五边形球皮的一个边线及其端点设置为重合配合关系，结果如图 6-155 所示。

图 6-154　插入六边形球皮

图 6-155　完成重合配合

❽ 插入其他五边形球皮和六边形球皮，装配成半球。执行"插入"→"零部件"→"现有零件 / 装配体"菜单命令，在图中适当的位置插入其他五边形球皮和六边形球皮（具体操作步骤参考步骤❶）。重复步骤❺，将六边形球皮的一个边线及其端点与五边形球皮的一个边线及其端点设置为重合配合关系。装配完成的半球及其 FeatureManager 设计树如图 6-156 所示。

 技巧荟萃

在进行足球装配体装配时，可以先装配几个球皮，然后通过适当的临时轴进行阵列形成足球，但是这样容易形成重复的个体，给后期渲染带来一定的困难。也可以先装配成半球，然后通过基准面进行镜向形成足球。编者认为最简单而且不会出差错的方法是，逐一进行装配，形成足球。

❾ 插入其他五边形球皮和六边形球皮，装配成足球。执行"插入"→"零部件"→"现有零件 / 装配体"菜单命令，在图中适当的位置插入其他五边形球皮和六边形球皮（具体操作步骤参考步骤❶）。重复步骤❺，将六边形球皮的一个边线及其端点与五边形球皮的一个边线及其端点设置为重合配合关系，装配成为足球。

从左侧的 FeatureManager 设计树中可以看出，该足球装配体由 20 个六边形球皮和 12 个五边形球皮组成，共使用了 99 次重合配合关系。

足球装配体模型及其 FeatureManager 设计树如图 6-157 所示。

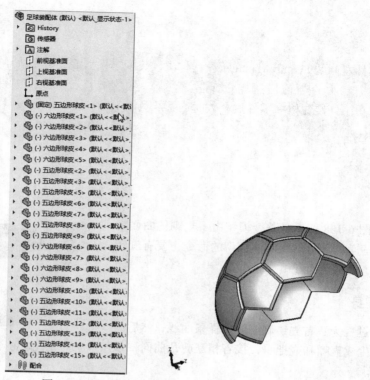

图 6-156　装配完成的半球及其 FeatureManager 设计树

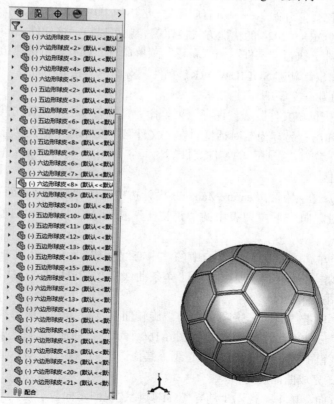

图 6-157　足球装配体模型及其 FeatureManager 设计树

技巧荟萃

在装配体文件左侧的 FeatureManager 设计树中，装配零件后面的数字表示该零件第几次被装配。如果某个零件在装配过程中曾被删除，然后又再次被装入，那么被删除的那次也会计算在内，所以在统计装配体中零件的个数时，不能只看 FeatureManager 设计树中零件后面的数字。

6.4 茶壶

茶壶模型如图 6-158 所示。茶壶模型由不规则的曲面组成，分为壶身和壶盖两部分。绘制该模型的命令主要有旋转曲面、放样曲面、剪裁曲面和填充曲面等。

6.4.1 绘制壶身

壶身的绘制过程为：首先绘制壶体的样条曲线，然后旋转曲面，再放样生成壶嘴和壶把手，接着相互剪裁曲面，最后曲面填充壶底。

图 6-158　茶壶模型

01 新建文件。

❶ 启动软件。执行"开始"→"所有应用"→"SOLIDWORKS 2024"菜单命令，或者双击桌面上的 SOLIDWORKS 2024 的快捷方式按钮，就可以启动该软件。

❷ 创建零件文件。执行"文件"→"新建"菜单命令，或者单击快速访问工具栏中的"新建"按钮，系统弹出"新建 SOLIDWORKS 文件"对话框，在其中选择"零件"按钮，单击"确定"按钮，创建一个新的零件文件。

❸ 保存文件。执行"文件"→"保存"菜单命令，或者单击"快速访问"工具栏中的"保存"按钮，系统弹出"另存为"对话框。在"文件名"文本框中输入"壶身"，单击"保存"按钮，创建一个文件名为"壶身"的零件文件。

02 绘制壶体。

❶ 设置基准面。在左侧的 FeatureManager 设计树中选择"前视基准面"，单击"视图（前导）"工具栏"视图定向"下拉列表中的"正视于"按钮，将该基准面作为绘制图形的基准面。

❷ 绘制草图。单击"草图"选项卡中的"中心线"按钮，绘制一条通过坐标原点的竖直中心线，再单击"草图"选项卡中的"样条曲线"按钮和"直线"按钮，绘制如图 6-159 所示的草图并标注尺寸。

❸ 旋转曲面。单击"曲面"选项卡中的"旋转曲面"按钮，或者执行"插入"→"曲面"→"旋转曲面"菜单命令，系统弹出如图 6-160 所示的"曲面 - 旋转"属性管理器。在"旋转轴"选项组中选择图 6-159 中的竖直中心线，其他设置如图 6-160 所示。单击属性管理器中的"确定"按钮，完成曲面旋转。

❹ 设置视图方向。单击"视图（前导）"工具栏"视图定向"下拉列表中的"等轴测"按

钮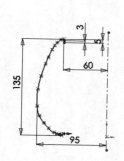，将视图以等轴测方向显示，结果如图 6-161 所示。

图 6-159 绘制草图

图 6-160 "曲面 - 旋转"属性管理器

图 6-161 旋转曲面（等轴测视图）

03 绘制壶嘴。

❶ 设置基准面。在左侧的 FeatureManager 设计树中选择"前视基准面"，单击"视图（前导）"工具栏"视图定向"下拉列表中的"正视于"按钮⬆，将该基准面作为绘制图形的基准面。

❷ 绘制草图。单击"草图"选项卡中的"样条曲线"按钮Ⅳ，绘制如图 6-162 所示的草图并标注尺寸，然后退出草图绘制状态。

❸ 绘制草图。在左侧的 FeatureManager 设计树中选择"前视基准面"，单击"视图（前导）"工具栏"视图定向"下拉列表中的"正视于"按钮⬆，将该基准面作为绘制图形的基准面。单击"草图"选项卡中的"样条曲线"按钮Ⅳ和"直线"按钮✏，绘制如图 6-163 所示的草图并标注尺寸（注意在绘制过程中将某些线段作为构造线），然后退出草图绘制状态。

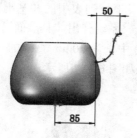

图.6-162 绘制草图

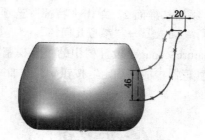

图 6-163 绘制草图

❹ 添加基准面 1。单击"特征"选项卡"参考几何体"下拉列表中的"基准面"按钮▦，或者执行"插入"→"参考几何体"→"基准面"菜单命令，系统弹出如图 6-164 所示的"基准面"属性管理器。选择 FeatureManager 设计树中的"右视基准面"和图 6-163 中长为 46mm 直线的一个端点。单击属性管理器中的"确定"按钮✔，添加一个基准面。

❺ 设置视图方向。单击"视图（前导）"工具栏"视图定向"下拉列表中的"等轴测"按钮⬛，将视图以等轴测方向显示，结果如图 6-165 所示。

❻ 设置基准面。在左侧的 FeatureManager 设计树中选择"基准面 1"，然后单击"视图（前导）"工具栏"视图定向"下拉列表中的"正视于"按钮⬆，将该基准面作为绘制图形的基准面。

图 6-164 "基准面"属性管理器 　　　　图 6-165 添加基准面 1（等轴测视图）

❼ 绘制草图。单击"草图"选项卡中的"圆"按钮⊙，以图 6-163 中长为 46mm 直线的中点为圆心，以直线的长为直径绘制一个圆，然后退出草图绘制状态。

❽ 设置视图方向。单击"视图（前导）"工具栏"视图定向"下拉列表中的"等轴测"按钮◉，将视图以等轴测方向显示，结果如图 6-166 所示。

❾ 添加基准面 2。单击"特征"选项卡"参考几何体"下拉列表中的"基准面"按钮▣，或者执行"插入"→"参考几何体"→"基准面"菜单命令，系统弹出"基准面"属性管理器。选择 FeatureManager 设计树中的"上视基准面"和图 6-163 中长为 20mm 直线的一个端点。单击属性管理器中的"确定"按钮✔，添加一个基准面，结果如图 6-167 所示。

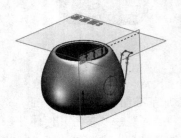

图 6-166 绘制圆（等轴测视图） 　　　　图 6-167 添加基准面 2

❿ 设置基准面。在左侧的 FeatureManager 设计树中选择"基准面 2"，然后单击"视图（前导）"工具栏"视图定向"下拉列表中的"正视于"按钮↥，将该基准面作为绘制图形的基准面。

⓫ 绘制草图。单击"草图"选项卡中的"圆"按钮⊙，以图 6-163 中长为 20mm 直线的中

点为圆心，以该直线的长为直径绘制一个圆。然后退出草图绘制状态。

⓬ 设置视图方向。单击"视图（前导）"工具栏"视图定向"下拉列表中的"等轴测"按钮📦，将视图以等轴测方向显示，结果如图 6-168 所示。

⓭ 放样曲面。单击"曲面"选项卡中的"放样曲面"按钮🔽，或者执行"插入"→"曲面"→"放样曲面"菜单命令，系统弹出如图 6-169 所示的"曲面 - 放样"属性管理器。在属性管理器的"轮廓"选项组中依次选择图 6-168 中直径为 46mm 和直径为 20mm 的草图，在"引导线"选项组中选择图 6-163 绘制的草图。单击属性管理器中的"确定"按钮✔，生成放样曲面，结果如图 6-170 所示。

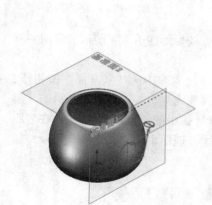

图 6-168　绘制圆（等轴测视图）　　图 6-169　"曲面 - 放样"属性管理器　　图 6-170　放样曲面

04 绘制壶把手。

❶ 添加基准面 3。单击"特征"选项卡"参考几何体"下拉列表中的"基准面"按钮🔳，或者执行"插入"→"参考几何体"→"基准面"菜单命令，系统弹出如图 6-171 所示的"基准面"属性管理器。在"选择"选项中选择 FeatureManager 设计树中的"右视基准面"，在"距离"栏中输入 70.00mm，并注意添加基准面的方向。单击属性管理器中的"确定"按钮✔，添加一个基准面，结果如图 6-172 所示。

❷ 设置基准面。在左侧的 FeatureManager 设计树中选择"基准面 3"，单击"视图（前导）"工具栏"视图定向"下拉列表中的"正视于"按钮⬆，将该基准面作为绘制图形的基准面。

❸ 绘制草图。单击"草图"选项卡中的"椭圆"按钮⭕，绘制如图 6-173 所示的草图并标注尺寸，然后退出草图绘制状态。

❹ 设置基准面。在左侧的 FeatureManager 设计树中选择"基准面 3"，单击"视图（前导）"

工具栏"视图定向"下拉列表中的"正视于"按钮 ⚓，将该基准面作为绘制图形的基准面。

图 6-171　"基准面"属性管理器　　　图 6-172　添加基准面 3　　　图 6-173　绘制草图

　❺ 绘制草图。单击"草图"选项卡中的"椭圆"按钮 ⊙，绘制如图 6-174 所示的草图并标注尺寸，然后退出草图绘制状态。

　❻ 添加基准面 4。单击"特征"选项卡"参考几何体"下拉列表中的"基准面"按钮 ▤，或者执行"插入"→"参考几何体"→"基准面"菜单命令，系统弹出如图 6-175 所示的"基准面"属性管理器。在"选择"选项中选择 FeatureManager 设计树中的"上视基准面"，在"距离"栏中输入 70.00mm，并注意添加基准面的方向。单击属性管理器中的"确定"按钮 ✔，添加一个基准面。

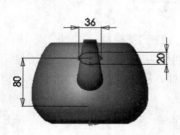

图 6-174　绘制草图　　　　　　　　图 6-175　"基准面"属性管理器

❼ 设置视图方向。单击"视图（前导）"工具栏"视图定向"下拉列表中的"等轴测"按钮，将视图以等轴测方向显示，结果如图 6-176 所示。

❽ 设置基准面。在左侧的 FeatureManager 设计树中选择"基准面 4"，然后单击"视图（前导）"工具栏"视图定向"下拉列表中的"正视于"按钮，将该基准面作为绘制图形的基准面。

❾ 绘制草图。单击"草图"选项卡中的"椭圆"按钮，绘制如图 6-177 所示的草图并标注尺寸，然后退出草图绘制状态。

图 6-176　添加基准面 4（等轴测视图）

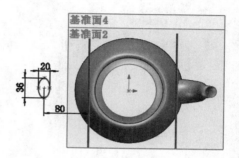

图 6-177　绘制草图

❿ 设置基准面。在左侧的 FeatureManager 设计树中选择"前视基准面"，然后单击"视图（前导）"工具栏"视图定向"下拉列表中的"正视于"按钮，将该基准面作为绘制图形的基准面。

⓫ 绘制草图。单击"草图"选项卡中的"样条曲线"按钮，绘制如图 6-178 所示的草图，然后退出草图绘制状态。

 技巧荟萃

绘制样条曲线时，应使样条曲线的起点和终点分别位于椭圆草图的焦点，并且中间点也通过另一个椭圆草图的焦点。

⓬ 设置视图方向。单击"视图（前导）"工具栏"视图定向"下拉列表中的"等轴测"按钮，将视图以等轴测方向显示，结果如图 6-179 所示。

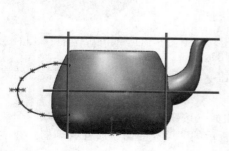

图 6-178　绘制草图

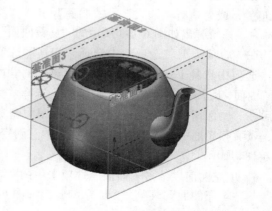

图 6-179　等轴测视图

⓭ 扫描曲面。单击"曲面"选项卡中的"扫描曲面"按钮✔，或者执行"插入"→"曲面"→"扫描曲面"菜单命令，系统弹出如图 6-180 所示的"曲面 - 扫描"属性管理器。在"轮廓"选项中选择图 6-174 中的椭圆（草图 7），在"路径"选项中选择图 6-178 中的样条曲线（草图 9）。单击属性管理器中的"确定"按钮✔，完成曲面扫描，结果如图 6-181 所示。

图 6-180 "曲面 - 扫描"属性管理器

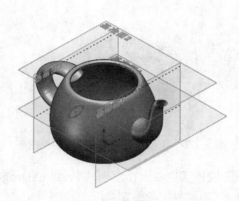

图 6-181 扫描曲面

 技巧荟萃

也可以再绘制通过 3 个椭圆草图的引导线，然后使用放样曲面命令生成壶把手，这样可以使把手更加细腻。

⓮ 设置视图显示。执行"视图"→"隐藏 / 显示"→"基准面"和"草图"菜单命令，取消视图中基准面和草图的显示，结果如图 6-182 所示。

05 编辑壶身。

❶ 剪裁曲面。单击"曲面"选项卡中的"剪裁曲面"按钮✔，或者执行"插入"→"曲面"→"剪裁曲面"菜单命令，系统弹出如图 6-183 所示的"剪裁曲面"属性管理器。在"剪裁类型"选项组中选择"相互"选项，在"曲面"选项中选择 FeatureManager 设计树中的"曲面 - 扫描1""曲面 - 旋转1"和"曲面 - 放样1"，选择"保留选择"，然后在"要保留的部分"选项中选择视图中壶身外侧的壶体、壶嘴和壶把手。单击属性管理器中的"确定"按钮✔，将壶身内部多余部分剪裁，结果如图 6-184 所示。

图 6-182 取消基准面和草图的显示

❷ 填充曲面。单击"曲面"选项卡中的"填充曲面"按钮✔，或者执行"插入"→"曲面"→"填充曲面"菜单命令，系统弹出如图 6-185 所示的"填充曲面"属性管理器。在"修

补边界"选项中选择图 6-186 中的边线 1。单击属性管理器中的"确定"按钮✔，填充壶底曲面，结果如图 6-187 所示。

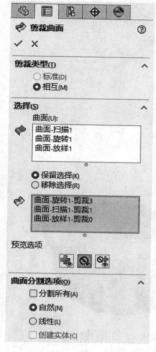

图 6-183　"剪裁曲面"属性管理器

图 6-184　剪裁曲面

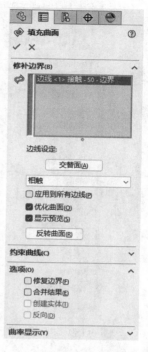

图 6-185　"填充曲面"属性管理器

图 6-186　选择边线 1

图 6-187　填充曲面

❸ 调整视图方向。按住中键，将视图以适当的方向显示，结果如图 6-188 所示。

❹ 圆角处理。单击"特征"选项卡中的"圆角"按钮 🔲，或执行"插入"→"特征"→"圆角"菜单命令，系统弹出如图 6-189 所示的"圆角"属性管理器。在"圆角类型"选项组中选择"恒定大小圆角"按钮 🔲，在"边、线、面、特征和环"选项中选择图 6-188 中的边线 1、边线 2 和边线 3，在"半径"🔾栏中输入 10.00mm。单击属性管理器中的"确定"按钮✔，完成圆角处理，结果如图 6-190 所示。

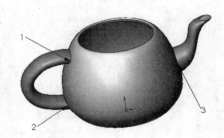

图 6-188　调整视图方向

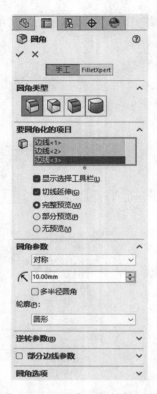

图 6-189 "圆角"属性管理器

图 6-190 圆角处理

绘制完成的壶身模型及其 FeatureManager 设计树如图 6-191 所示。

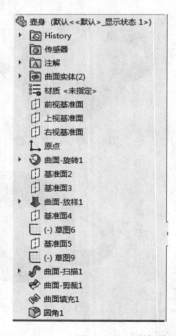

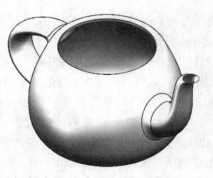

图 6-191 壶身模型及其 FeatureManager 设计树

6.4.2　绘制壶盖

01 新建文件。

❶ 启动软件。执行"开始"→"所有应用"→"SOLIDWORKS 2024"菜单命令，或者双击桌面上的 SOLIDWORKS 2024 的快捷方式按钮 🔲，就可以启动该软件。

❷ 创建零件文件。执行"文件"→"新建"菜单命令，或者单击"快速访问"工具栏中的"新建"按钮 🗋，系统弹出"新建 SOLIDWORKS 文件"对话框，在其中选择"零件"按钮 🔩，单击"确定"按钮，创建一个新的零件文件。

❸ 保存文件。执行"文件"→"保存"菜单命令，或者单击"快速访问"工具栏中的"保存"按钮 🖫，系统弹出"另存为"对话框。在"文件名"文本框中输入"壶盖"，单击"保存"按钮，创建一个文件名为"壶盖"的零件文件。

02 绘制壶盖。

❶ 设置基准面。在左侧的 FeatureManager 设计树中选择"前视基准面"，然后单击"视图（前导）"工具栏"视图定向"下拉列表中的"正视于"按钮 ⌄，将该基准面作为绘制图形的基准面。

❷ 绘制草图。单击"草图"选项卡中的"中心线"按钮 ✏，绘制一条通过坐标原点的竖直中心线，再单击"草图"选项卡中的"样条曲线"按钮 Ν、"直线"按钮 ✏ 和"绘制圆角"按钮 ⌐，绘制如图 6-192 所示的草图并标注尺寸。

❸ 旋转曲面。单击"曲面"选项卡中的"旋转曲面"按钮 ❧，或者执行"插入"→"曲面"→"旋转曲面"菜单命令，系统弹出如图 6-193 所示的"曲面 - 旋转"属性管理器。在"旋转轴"选项组中选择图 6-192 中的竖直中心线，其他设置如图 6-193 所示。单击属性管理器中的"确定"按钮 ✔，完成曲面旋转。

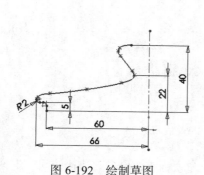

图 6-192　绘制草图

图 6-193　"曲面 - 旋转"属性管理器

❹ 设置视图方向。单击"视图（前导）"工具栏"视图定向"下拉列表中的"等轴测"按钮 🔲，将视图以等轴测方向显示，结果如图 6-194 所示。

❺ 填充曲面。单击"曲面"选项卡中的"填充曲面"按钮 ❧，或者执行"插入"→"曲面"→"填充曲面"菜单命令，系统弹出如图 6-195 所示的"填充曲面"属性管理器。在"修补边界"选项中选择图 6-194 中的边线 1，其他设置如图 6-195 所示。单击属性管理器中的"确定"按钮 ✔，填充壶盖曲面，结果如图 6-196 所示。

绘制完成的壶盖模型及其 FeatureManager 设计树如图 6-197 所示。

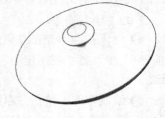

图 6-194　等轴测视图　　　图 6-195　"填充曲面"属性管理器　　　图 6-196　填充壶盖曲面

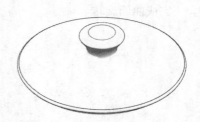

图 6-197　壶盖模型及其 FeatureManager 设计树

6.4.3　绘制茶壶装配体

01 新建文件。

❶ 创建零件文件。执行"文件"→"新建"菜单命令，或者单击"快速访问"工具栏中的"新建"按钮□，系统弹出如图 6-198 所示的"新建 SOLIDWORKS 文件"对话框，在其中选择"装配体"按钮●，单击"确定"按钮，创建一个新的装配文件。

❷ 保存文件。执行"文件"→"保存"菜单命令，或者单击"快速访问"工具栏中的"保存"按钮■，系统弹出"另存为"对话框。在"文件名"文本框中输入"茶壶装配体"，单击"保存"按钮，创建一个文件名为"茶壶装配体"的装配文件。

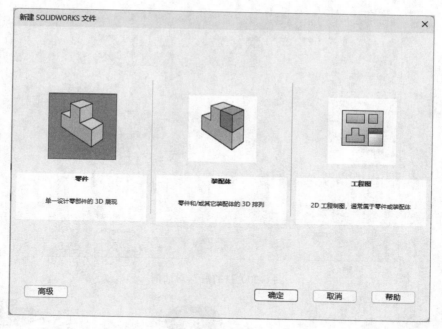

图 6-198 "新建 SOLIDWORKS 文件"对话框

02 绘制茶壶装配体。

❶ 插入壶身。单击"装配体"选项卡中的"插入零部件"按钮 ，或者执行"插入"→"零部件"→"现有零件 / 装配体"菜单命令，系统弹出如图 6-199 所示的"开始装配体"属性管理器。单击"浏览"按钮，系统弹出如图 6-200 所示的"打开"对话框，在其中选择需要的零部件，即"壶身 .sldprt"。单击"打开"按钮，此时所选的零部件显示在图 6-199 中的"打开文档"显示框中。单击对话框中的"确定"按钮 ，此时所选的零部件显示在视图中。

❷ 设置视图方向。单击"视图（前导）"工具栏"视图定向"下拉列表中的"等轴测"按钮 ，将视图以等轴测方向显示，结果如图 6-201 所示。

❸ 取消草图显示。执行"视图"→"隐藏 / 显示（H）"→"草图"菜单命令，取消视图中草图的显示。

❹ 插入壶盖。执行"插入"→"零部件"→"现有零件 / 装配体"菜单命令，在图中适当的位置插入壶盖（具体操作步骤参考步骤❶），结果如图 6-202 所示。

❺ 调整视图方向。按住鼠标中键，将视图以适当的方向显示，结果如图 6-203 所示。

图 6-199 "开始装配体"属性管理器

图 6-200 "打开"对话框

图 6-201 插入壶身（等轴测视图）

图 6-202 插入壶盖

图 6-203 调整视图方向

❻ 插入配合关系。单击"装配体"选项卡中的"配合"按钮🖉，或者执行"插入"→"配合"菜单命令，系统弹出"配合"属性管理器。在属性管理器的"配合选择"选项组中选择图 6-203 中的面 3 和面 4，面 3 和面 4 自动设置为同轴心配合关系，"配合"属性管理器变为"同心"属性管理器，如图 6-204 所示。单击属性管理器中的"确定"按钮✔，完成配合，结果如图 6-205 所示。

❼ 插入配合关系。重复步骤❻，将图 6-203 中的边线 1 和边线 2 设置为重合配合关系，结果如图 6-206 所示。

❽ 设置视图方向。单击"视图（前导）"工具栏"视图定向"下拉列表中的"等轴测"按钮🔲，将视图以等轴测方向显示。

绘制完成的茶壶装配体模型及其 FeatureManager 设计树如图 6-207 所示。

图 6-204 "同心"属性管理器

图 6-205　插入同轴心配合关系

图 6-206　插入重合配合关系

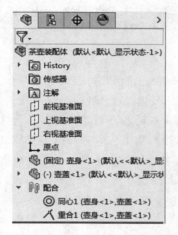

图 6-207　茶壶装配体模型及其 FeatureManager 设计树

第 7 章

电器产品造型实例

电器应用作为社会现代化的标志在社会生产和生活中有着大量应用，而且随着近年现代化程度的快速加深而应用越来越广泛，电器产品充斥着生产和生活的各个角落。现在的电器产品已经彻底摆脱过去那种傻大笨粗的形象，各种曲面造型的应用，使现在的电器产品具有更强的亲和性。在这里，曲面造型一般不能给电器产品的功能带来质变，但往往被开发商和生产商当作市场利器，因为曲面造型带来的外观美感是任何应用者都愿意接受的。

本章将通过三种电器产品曲面造型设计实例展示曲面造型在电器产品中的应用和操作技巧。

学 习 要 点

- ◎ 吹风机
- ◎ 熨斗
- ◎ 台灯

7.1　吹风机

本例创建的吹风机模型如图 7-1 所示。吹风机模型由主体、吹风头和手柄三部分组成。创建该模型的方法是由实体生成曲面，用到的命令主要有旋转、放样、抽壳和阵列等。

7.1.1　创建主体部分

图 7-1　吹风机模型

01 新建文件。

❶ 启动软件。执行"开始"→"所有应用"→"SOLIDWORKS 2024"菜单命令，或者双击桌面上的 SOLIDWORKS 2024 的快捷方式按钮，就可以启动该软件。

❷ 创建零件文件。执行"文件"→"新建"菜单命令，或者单击"快速访问"工具栏中的"新建"按钮，系统弹出如图 7-2 所示的"新建 SOLIDWORKS 文件"对话框，在其中选择"零件"按钮，单击"确定"按钮，创建一个新的零件文件。

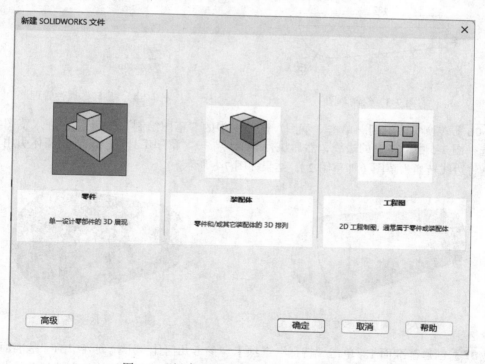

图 7-2　"新建 SOLIDWORKS 文件"对话框

❸ 保存文件。执行"文件"→"保存"菜单命令，或者单击"快速访问"工具栏中的"保存"按钮，系统弹出"另存为"对话框。在"文件名"文本框中输入"吹风机"，单击"保存"按钮，创建一个文件名为"吹风机"的零件文件。

02 设置基准面。在 FeatureManager 设计树中选择"前视基准面"作为绘图平面，单击"视图（前导）"工具栏"视图定向"下拉列表中的"正视于"按钮，使绘图平面转为正视方向。

03 绘制草图。单击"草图"选项卡"直线"下拉列表中的"中心线"按钮 ✓，或者执行"工具"→"草图绘制实体"→"中心线"菜单命令，绘制过坐标原点的水平中心线，再单击"草图"选项卡中的"直线"按钮 ✓ 和"切线弧"按钮 ⤵，绘制如图 7-3 所示的草图并标注尺寸（注意圆弧的中心与坐标原点为"重合"几何关系）。

04 旋转曲面。单击"特征"选项卡中的"旋转凸台/基体"按钮 ⨀，或者执行"插入"→"凸台/基体"→"旋转"菜单命令，系统弹出如图 7-4 所示的"旋转"属性管理器。

05 在"旋转轴" ✓ 选项组中选择图 7-3 中的水平中心线，其他选项设置如图 7-4 所示。单击"确定"按钮 ✓，完成曲面旋转。调整视图，将视图以适当的方向显示，结果如图 7-5 所示。

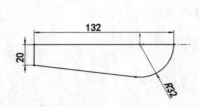

图 7-3 绘制草图

图 7-4 "旋转"属性管理器

06 转换实体引用。单击"草图"选项卡中的"草图绘制"按钮 ⬚，进入草图绘制状态；选择图 7-5 中面 1 上的边线，然后执行"工具"→"草图工具"→"转换实体引用"菜单命令，将边线转换为草图（即草图 2），结果如图 7-6 所示。

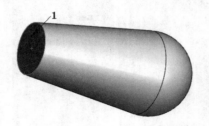

图 7-5 调整视图方向

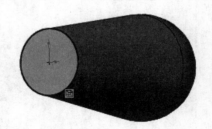

图 7-6 转换实体引用

07 创建基准面 1。单击"特征"选项卡"参考几何体"下拉列表中的"基准面"按钮 ▣，或者执行"插入"→"参考几何体"→"基准面"菜单命令，系统弹出"基准面"属性管理器；在"第一参考"选项组中选择图 7-5 中的面 1，在"偏移距离" ⬓ 栏中输入 35.00mm，注意添加基准面的方向，如图 7-7 所示。单击"确定"按钮 ✓，完成基准面的创建，结果如图 7-8 所示。

08 设置基准面。在 FeatureManager 设计树中选择图 7-8 中的基准面 1，单击"视图（前导）"工具栏"视图定向"下拉列表中的"正视于"按钮 ⬆，将该基准面转为正视方向。

09 绘制草图。单击"草图"选项卡中的"中心矩形"按钮 ▣ 和"绘制圆角"按钮 ⤵，绘制草图并标注尺寸，结果如图 7-9 所示。

图 7-7　"基准面"属性管理器

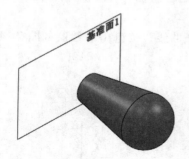

图 7-8　创建基准面 1

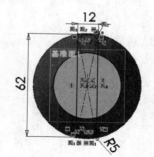

图 7-9　绘制草图

(10) 放样曲面。单击"特征"选项卡中的"放样凸台 / 基体"按钮 ，或者执行"插入"→"凸台 / 基体"→"放样"菜单命令，系统弹出如图 7-10 所示的"切除 - 放样"属性管理器。在"轮廓" 选项组中依次选择图 7-11 中的草图 2 和草图 3，单击"确定"按钮 ，生成放样曲面，结果如图 7-12 所示。

7.1.2　创建手柄

(01) 设置基准面。在 FeatureManager 设计树中选择"前视基准面"作为草图绘制平面，单击"视图（前导）"工具栏"视图定向"下拉列表中的"正视于"按钮 ，使绘图平面转为正视方向。

(02) 绘制草图。单击"草图"选项卡中的"直线"按钮 ，绘制如图 7-13 所示的草图并标注尺寸。

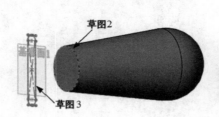

图 7-10 "切除 - 放样"属性管理器　　　　图 7-11 选择草图　　　　图 7-12 生成放样曲面

(03) 设置基准面。在 FeatureManager 设计树中选择"前视基准面"作为草图绘制平面，单击"视图（前导）"工具栏"视图定向"下拉列表中的"正视于"按钮 ，将该基准面转为正视方向。

(04) 绘制草图。单击"草图"选项卡中的"样条曲线"按钮 ，绘制如图 7-14 所示的草图并标注尺寸。

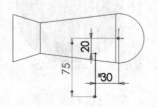

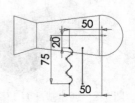

图 7-13 绘制草图（一）　　　　　　　　　　图 7-14 绘制草图（二）

(05) 创建基准面 2。单击"特征"选项卡"参考几何体"下拉列表中的"基准面"按钮 ，或者执行"插入"→"参考几何体"→"基准面"菜单命令，系统弹出"基准面"属性管理器；在"第一参考"选项组中选择步骤 **(02)** 绘制的竖直直线，在"第二参考"选项组中选择竖直直线的下端点，设置其他参数如图 7-15 所示。单击"确定"按钮 ，完成基准面 2 的创建。

(06) 绘制草图。单击"草图"选项卡中的"椭圆"按钮 ，在刚创建的基准面 2 上绘制如图 7-16 所示的椭圆（注意椭圆的长轴端点分别与样条曲线和竖直直线的下端点重合）。然后退出草图绘制状态。

(07) 采用同样的方法创建基准面 3（与基准面 2 不同的是，"第二参考"为选择步骤 **(02)** 绘制的竖直直线的上端点），并绘制椭圆草图，结果如图 7-17 所示。

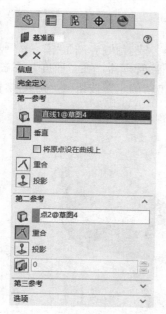

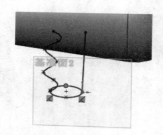

图 7-15　"基准面"属性管理器　　　图 7-16　绘制草图（一）　　　图 7-17　绘制草图（二）

08 放样实体。单击"特征"选项卡中的"放样凸台 / 基体"按钮 ，或者执行"插入"→"凸台 / 基体"→"放样"菜单命令，系统弹出如图 7-18 所示的"放样"属性管理器。在"轮廓"选项组中依次选择图 7-17 中的两椭圆，在"引导线"选项组中依次选择样条曲线和竖直直线，单击"确定"按钮 ，完成实体放样，结果如图 7-19 所示。

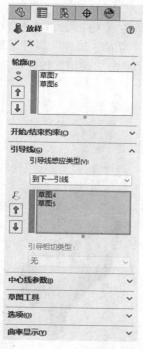

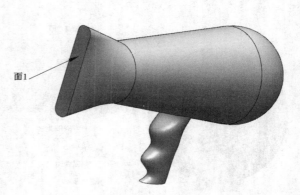

图 7-18　"放样"属性管理器　　　　　　　　图 7-19　放样实体

7.1.3 绘制进风孔

01 抽壳实体。单击"特征"选项卡中的"抽壳"按钮🔲，或者执行"插入"→"特征"→"抽壳"菜单命令，系统弹出如图 7-20 所示的"抽壳 1"属性管理器。在"厚度"🔩栏中输入 1.00mm，在"移除的面"选项中选择图 7-19 中的面 1。单击"确定"按钮✔，完成实体抽壳，结果如图 7-21 所示。

图 7-20 "抽壳 1"属性管理器

图 7-21 抽壳实体

02 设置基准面。在 FeatureManager 设计树中选择"右视基准面"作为草图绘制平面，单击"视图（前导）"工具栏"视图定向"下拉列表中的"正视于"按钮⬆，将该基准面转为正视方向。

03 绘制草图。单击"草图"选项卡中的"圆"按钮⊙，以坐标原点为圆心绘制直径为 5mm 的圆，结果如图 7-22 所示。

04 拉伸切除实体。单击"特征"选项卡中的"拉伸切除"按钮🔳，或者执行"插入"→"切除"→"拉伸"菜单命令，系统弹出如图 7-23 所示的"切除 - 拉伸"属性管理器；设置切除终止条件为"完全贯穿"，其他选项设置如图 7-23 所示，单击"确定"按钮✔，完成拉伸切除实体操作，结果如图 7-24 所示。

图 7-22 绘制草图

图 7-23 "切除 - 拉伸"属性管理器

图 7-24 拉伸切除实体

05 设置基准面。在 FeatureManager 设计树中选择"右视基准面"作为草图绘制平面，单击"视图（前导）"工具栏"视图定向"下拉列表中的"正视于"按钮↓，将该基准面转为正视方向。

06 绘制草图。单击"草图"选项卡中的"椭圆"按钮⊙，绘制如图 7-25 所示的椭圆。

07 拉伸切除实体。单击"特征"选项卡中的"拉伸切除"按钮⌷，或者执行"插入"→"切除"→"拉伸"菜单命令，系统弹出"切除 - 拉伸"属性管理器。设置切除终止条件为"完全贯穿"，其他选项采用默认设置。单击"确定"按钮✓，完成拉伸切除实体操作，结果如图 7-26 所示。

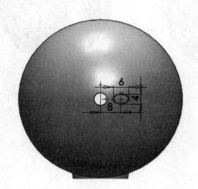

图 7-25　绘制草图

图 7-26　拉伸切除实体

08 圆周阵列实体。执行"视图"→"隐藏 / 显示（H）"→"临时轴"菜单命令，将临时轴显示出来。然后单击"特征"选项卡中的"圆周阵列"按钮🔁，或者执行"插入"→"阵列 / 镜向"→"圆周阵列"菜单命令，系统弹出"阵列（圆周）1"属性管理器，如图 7-27 所示，在"阵列轴"⊙选项中选择显示的临时轴，在"要阵列的特征"选项中选择步骤 **07** 中创建的拉伸切除特征，勾选"等间距"单选按钮，在"实例数"❊栏中输入 8。单击"确定"按钮✓，完成圆周阵列实体操作，结果如图 7-28 所示。

09 设置基准面。在 FeatureManager 设计树中选择"右视基准面"作为草图绘制平面，单击"视图（前导）"工具栏"视图定向"下拉列表中的"正视于"按钮↓，将该基准面转为正视方向。

10 绘制草图。单击"草图"选项卡中的"椭圆"按钮⊙，绘制如图 7-29 所示的椭圆。

11 拉伸切除实体。单击"特征"选项卡中的"拉伸切除"按钮⌷，或者执行"插入"→"切除"→"拉伸"菜单命令，系统弹出"切除 - 拉伸"属性管理器，设置切除终止条件为"完全贯穿"。单击"确定"按钮✓，完成拉伸切除实体操作，结果如图 7-30 所示。

12 圆周阵列实体。单击"特征"选项卡中的"圆周阵列"按钮🔁，或者执行"插入"→"阵列 / 镜向"→"圆周阵列"菜单命令，系统弹出"阵列（圆周）2"属性管理器，如图 7-31 所示。

图 7-27　"阵列（圆周）1"
属性管理器

在"阵列轴"⬡选项中选择显示的临时轴，在"要阵列的特征"选项中选择步骤**11**中创建的拉伸切除实体特征，勾选"等间距"单选按钮，在"实例数"❋文本框中输入 16。单击"确定"按钮✔，完成圆周阵列实体操作，结果如图 7-32 所示。

图 7-28　圆周阵列实体

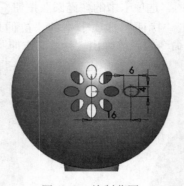

图 7-29　绘制草图

图 7-30　拉伸切除实体

图 7-31　"阵列（圆周）2"属性管理器

图 7-32　圆周阵列实体

13 设置基准面。在 FeatureManager 设计树中选择"右视基准面"作为草图绘制平面，然后单击"视图（前导）"工具栏"视图定向"下拉列表中的"正视于"按钮↧，将该基准面转为正视方向。

14 绘制草图。单击"草图"选项卡中的"椭圆"按钮⬭，绘制如图 7-33 所示的椭圆。

然后退出草图绘制状态。

15 拉伸切除实体。单击"特征"选项卡中的"拉伸切除"按钮 ，或者执行"插入"→"切除"→"拉伸"菜单命令，系统弹出"切除 - 拉伸"属性管理器，设置切除终止条件为"完全贯穿"，单击"确定"按钮 ，完成拉伸切除实体操作，结果如图 7-34 所示。

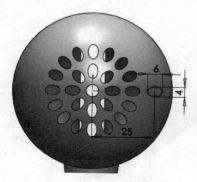

图 7-33　绘制草图

图 7-34　拉伸切除实体

16 圆周阵列实体。单击"特征"选项卡"线性阵列"下拉列表中的"阵列圆周"按钮 ，或者执行"插入"→"阵列 / 镜向"→"圆周阵列"菜单命令，系统弹出"阵列（圆周）3"属性管理器，如图 7-35 所示，在"阵列轴" 选项中选择显示的临时轴，在"要阵列的特征"选项中选择步骤 **15** 中创建的拉伸切除实体，勾选"等间距"单选按钮，在"实例数" 栏中输入 24。单击"确定"按钮 ，完成圆周阵列实体操作，结果如图 7-36 所示。绘制完成的吹风机模型及其 FeatureManager 设计树如图 7-37 所示。

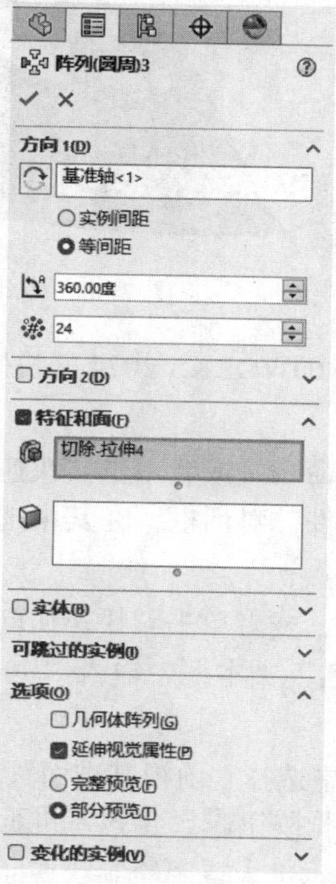

图 7-35　"阵列（圆周）3"属性管理器

图 7-36　圆周阵列实体

图 7-37　吹风机模型及其 FeatureManager 设计树

7.2　熨斗

本例创建的熨斗模型如图 7-38 所示。绘制该模型首先通过放样绘制熨斗模型的基础曲面，然后创建平面区域并将其与放样曲面进行缝合，再做拉伸曲面剪裁修饰熨斗尾部；然后切割曲面生成孔，并通过放样创建把手部位的曲面；最后拉伸底部的底板。

7.2.1　绘制熨斗主体

图 7-38　熨斗模型

01 启动软件。执行"开始"→"所有应用"→"SOLIDWORKS 2024"菜单命令，或者双击桌面上的 SOLIDWORKS 2024 的快捷方式按钮，就可以启动该软件。

02 创建零件文件。执行"文件"→"新建"菜单命令，或者单击"快速访问"工具栏中的"新建"按钮，系统弹出"新建 SOLIDWORKS 文件"对话框，在其中选择"零件"按钮，单击"确定"按钮，创建一个新的零件文件。

03 保存文件。执行"文件"→"保存"菜单命令，或者单击"快速访问"工具栏中的"保存"按钮，系统弹出"另存为"对话框。在"文件名"文本框中输入"熨斗"，单击"保存"按钮，创建一个文件名为"熨斗"的零件文件。

04 设置基准面。在左侧的 FeatureManager 设计树中选择"前视基准面"，然后单击"视图（前导）"工具栏"视图定向"下拉列表中的"正视于"按钮，将该基准面作为绘制图形的基准面。单击"草图"选项卡中的"草图绘制"按钮，进入草图绘制状态。

05 绘制草图 1。单击"草图"选项卡中的"样条曲线"按钮 ∿，绘制如图 7-39 所示的草图并标注尺寸。单击"退出草图"按钮 ↵，退出草图绘制状态。

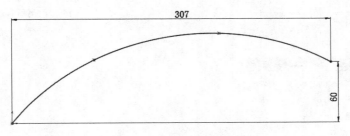

图 7-39　绘制草图 1

06 设置基准面。在左侧的 FeatureManager 设计树中选择"前视基准面"，单击"视图（前导）"工具栏"视图定向"下拉列表中的"正视于"按钮 ↨，将该基准面作为绘制图形的基准面。单击"草图"选项卡中的"草图绘制"按钮 ▣，进入草图绘制状态。

07 绘制草图 2。单击"草图"选项卡"直线"下拉列表中的"中心线"按钮 ⁄⁄、"转换实体引用"按钮 ☖ 和"镜向实体"按钮 ⋈，将草图沿水平中心线进行镜向，结果如图 7-40 所示。单击"退出草图"按钮 ↵，退出草图绘制状态。

08 设置基准面。在左侧的 FeatureManager 设计树中选择"上视基准面"，单击"视图（前导）"工具栏"视图定向"下拉列表中的"正视于"按钮 ↨，将该基准面作为绘制图形的基准面。单击"草图"选项卡中的"草图绘制"按钮 ▣，进入草图绘制状态。

09 绘制草图 3。单击"草图"选项卡中的"样条曲线"按钮 ∿，绘制如图 7-41 所示的草图并标注尺寸。单击"退出草图"按钮 ↵，退出草图绘制状态。

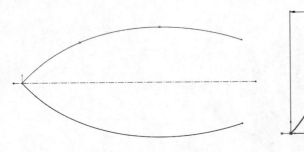

图 7-40　绘制草图 2

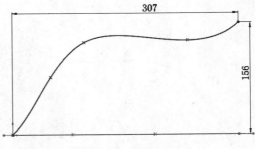

图 7-41　绘制草图 3

10 创建基准面 1。单击"特征"选项卡"参考几何体"下拉列表中的"基准面"按钮 ▤，或者执行"插入"→"参考几何体"→"基准面"菜单命令，弹出如图 7-42 所示的"基准面"属性管理器。选择"右视基准面"为参考面，选择草图 3 的端点为第二参考。单击"确定"按钮 ✔，完成基准面 1 的创建，如图 7-43 所示。

11 设置基准面。在左侧 FeatureManager 设计树中选择"基准面 1"，单击"视图（前导）"工具栏"视图定向"下拉列表中的"正视于"按钮 ↨，将该基准面作为绘制图形的基准面。单击"草图"选项卡中的"草图绘制"按钮 ▣，进入草图绘制状态。

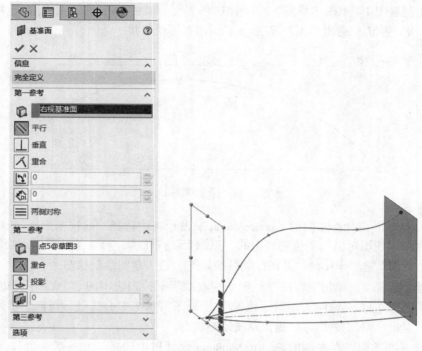

图 7-42　"基准面"属性管理器

12 绘制草图 4。单击"草图"选项卡"直线"下拉列表中的"中心线"按钮 ✐、"直线"按钮 ✐ 和"样条曲线"按钮 Ν，绘制如图 7-44 所示的草图。单击"退出草图"按钮 ↳，退出草图绘制状态。

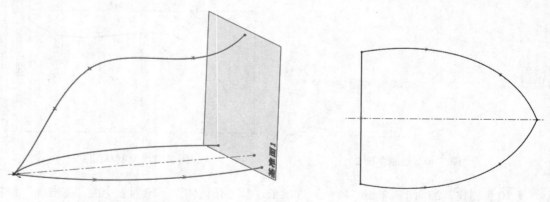

图 7-43　创建基准面 1　　　　　　　　　　　图 7-44　绘制草图 4

13 放样曲面。单击"曲面"选项卡中的"放样曲面"按钮 ↓，或者执行"插入"→"曲面"→"放样曲面"菜单命令，系统弹出"曲面 - 放样"属性管理器，如图 7-45 所示。在"轮廓"选项组中依次选择图 7-45 中预览图形的端点和草图 4，在"引导线"选项组中依次选择草图 3、草图 1 和草图 2。单击"确定"按钮 ✔，生成放样曲面，结果如图 7-46 所示。

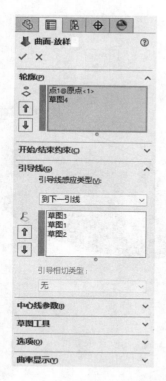

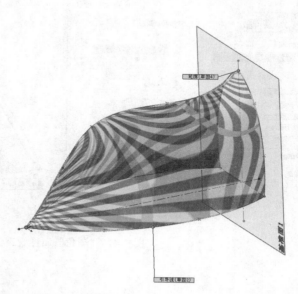

图 7-45　"曲面 - 放样"属性管理器

14 曲面圆角。单击"曲面"选项卡中的"圆角"
按钮，或者执行"插入"→"特征"→"圆角"菜单
命令，系统弹出如图 7-47a 所示的"圆角"属性管理器。
选择"变量大小圆角"按钮，再选择如图 7-47c 所示的
预览图形的最上端边线，输入顶点半径为 0、中点半径和
终点半径为 20.00mm。单击属性管理器中的"确定"按
钮，完成曲面圆角，结果如图 7-48 所示。

15 设置基准面。在左侧的 FeatureManager 设计
树中选择"基准面 1"，单击"视图（前导）"工具栏"视
图定向"下拉列表中的"正视于"按钮，将该基准面

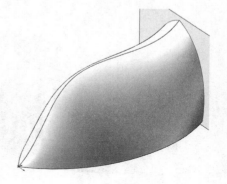

图 7-46　放样曲面

作为绘制图形的基准面。单击"草图"选项卡中的"草图绘制"按钮，进入草图绘制状态。

16 绘制草图 5。单击"草图"选项卡中的"实体转换引用"按钮，将放样曲面的边
线转换为草图，结果如图 7-49 所示。

17 创建平面。单击"曲面"选项卡中的"平面区域"按钮，或者执行"插
入"→"曲面"→"平面区域"菜单命令，系统弹出如图 7-50 所示的"平面"属性管理器。选
择刚创建的草图 5 为边界，单击属性管理器中的"确定"按钮，结果如图 7-51 所示。

18 缝合曲面。单击"曲面"选项卡中的"缝合曲面"按钮，或者执行"插
入"→"曲面"→"缝合曲面"菜单命令，系统弹出如图 7-52 所示的"缝合曲面"属性管理
器。选择圆角和基准面，单击属性管理器中的"确定"按钮。

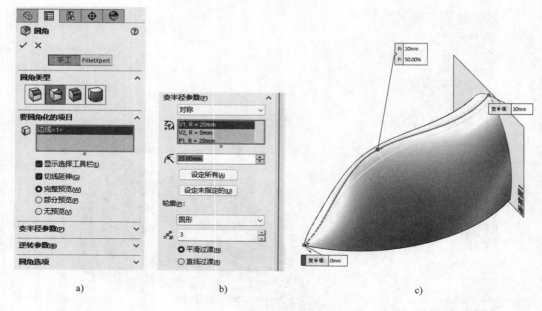

a)　　　　　　　b)　　　　　　　　c)

图 7-47　"圆角"属性管理器

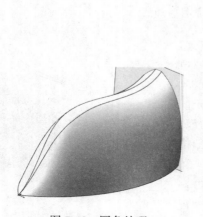

图 7-48　圆角处理

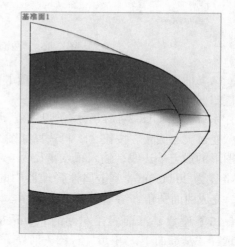

图 7-49　绘制草图 5

图 7-50　"平面"属性管理器

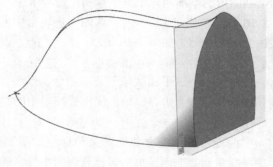

图 7-51　创建平面

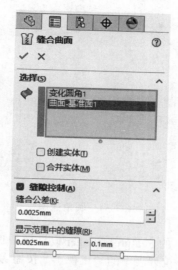

图 7-52 "缝合曲面"属性管理器

⑲ 曲面圆角。单击"曲面"选项卡中的"圆角"按钮 🗊，或者执行"插入"→"特征"→"圆角"菜单命令，系统弹出如图 7-53 所示的"圆角"属性管理器。选择"恒定大小圆角"按钮 🗐，输入半径为 15.00mm，选择图 7-53 中预览图形的边线。单击属性管理器中的"确定"按钮 ✔，结果如图 7-54 所示。

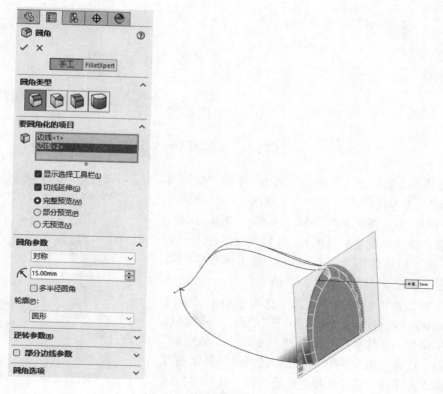

图 7-53 "圆角"属性管理器

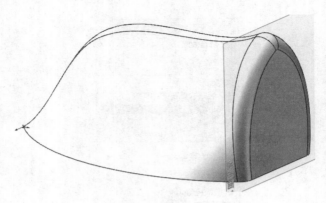

图 7-54　圆角处理

20 设置基准面。在左侧的 FeatureManager 设计树中选择"上视基准面",单击"视图（前导）"工具栏"视图定向"下拉列表中的"正视于"按钮↓,将该基准面作为绘制图形的基准面。单击"草图"选项卡中的"草图绘制"按钮□,进入草图绘制状态。

21 绘制草图 6。单击"草图"选项卡"圆心 / 起 / 终点绘制圆弧"下拉列表中的"三点圆弧"按钮△,绘制如图 7-55 所示的草图并标注尺寸。

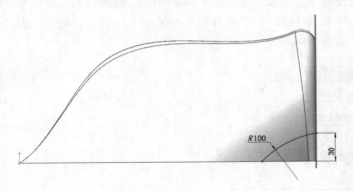

图 7-55　绘制草图 6

22 拉伸曲面。单击"曲面"选项卡中的"拉伸曲面"按钮✦,或者执行"插入"→"曲面"→"拉伸曲面"菜单命令,系统弹出如图 7-56 所示的"曲面 - 拉伸"属性管理器。选择刚创建的草图 6,设置终止条件为"两侧对称",输入拉伸距离为 200.00mm。单击属性管理器中的"确定"按钮✓,结果如图 7-57 所示。

23 剪裁曲面。单击"曲面"选项卡中的"剪裁曲面"按钮✦,或者执行"插入"→"曲面"→"剪裁曲面"菜单命令,系统弹出如图 7-58 所示的"剪裁曲面"属性管理器。选择"相互"单选按钮,选择拉伸曲面和圆角为剪裁曲面,选择"移除选择"单选按钮,选择图 7-58 中预览图形的两个曲面和一个圆角为要移除的面。单击属

图 7-56　"曲面 - 拉伸"属性管理器

性管理器中的"确定"按钮✔，结果如图 7-59 所示。

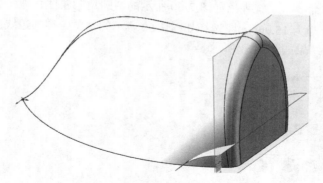

图 7-57 拉伸曲面

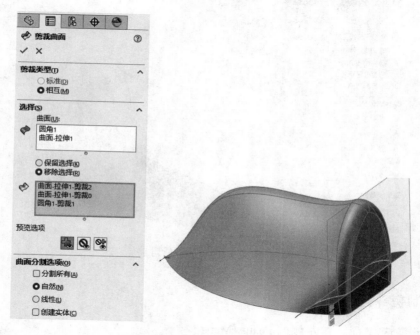

图 7-58 "剪裁曲面"属性管理器

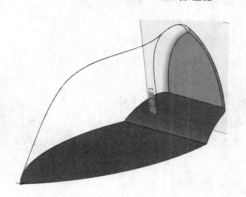

图 7-59 剪裁曲面

24 曲面圆角。单击"曲面"选项卡中的"圆角"按钮，或者执行"插入"→"特征"→"圆角"菜单命令，系统弹出如图 7-60 所示的"圆角"属性管理器。选择"恒定大小圆角"按钮，输入半径为 15.00mm，选择如图 7-60 所示的预览图形的边线。单击属性管理器中的"确定"按钮，结果如图 7-61 所示。

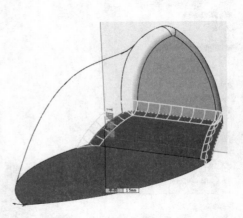

图 7-60 "圆角"属性管理器

7.2.2 绘制熨斗把手

01 设置基准面。在左侧的 FeatureManager 设计树中选择"上视基准面"，单击"视图（前导）"工具栏"视图定向"下拉列表中的"正视于"按钮，将该基准面作为绘制图形的基准面。单击"草图"选项卡中的"草图绘制"按钮，进入草图绘制状态。

02 绘制草图 7。单击"草图"选项卡中的"椭圆"按钮，绘制如图 7-62 所示的草图并标注尺寸。单击"退出草图"按钮，退出草图绘制状态。

03 设置基准面。在左侧的 FeatureManager 设计树中选择"上视基准面"，单击"视图

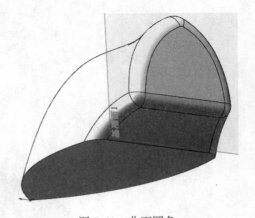

图 7-61 曲面圆角

（前导）"工具栏"视图定向"下拉列表中的"正视于"按钮 ⚓，将该基准面作为绘制图形的基准面。单击"草图"选项卡中的"草图绘制"按钮 ▭，进入草图绘制状态。

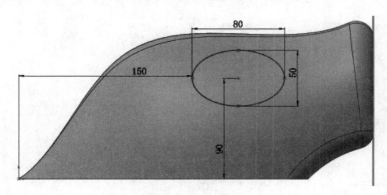

图 7-62　绘制草图 7

04 绘制草图 8。单击"草图"选项卡中的"转换实体引用"按钮 ▢，将步骤 **02** 绘制的草图 7 转换为图素，然后单击"草图"选项卡中的"等距实体"按钮 ▯，将转换后的图素向外偏移 10mm，结果如图 7-63 所示。

05 拉伸曲面。单击"曲面"选项卡中的"拉伸曲面"按钮 🖒，或者执行"插入"→"曲面"→"拉伸曲面"菜单命令，系统弹出"曲面 - 拉伸"属性管理器。选择刚创建的草图 8，设置终止条件为"两侧对称"，输入拉伸距离为 200.00mm。单击属性管理器中的"确定"按钮 ✔，结果如图 7-64 所示。

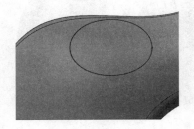

图 7-63　绘制草图 8

图 7-64　拉伸曲面

06 剪裁曲面。单击"曲面"选项卡中的"剪裁曲面"按钮 🖘，或者执行"插入"→"曲面"→"剪裁曲面"菜单命令，系统弹出如图 7-65 所示的"剪裁曲面"属性管理器。选择"相互"单选按钮，选择拉伸曲面和圆角为剪裁曲面，选择"移除选择"单选按钮，选择图 7-65 中预览图形的两个曲面和两个圆角为要移除的面，单击属性管理器中的"确定"按钮 ✔，结果如图 7-66 所示。

07 删除面。单击"曲面"选项卡中的"删除面"按钮 🗔，或者执行"插入"→"面"→"删除面"菜单命令，系统弹出如图 7-67 所示的"删除面"属性管理器。选择如图 7-66 所示的面 1 为要删除的面，选择"删除"单选按钮，单击属性管理器中的"确定"按钮 ✔，结果如图 7-68 所示。

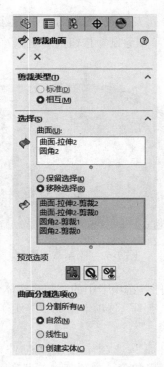

图 7-65 "剪裁曲面"属性管理器

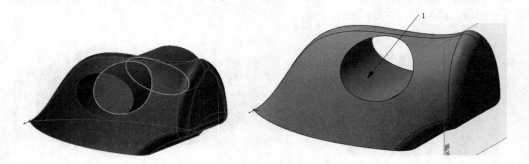

图 7-66 剪裁曲面

图 7-67 "删除面"属性管理器

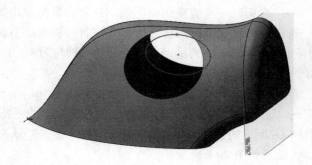

图 7-68 删除面

08 放样曲面。单击"曲面"选项卡中的"放样曲面"按钮，或者执行"插入"→"曲面"→"放样曲面"菜单命令，系统弹出"曲面 - 放样"属性管理器，在"轮廓"选项中依次选择图 7-69 中的边线和椭圆草图。单击"确定"按钮，生成放样曲面，结果如图 7-70 所示。

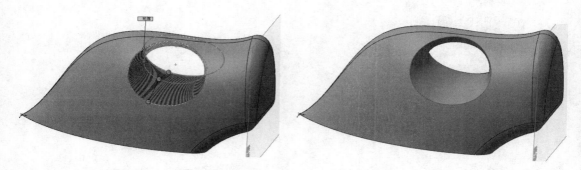

　　　图 7-69　选择放样曲线　　　　　　　　　　　图 7-70　创建放样曲面

09 缝合曲面。单击"曲面"选项卡中的"缝合曲面"按钮，或者执行"插入"→"曲面"→"缝合曲面"菜单命令，系统弹出如图 7-71 所示的"缝合曲面"属性管理器。选择视图中的所有曲面，勾选"创建实体"和"合并实体"复选框，将曲面创建为实体。单击属性管理器中的"确定"按钮，结果如图 7-72 所示。

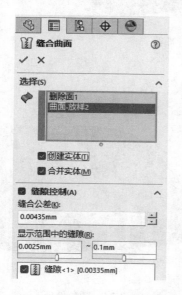

　　图 7-71　"缝合曲面"属性管理器　　　　　　　图 7-72　缝合曲面

10 圆角处理。单击"曲面"选项卡中的"圆角"按钮，或者执行"插入"→"特征"→"圆角"菜单命令，系统弹出如图 7-73 所示的"圆角"属性管理器。选择"恒定大小圆角"按钮，输入半径为 5.00mm，选择图 7-73 中预览图形的边线。单击属性管理器中的"确定"按钮，结果如图 7-74 所示。

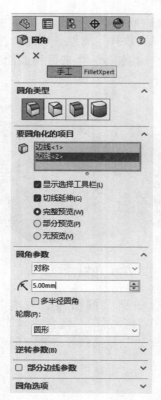

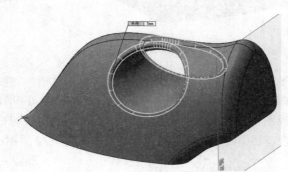

图 7-73　"圆角"属性管理器

7.2.3　绘制熨斗底板

01 设置基准面。选择如图 7-74 所示的面 2 作为草图基准面，然后单击"视图（前导）"工具栏"视图定向"下拉列表中的"正视于"按钮 ↓，将该基准面作为绘制图形的基准面。单击"草图"选项卡中的"草图绘制"按钮 □，进入草图绘制状态。

02 绘制草图。单击"草图"选项卡中的"转换实体引用"按钮 □，将草图绘制面转换为图素，再单击"草图"选项卡中的"等距实体"按钮 □，将转换后的图素向内偏移 10mm，结果如图 7-75 所示。

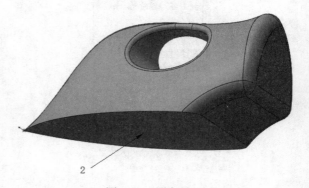

图 7-74　圆角处理

03 凸台拉伸实体。单击"特征"选项卡中的"拉伸凸台 / 基体"按钮 ⬜，或者执行"插入"→"凸台 / 基体"→"拉伸"菜单命令，系统弹出"凸台 - 拉伸"属性管理器，如图 7-76 所示。设置拉伸终止条件为"给定深度"，输入拉伸距离为 5.00mm。单击"确定"按钮 ✓，完成凸台拉伸操作，结果如图 7-77 所示。

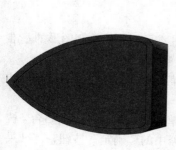

图 7-75　绘制草图　　　图 7-76　"凸台 - 拉伸"属性管理器　　　图 7-77　凸台拉伸实体

7.3　台灯

台灯模型如图 7-78 所示。台灯由支架和灯泡两部分组成。绘制该模型的命令主要有拉伸曲面、填充曲面、缝合曲面、扫描曲面和加厚实体等。

7.3.1　支架

本例绘制的台灯支架如图 7-79 所示。首先绘制台灯支架底座的外形草图，并拉伸为实体，然后扫描曲面生成支柱部分，最后使用旋转实体命令绘制灯罩。

图 7-78　台灯模型　　　　　　　　　图 7-79　台灯支架

01 新建文件。

❶ 启动软件。执行"开始"→"所有应用"→"SOLIDWORKS 2024"菜单命令，或者双

击桌面上的 SOLIDWORKS 2024 的快捷方式按钮📇，就可以启动该软件。

❷ 创建零件文件。执行"文件"→"新建"菜单命令，或者单击"快速访问"工具栏中的"新建"按钮🗋，系统弹出"新建 SOLIDWORKS 文件"对话框，在其中选择"零件"按钮🍃，单击"确定"按钮，创建一个新的零件文件。

❸ 保存文件。执行"文件"→"保存"菜单命令，或者单击"快速访问"工具栏中的"保存"按钮🖫，系统弹出"另存为"对话框。在"文件名"文本框中输入"支架"，单击"保存"按钮，创建一个文件名为"支架"的零件文件。

02 绘制支架底座。

❶ 绘制草图。在左侧的 FeatureManager 设计树中选择"前视基准面"作为绘制图形的基准面。单击"草图"选项卡中的"圆"按钮⊙，以坐标原点为圆心绘制一个圆。

❷ 标注尺寸。执行"工具"→"标注尺寸"→"智能尺寸"菜单命令，标注圆的直径，结果如图 7-80 所示。

❸ 拉伸实体。执行"插入"→"凸台 / 基体"→"拉伸"菜单命令，系统弹出"凸台 - 拉伸"属性管理器。在"深度"栏中输入 30.00mm。单击属性管理器中的"确定"按钮✔，结果如图 7-81 所示。

03 绘制开关旋钮。

❶ 设置基准面。单击图 7-81 中的面 1，然后单击"视图（前导）"工具栏"视图定向"下拉列表中的"正视于"按钮↧，将该表面作为绘制图形的基准面，结果如图 7-82 所示。

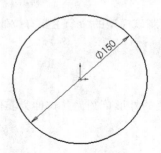
图 7-80　绘制并标注草图

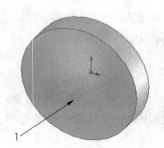
图 7-81　拉伸实体

图 7-82　设置基准面

❷ 绘制草图。单击"草图"选项卡"直线"下拉列表中的"中心线"按钮🖉，或者执行"工具"→"草图绘制实体"→"直线"菜单命令，绘制一条通过坐标原点的水平中心线，再单击"草图"选项卡中的"圆"按钮⊙，绘制一个圆，结果如图 7-83 所示。

❸ 添加几何关系。单击"草图"选项卡"显示 / 删除几何关系"下拉列表中的"添加几何关系"按钮⊥，或者执行"工具"→"关系"→"添加"菜单命令，将圆心和水平中心线添加为"重合"几何关系。

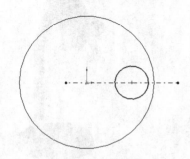
图 7-83　绘制草图

❹ 标注尺寸。单击"草图"选项卡中的"智能尺寸"按钮❖，标注图 7-83 中圆的直径及其定位尺寸，结果如图 7-84 所示。

⑤ 拉伸实体。单击"特征"选项卡中的"拉伸凸台 / 基体"按钮⊕，系统弹出"凸台 - 拉伸"属性管理器。在"深度"栏中输入 25.00mm，单击属性管理器中的"确定"按钮✔。

⑥ 设置视图方向。单击"视图（前导）"工具栏"视图定向"下拉列表中的"等轴测"按钮◈，将视图以等轴测方向显示，结果如图 7-85 所示。

04 绘制支架部分。

❶ 设置基准面。单击图 7-85 中的面 1，然后单击"视图（前导）"工具栏"视图定向"下拉列表中的"正视于"按钮↧，将该表面作为绘制图形的基准面。

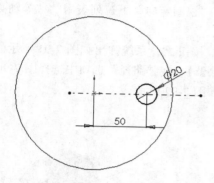

图 7-84　标注尺寸

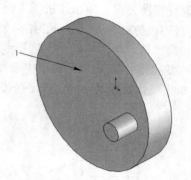

图 7-85　等轴测视图

❷ 绘制草图。单击"草图"选项卡"直线"下拉列表中的"中心线"按钮╭ﾟ，绘制一条通过坐标原点的水平中心线，再单击"草图"选项卡中的"圆"按钮⊙，绘制一个圆，结果如图 7-86 所示。

❸ 添加几何关系。单击"草图"选项卡"显示 / 删除几何关系"下拉列表中的"添加几何关系"按钮⊥，将圆心和水平中心线添加为"重合"几何关系。

❹ 标注尺寸。单击"草图"选项卡中的"智能尺寸"按钮ᐊ，标注图中的尺寸，结果如图 7-87 所示。然后退出草图绘制状态。

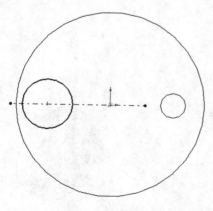

图 7-86　绘制草图

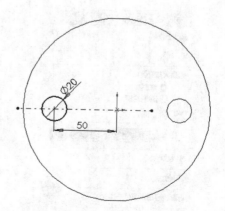

图 7-87　标注尺寸

❺ 设置基准面。单击"视图（前导）"工具栏"视图定向"下拉列表中的"下视"按钮▣，将该基准面作为绘制图形的基准面，结果如图 7-88 所示。

❻ 绘制草图。单击"草图"选项卡中的"直线"按钮 ✏，指定起点在直径为20mm 圆的圆心处，绘制一条直线，再单击"草图"选项卡"圆心/起/终点绘制圆弧"下拉列表中的"切线弧"按钮 ↻，绘制一条通过刚绘制直线的圆弧。

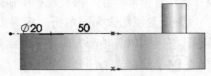

图 7-88　设置基准面

❼ 标注尺寸。单击"草图"选项卡中的"智能尺寸"按钮 ✨，标注图中的尺寸，结果如图 7-89 所示。然后退出草图绘制状态。

❽ 设置视图方向。单击"视图（前导）"工具栏"视图定向"下拉列表中的"等轴测"按钮 🧊，将视图以等轴测方向显示，结果如图 7-90 所示。

❾ 扫描实体。单击"特征"选项卡中的"扫描"按钮 🪱，系统弹出如图 7-91 所示的"扫描"属性管理器。在"轮廓"选项中选择图 7-90 中的圆 1，在"路径"选项中选择图 7-90 中的草图 2。单击属性管理器中的"确定"按钮 ✔，结果如图 7-92 所示。

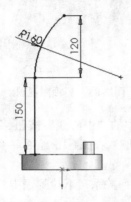

图 7-89　标注尺寸

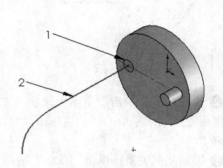

图 7-90　等轴测视图

图 7-91　"扫描"属性管理器

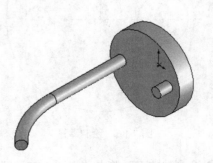

图 7-92　扫描实体

05 绘制台灯灯罩。

❶ 设置基准面。单击"视图（前导）"工具栏"视图定向"下拉列表中的"下视"按钮 ，将该基准面作为绘制图形的基准面，结果如图 7-93 所示。

❷ 绘制草图。单击"草图"选项卡"直线"下拉列表中的"中心线"按钮 ，绘制一条中心线，再单击"直线"按钮 ，绘制一条直线，再单击"切线弧"按钮 ，绘制两条切线弧，结果如图 7-94 所示。

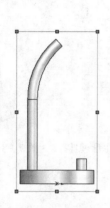

图 7-93　设置基准面

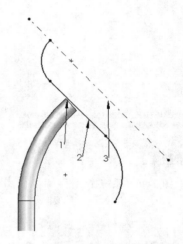

图 7-94　绘制草图

❸ 添加几何关系。单击"草图"选项卡"显示 / 删除几何关系"下拉列表中的"添加几何关系"按钮 ，将图 7-94 中的直线 1 和直线 2 添加为"共线"几何关系。重复此命令，将直线 1 和中心线 3 添加为"平行"几何关系。

> **注意**
>
> 在设置几何关系时，也可以先设置直线 1 和中心线 3 平行，再设置直线 1 和直线 2 重合。

❹ 标注尺寸。单击"草图"选项卡中的"智能尺寸"按钮 ，标注图 7-94 中的尺寸，结果如图 7-95 所示。

❺ 旋转生成实体。执行"插入"→"凸台 / 基体"→"旋转"菜单命令，系统弹出如图 7-96 所示的系统提示框。单击"否"按钮，旋转生成一个薄壁实体。系统弹出"旋转"属性管理器，按照图 7-97 所示进行设置，单击属性管理器中的"确定"按钮 ，旋转生成实体。调整视图方向，将视图以适当的方向显示，结果如图 7-98 所示。

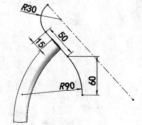

图 7-95　标注尺寸

❻ 圆角实体。单击"特征"选项卡中的"圆角"按钮 ，或者执行"插入"→"特征"→"圆角"菜单命令，系统弹出如图 7-99 所示的"圆角"属性管理器。在"半径"栏中输入 12.00mm，选择图 7-98 中的边线 1，单击属性管理器中的"确定"按钮 。重复执行"圆角"命令，设置半径为 6.00mm，对图 7-98 中的边线 2 进行圆角，结果如图 7-100 所示。

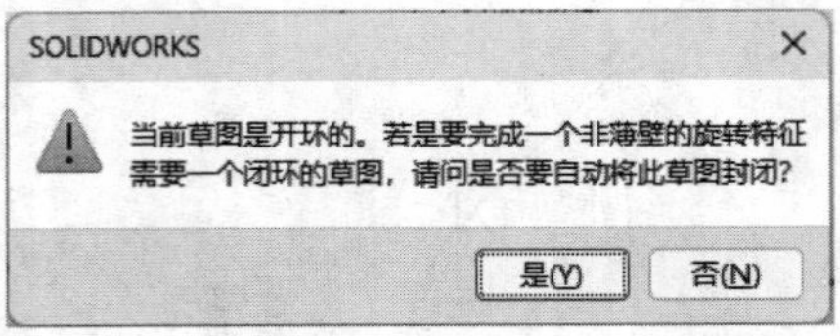

SOLIDWORKS ×

⚠ 当前草图是开环的。若是要完成一个非薄壁的旋转特征
需要一个闭环的草图，请问是否要自动将此草图封闭？

是(Y)　　否(N)

图 7-96　系统提示框

图 7-97　"旋转"属性管理器

图 7-98　旋转生成实体

图 7-99　"圆角"属性管理器

图 7-100　圆角实体

7.3.2　灯泡

本例绘制的台灯灯泡如图 7-101 所示。首先绘制灯泡底座的
外形草图，拉伸为实体轮廓；然后绘制灯管草图，扫描为实体；
最后绘制灯尾。

01　新建文件。

❶ 启 动 软 件。 执 行 "开 始"→ "所 有 程 序"→
"SOLIDWORKS 2024" 菜单命令，或者双击桌面上的 SOLID-
WORKS 2024 的快捷方式按钮，就可以启动该软件。

图 7-101　台灯灯泡

❷ 创建零件文件。执行 "文件"→ "新建" 菜单命令，或
者单击 "快速访问" 工具栏中的 "新建" 按钮，系统弹出 "新
建 SOLIDWORKS 文件" 对话框，在其中选择 "零件" 按钮，单击 "确定" 按钮，创建一个
新的零件文件。

❸ 保存文件。执行 "文件"→ "保存" 菜单命令，或者单击 "快速访问" 工具栏中的 "保
存" 按钮，系统弹出 "另存为" 对话框。在 "文件名" 文本框中输入 "台灯灯泡"，单击
"保存" 按钮，创建一个文件名为 "台灯灯泡" 的零件文件。

02　绘制底座。

❶ 绘制草图。在左侧的 FeatureManager 设计树中选择 "前视基准面" 作为绘制图形的基准
面。单击 "草图" 选项卡中的 "圆" 按钮，绘制一个圆心在坐标原点的圆。

❷ 标注尺寸。单击 "草图" 选项卡中的 "智能尺寸" 按钮，或者执行 "工具"→ "标
注尺寸"→ "智能尺寸" 菜单命令，标注圆的直径，结果如图 7-102 所示。

❸ 拉伸实体。单击 "特征" 选项卡中的 "拉伸凸台 / 基体" 按钮，或者执行 "插
入"→ "凸台 / 基体"→ "拉伸" 菜单命令，系统弹出 "凸台 - 拉伸" 属性管理器。在 "深度"
栏中输入 40.00mm，单击属性管理器中的 "确定" 按钮，结果如图 7-103 所示。

❹ 设置基准面。单击图 7-103 中的面 1，然后单击 "视图（前导）" 工具栏 "视图定向" 下
拉列表中的 "正视于" 按钮，将该表面作为绘制图形的基准面，结果如图 7-104 所示。

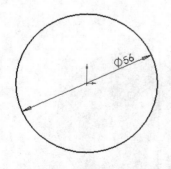

图 7-102　绘制并标注草图

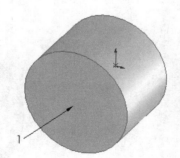

图 7-103　拉伸实体

图 7-104　设置基准面

03　绘制灯管。

❶ 绘制草图。单击 "草图" 选项卡中的 "圆" 按钮，或者执行 "工具"→ "草图绘制实
体"→ "圆" 菜单命令，在刚设置的基准面上绘制一个圆。

❷ 标注尺寸。单击"草图"选项卡中的"智能尺寸"按钮 ✦，标注刚绘制的圆的直径及其定位尺寸，结果如图 7-105 所示。然后退出草图绘制状态。

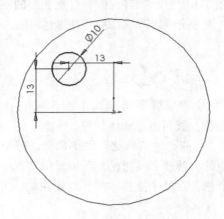

图 7-105　标注尺寸

❸ 添加基准面。在左侧的 FeatureManager 设计树中选择"右视基准面"作为参考基准面，添加新的基准面。单击"特征"选项卡"参考几何体"下拉列表中的"基准面"按钮 ▣，或者执行"插入"→"参考几何体"→"基准面"菜单命令，系统弹出如图 7-106 所示的"基准面"属性管理器。在"偏移距离"栏中输入 13.00mm，并调整基准面的方向。按照图 7-106 所示进行选项设置后，单击属性管理器中的"确定"按钮 ✔，结果如图 7-107 所示。

图 7-106　"基准面"属性管理器

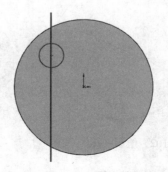

图 7-107　添加基准面

❹ 设置基准面。在左侧的 FeatureManager 设计树中选择刚添加的基准面，单击"视图（前

导）"工具栏"视图定向"下拉列表中的"正视于"按钮🔽，将该基准面作为绘制图形的基准面，结果如图 7-108 所示。

⑤ 绘制草图。单击"草图"选项卡中的"直线"按钮✏，绘制一条起点为图 7-107 中小圆的圆心的直线，再单击"草图"选项卡"直线"下拉列表中的"中心线"按钮✏，绘制一条通过坐标原点的水平中心线，结果如图 7-109 所示。

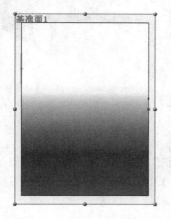

图 7-108　设置基准面

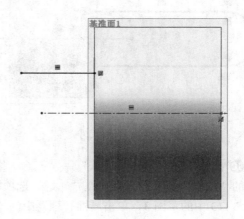

图 7-109　绘制草图

⑥ 镜向实体。单击"草图"选项卡中的"镜向实体"按钮🔯，或者执行"工具"→"草图绘制工具"→"镜向"菜单命令，系统弹出"镜向"属性管理器。在"要镜向的实体"选项组中选择步骤⑤绘制的直线，在"镜向轴"选项中选择步骤⑤绘制的水平中心线。单击属性管理器中的"确定"按钮✔，结果如图 7-110 所示。

⑦ 绘制草图。单击"草图"选项卡中的"切线弧"按钮🌙，绘制一个端点为两条直线端点的圆弧，结果如图 7-111 所示。

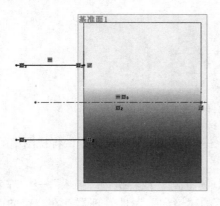

图 7-110　镜向实体

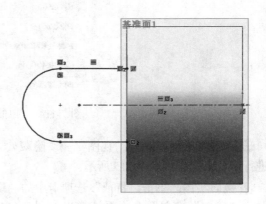

图 7-111　绘制草图

⑧ 标注尺寸。单击"草图"选项卡中的"智能尺寸"按钮📏，标注图 7-111 中的尺寸，结果如图 7-112 所示。然后退出草图绘制状态。

⑨ 设置视图方向。单击"视图（前导）"工具栏"视图定向"下拉列表中的"等轴测"按钮🧊，将视图以等轴测方向显示，结果如图 7-113 所示。

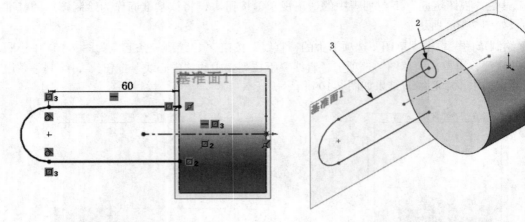

图 7-112　标注尺寸　　　　　　　　　　图 7-113　等轴测视图

❿ 扫描实体。执行"插入"→"凸台 / 基体"→"扫描"菜单命令，系统弹出如图 7-114 所示的"扫描"属性管理器。在"轮廓"选项中选择图 7-113 中的草图 2，在"路径"选项中选择图 7-113 中的草图 3，单击属性管理器中的"确定"按钮✔。

图 7-114　"扫描"属性管理器

⓫ 隐藏基准面。执行"视图"→"隐藏 / 显示"→"基准面"菜单命令，将视图中的基准面进行隐藏，结果如图 7-115 所示。

⓬ 镜向实体。单击"特征"选项卡中的"镜向"按钮🔾，或者执行"插入"→"阵列 / 镜向"→"镜向"菜单命令，系统弹出如图 7-116 所示的"镜向"属性管理器。在"镜向面 / 基准面"选项组中选择"右视基准面"，在"要镜向的特征"选项组中选择扫描的实体。单击属性管理器中的"确定"按钮✔，结果如图 7-117 所示。

⓭ 圆角实体。单击"特征"选项卡中的"圆角"按钮🟦，系统弹出如图 7-118 所示的"圆角"属性管理器。在"半径"栏中输入 10.00mm，选取图 7-117 中的边线 1 和边线 2，调整视图方向，将视图以适当的方向显示，结果如图 7-119 所示。

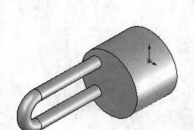

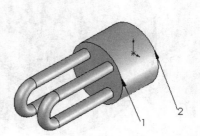

图 7-115　隐藏基准面　　　图 7-116　"镜向"属性管理器　　　　图 7-117　镜向实体

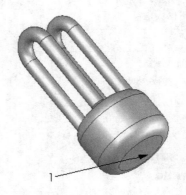

图 7-118　"圆角"属性管理器　　　　　　　图 7-119　圆角实体

04 绘制灯尾。

❶ 设置基准面。选择图 7-119 所示的面 1，单击"视图（前导）"工具栏"视图定向"下拉列表中的"正视于"按钮↓，将该表面作为绘制图形的基准面，结果如图 7-120 所示。

❷ 绘制草图。单击"草图"选项卡中的"圆"按钮⊙，以坐标原点为圆心绘制一个圆。

❸ 标注尺寸。单击"草图"选项卡中的"智能尺寸"按钮 ![icon]，标注刚绘制的圆的直径，结果如图 7-121 所示。

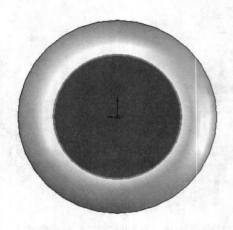

图 7-120　设置基准面

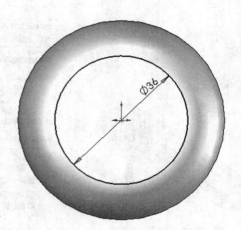

图 7-121　标注尺寸

❹ 拉伸实体。单击"特征"选项卡中的"拉伸凸台 / 基体"按钮 ![icon]，系统弹出如图 7-122 所示的"凸台 - 拉伸"属性管理器，在"深度"栏中输入 10.00mm，按照图 7-122 所示进行设置后，单击"确定"按钮 ![icon]。调整视图方向，将视图以适当的方向显示，结果如图 7-123 所示。

图 7-122　"凸台 - 拉伸"属性管理器

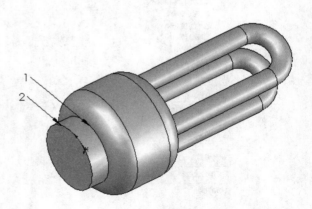

图 7-123　拉伸实体

❺ 圆角实体。单击"特征"选项卡中的"圆角"按钮 ![icon]，系统弹出如图 7-124 所示的"圆角"属性管理器。在"半径"栏中输入 6.00mm，选取图 7-123 中的边线 1，按照图 7-124 所示进行设置后，单击"确定"按钮 ![icon]，重复上述步骤，选取图 7-123 中的边线 2 进行圆角处理，结果如图 7-125 所示。

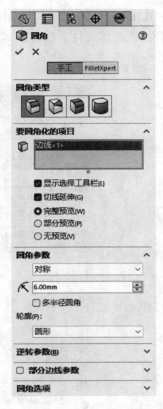

图 7-124　"圆角"属性管理器

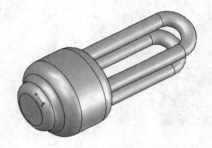

图 7-125　圆角实体

7.3.3　台灯装配

本例绘制的台灯装配体如图 7-126 所示。首先创建一个装配体文件；然后依次插入零部件，添加配合关系，并调整视图方向；最后设置零部件的颜色。

图 7-126　台灯装配体

01 新建文件。

❶ 创建零件文件。执行"文件"→"新建"菜单命令，或者单击"快速访问"工具栏中的

"新建"按钮 📄，此时系统弹出如图 7-127 所示的"新建 SOLIDWORKS 文件"对话框，在其中选择"装配体"按钮 🍏，单击"确定"按钮，创建一个新的装配体文件，系统弹出如图 7-128 所示的"开始装配体"属性管理器。关闭属性管理器。

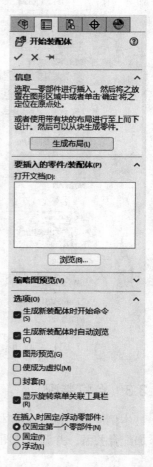

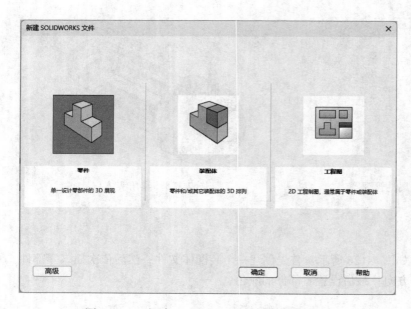

图 7-127 "新建 SOLIDWORKS 文件"对话框

图 7-128 "开始装配体"属性管理器

❷ 保存文件。执行"文件"→"保存"菜单命令，或者单击"快速访问"工具栏中的"保存"按钮 🖫，系统弹出"另存为"对话框。在"文件名"文本框中输入"台灯装配体"，然后单击"保存"按钮，创建一个文件名为"台灯装配体"的装配文件。

02 装配台灯支架。执行"插入"→"零部件"→"现有零件/装配体"菜单命令，系统弹出如图 7-129 所示的"插入零部件"属性管理器和"打开"对话框。在"打开"对话框中选择需要的零部件（即台灯支架），单击"打开"按钮，此时所选的零部件显示在图 7-129 所示的"插入零部件"属性管理器的"打开文档"选项中。单击属性管理器中的"确定"按钮 ✅，此时所选的零部件显示在视图中。将视图以适当的方向显示，结果如图 7-130 所示。

03 装配灯泡。

❶ 插入灯泡。执行"插入"→"零部件"→"现有零件/装配体"菜单命令，在图中适当

的位置插入台灯的灯泡（具体步骤可以参考步骤 02 ）。结果如图 7-131 所示。

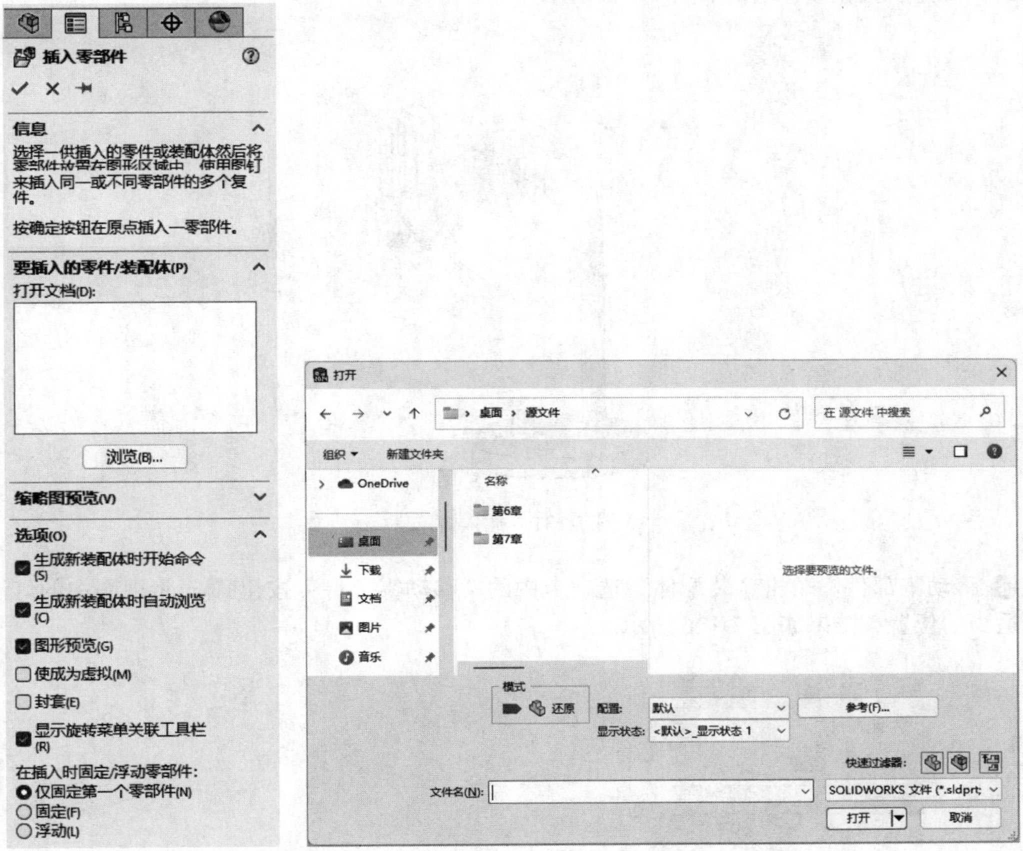

图 7-129　“插入零部件”属性管理器和“打开”对话框

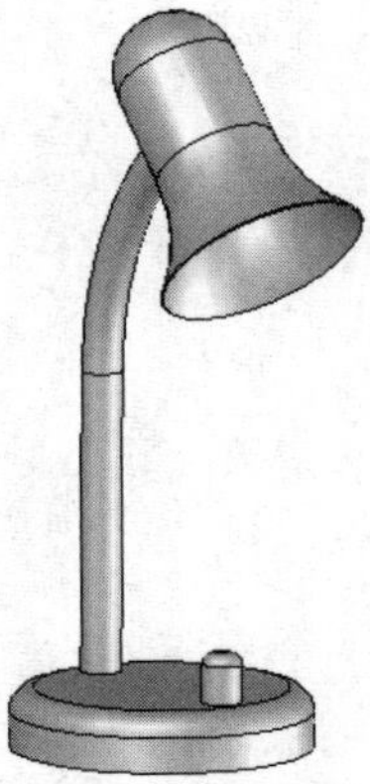

图 7-130　插入台灯支架

❷ 添加配合关系。单击“装配体”选项卡中的“配合”按钮，或者执行“插入”→“配合”菜单命令，系统弹出如图 7-132 所示的“配合”属性管理器。选择图 7-131 中

的 1 和 2，单击属性管理器中的"同轴心"按钮◎，在视图中观察配合的结果。单击属性管理器中的"确定"按钮✔，结果如图 7-133 所示。

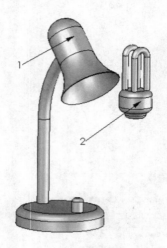

图 7-131　插入灯泡

❸ 移动零部件。单击"装配体"选项卡中的"移动零部件"按钮，将视图中的灯泡移动到适当的位置，结果如图 7-126 所示。

图 7-132　"配合"属性管理器

图 7-133　装配灯泡

第 **8** 章

机械产品造型实例

机械行业是整个工业的基础和支柱，机械产品是典型、应用广泛的工业产品。传统的机械产品通常是由比较规则的面构成的，如轴、盘盖、支架、箱体等。但通常有两种情况，机械产品要应用到大量曲面造型：一种情况是动力学作用需要的场合，如齿轮啮合、叶轮机械、飞机、汽车和轮船等的流线曲面。另一种是机械产品中出现的曲面造型与机械产品的功能需要无关，主要是出于一种工业美学的审美需要而设计成曲面造型，这种曲面造型在机械产品的外形设计中最常见，如各种机械产品的外壳。

本章将通过几个机械产品的曲面造型设计实例，介绍机械产品中曲面造型的应用和操作技巧。

- ◎ 周铣刀
- ◎ 塑料焊接器
- ◎ 风叶
- ◎ 轮毂

8.1 周铣刀

周铣刀如图 8-1 所示，由刀刃和刀柄组成。绘制该模型的命令主要有边界曲面、拉伸曲面和填充曲面等。

图 8-1 周铣刀

8.1.1 新建文件

01 启动软件。执行"开始"→"所有应用"→"SOLIDWORKS 2024"菜单命令，或者双击桌面上的 SOLIDWORKS 2024 的快捷方式按钮，就可以启动该软件。

02 创建零件文件。执行"文件"→"新建"菜单命令，或者单击"快速访问"工具栏中的"新建"按钮，系统弹出如图 8-2 所示的"新建 SOLIDWORKS 文件"对话框，在其中选择"零件"按钮，单击"确定"按钮，创建一个新的零件文件。

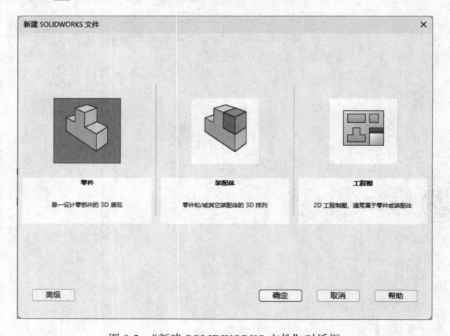

图 8-2 "新建 SOLIDWORKS 文件"对话框

03 保存文件。执行"文件"→"保存"菜单命令，或者单击"快速访问"工具栏中的"保存"按钮，系统弹出如图 8-3 所示的"另存为"对话框。在"文件名"文本框中输入"周铣刀"，单击"保存"按钮，创建一个文件名为"周铣刀"的零件文件。

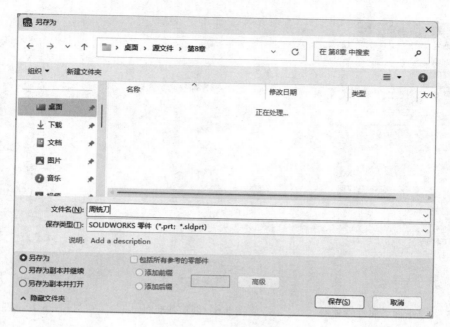

图 8-3　"另存为"对话框

8.1.2　绘制刀刃部分

01　设置基准面。在左侧的 FeatureManager 设计树中选择"前视基准面",单击"视图(前导)"工具栏"视图定向"下拉列表中的"正视于"按钮 ⚓,将该基准面作为绘制图形的基准面。

02　绘制草图。单击"草图"选项卡中的"圆"按钮 ⊙、"直线"按钮 ╱ 和"圆周草图阵列"按钮 ✿,绘制如图 8-4 所示的草图并标注尺寸,然后退出草图绘制。

03　单击"特征"选项卡"参考几何体"下拉列表中的"基准面"按钮 ▦,或者执行"插入"→"参考几何体"→"基准面"菜单命令,弹出如图 8-5 所示的"基准面"属性管理器。选择"前视基准面"为参考面,输入偏移距离为 30mm,输入要生成的基准面数为 5,单击"确定"按钮 ✔,完成基准面的创建,如图 8-6 所示。

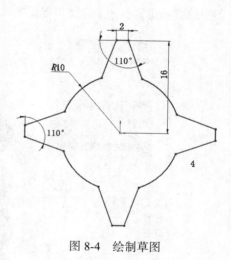

图 8-4　绘制草图

04　设置基准面。在左侧的 FeatureManager 设计树中选择"基准面 1",然后单击"视图(前导)"工具栏"视图定向"下拉列表中的"正视于"按钮 ⚓,将该基准面作为绘制图形的基准面。

05　绘制草图。单击"草图"选项卡中的"转换实体引用"按钮 ⬡,将草图转换到基准面 1 上。

06　重复上述步骤,在基准面 2、3、4、5 上创建草图,结果如图 8-7 所示。

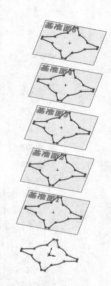

图 8-5　"基准面"属性管理器　　　　图 8-6　创建基准面　　　　图 8-7　绘制草图

07 创建刀刃。单击"曲面"选项卡中的"边界曲面"按钮 ◈，或者执行"插入"→"曲面"→"边界曲面"菜单命令，系统弹出如图 8-8 所示的"边界 - 曲面"属性管理器，选择前面创建的 6 个草图为边界曲面（注意选择边界曲面时拾取点的顺序）。单击属性管理器中的"确定"按钮 ✔，结果如图 8-9 所示。

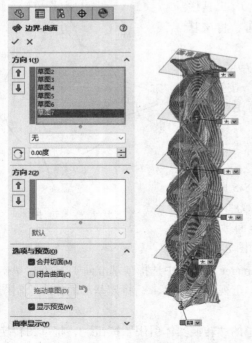

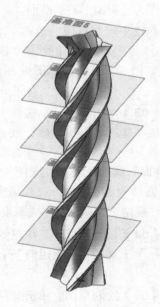

图 8-8　"边界 - 曲面"属性管理器　　　　　　图 8-9　创建刀刃

8.1.3　绘制铣刀刀柄

01　创建填充曲面。单击"曲面"选项卡中的"填充曲面"按钮 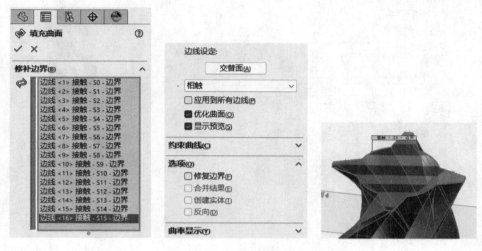，或者执行"插入"→"曲面"→"填充曲面"菜单命令，系统弹出如图 8-10 所示的"填充曲面"属性管理器。选择边界曲面的边线，单击属性管理器中的"确定"按钮 。重复"填充曲面"命令，在边界曲面的另一端创建填充曲面，结果如图 8-11 所示。

图 8-10　"填充曲面"属性管理器

图 8-11　创建填充曲面

02　设置基准面。在左侧的 FeatureManager 设计树中选择"基准面 5"，单击"视图（前导）"工具栏中的"正视于"按钮 ，将该基准面作为绘制图形的基准面。

03　绘制草图。单击"草图"选项卡中的"圆"按钮 ，以坐标原点为圆心绘制直径为 10mm 的圆。

04　拉伸曲面。单击"曲面"选项卡中的"拉伸曲面"按钮 ，或者执行"插入"→"曲面"→"拉伸曲面"菜单命令，系统弹出如图 8-12 所示的"曲面 - 拉伸"属性管理器。选择刚创建的草图，在"方向 1"中输入拉伸距离为 20.00mm，在"方向 2"中输入拉伸距离为 170.00mm，并勾选"封底"复选框。单击属性管理器中的"确定"按钮✔，结果如图 8-13 所示。

图 8-12 "曲面 - 拉伸"属性管理器

图 8-13 拉伸曲面

8.2 塑料焊接器

塑料焊接器如图 8-14 所示，由主体、手柄和进风口三部分组成。绘制该模型的命令主要有旋转曲面、放样曲面、删除曲面和圆角曲面等。

8.2.1 新建文件

01 启动软件。执行"开始"→"所有应用"→"SOLIDWORKS 2024"菜单命令，或者双击桌面上的 SOLIDWORKS 2024 的快捷方式按钮，就可以启动该软件。

图 8-14 塑料焊接器

02 创建零件文件。执行"文件"→"新建"菜单命令，或者单击"快速访问"工具栏中的"新建"按钮，系统弹出"新建 SOLIDWORKS 文件"对话框，在其中选择"零件"按钮，单击"确定"按钮，创建一个新的零件文件。

03 保存文件。执行"文件"→"保存"菜单命令，或者单击"快速访问"工具栏中的"保存"按钮，系统弹出"另存为"对话框。在"文件名"文本框中输入"塑料焊接器"，单击"保存"按钮，创建一个文件名为"塑料焊接器"的零件文件。

8.2.2　绘制主体部分

01 设置基准面。在左侧的 FeatureManager 设计树中选择"前视基准面",单击"视图(前导)"工具栏"视图定向"下拉列表中的"正视于"按钮⊥,将该基准面作为绘制图形的基准面。

02 绘制草图。单击"草图"选项卡中的"直线"按钮/、"切线弧"按钮⌐和"样条曲线"按钮Ⴗ,绘制如图 8-15 所示的草图并标注尺寸。

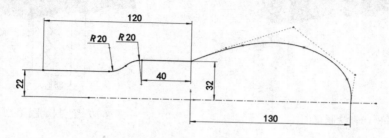

图 8-15　绘制草图

03 旋转曲面。单击"曲面"选项卡中的"旋转曲面"按钮⍉,或者执行"插入"→"曲面"→"旋转曲面"菜单命令,系统弹出如图 8-16 所示的"曲面 - 旋转"属性管理器。在"旋转轴"选项组中选择图 8-15 中的水平中心线(直线 1),其他设置如图 8-16 所示。单击属性管理器中的"确定"按钮✓,结果如图 8-17 所示。

图 8-16　"曲面 - 旋转"属性管理器

图 8-17　旋转曲面

8.2.3　绘制手柄部分

01 设置基准面。在左侧的 FeatureManager 设计树中选择"前视基准面",然后单击"视图(前导)"工具栏"视图定向"下拉列表中的"正视于"按钮⊥,将该基准面作为绘制图形的基准面。

02 绘制草图。单击"草图"选项卡中的"直线"按钮/,绘制如图 8-18 所示的草图并标注尺寸。

03 设置基准面。在左侧的 FeatureManager 设计树中选择"前视基准面",然后单击"视图（前导）"工具栏"视图定向"下拉列表中的"正视于"按钮，将该基准面作为绘制图形的基准面。

04 绘制草图。单击"草图"选项卡中的"样条曲线"按钮 ∿，绘制如图 8-19 所示的草图并标注尺寸。

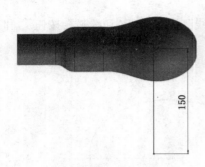

图 8-18　绘制草图（一）

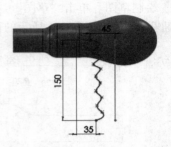

图 8-19　绘制草图（二）

05 设置基准面。在左侧的 FeatureManager 设计树中选择"上视基准面"，然后单击"视图（前导）"工具栏"视图定向"下拉列表中的"正视于"按钮，将该基准面作为绘制图形的基准面。

06 绘制草图。单击"草图"选项卡中的"三点圆弧"按钮 ⌒，绘制如图 8-20 所示的草图。

07 创建基准面 1。单击"特征"选项卡"参考几何体"下拉列表中的"基准面"按钮 ▯，或者执行"插入"→"参考几何体"→"基准面"菜单命令，弹出如图 8-21 所示的"基准面"属性管理器。选择"上视基准面"为参考面，选择图 8-18 中直线的下端点为参考点，单击"确定"按钮 ✔，完成基准面 1 的创建。

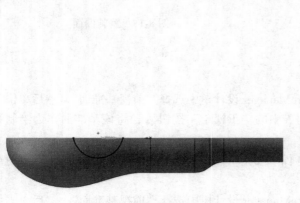

图 8-20　绘制草图（三）

图 8-21　"基准面"属性管理器

08 设置基准面。在左侧的 FeatureManager 设计树中选择"基准面 1"，然后单击"视图（前导）"工具栏"视图定向"下拉列表中的"正视于"按钮⊥，将该基准面作为绘制图形的基准面。

09 绘制草图。单击"草图"选项卡"圆心 / 起 / 终点绘制圆弧"下拉列表中的"三点圆弧"按钮⌒，绘制如图 8-22 所示的草图。

图 8-22　绘制草图

10 创建边界曲面。单击"曲面"选项卡中的"边界曲面"按钮◆，或者执行"插入"→"曲面"→"边界曲面"菜单命令，系统弹出如图 8-23 所示的"边界 - 曲面"属性管理器。选择图 8-19 中的直线和样条曲线为方向 1 曲线，选择两个圆弧为方向 2 曲线，单击属性管理器中的"确定"按钮✔，隐藏基准面 1，结果如图 8-24 所示。

图 8-23　"边界 - 曲面"属性管理器

图 8-24　创建边界曲面

11 剪裁曲面。单击"曲面"选项卡中的"剪裁曲面"按钮◢，或者执行"插入"→"曲面"→"剪裁曲面"菜单命令，系统弹出如图 8-25 所示的"剪裁曲面"属性管理器。点选"相互"单选按钮，选择旋转曲面和边界曲面为剪裁曲面，点选"移除选择"单选按

钮,选择图 8-25 中预览图形所示的两个曲面为要移除的面。单击属性管理器中的"确定"按钮
✔,隐藏基准面 1,结果如图 8-26 所示。

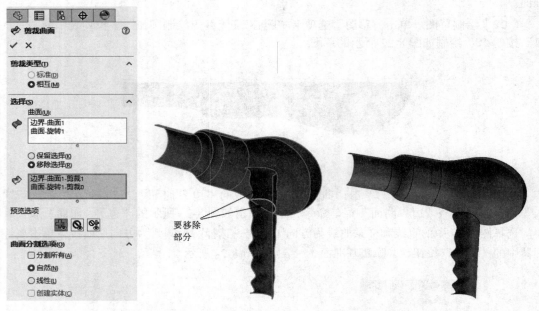

图 8-25　设置"剪裁曲面"属性管理器　　　　　图 8-26　剪裁曲面

(12) 设置基准面。在左侧的 FeatureManager 设计树中选择"基准面 1",然后单击"视图(前导)"工具栏"视图定向"下拉列表中的"正视于"按钮 ↧,将该基准面作为绘制图形的基准面。

(13) 绘制草图。单击"草图"选项卡中的"转换实体引用"按钮 🗍 和"直线"按钮 ∕,绘制如图 8-27 所示的草图。

(14) 创建平面。单击"曲面"选项卡中的"平面曲面"按钮 ◼,或者执行"插入"→"曲面"→"平面区域"菜单命令,系统弹出如

图 8-27　绘制草图

图 8-28 所示的"平面"属性管理器。选择刚创建的草图为边界,单击属性管理器中的"确定"按钮 ✔,结果如图 8-29 所示。

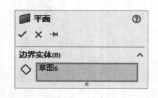

图 8-28　"平面"属性管理器

图 8-29　创建平面

(15) 创建基准面 2。单击"特征"选项卡"参考几何体"下拉列表中的"基准面"按钮 📦，或者执行"插入"→"参考几何体"→"基准面"菜单命令，弹出如图 8-30 所示的"基准面"属性管理器。选择"右视基准面"为参考面，输入偏移距离为 50.00mm，单击"确定"按钮 ✔，完成基准面 2 的创建。

(16) 设置基准面。在左侧的 FeatureManager 设计树中选择"基准面 2"，然后单击"视图（前导）"工具栏"视图定向"下拉列表中的"正视于"按钮 ↧，将该基准面作为绘制图形的基准面。

(17) 绘制草图。单击"草图"选项卡中的"边角矩形"按钮 ▭，绘制如图 8-31 所示的草图并标注尺寸。

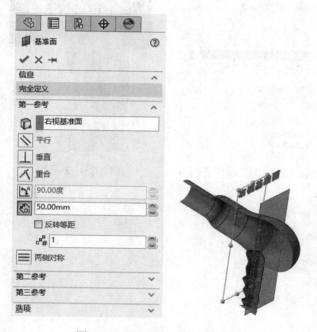

图 8-30　"基准面"属性管理器

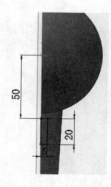

图 8-31　绘制草图

(18) 创建分割面。单击"特征"选项卡"曲线"下拉列表中的"分割线"按钮 ⊞，或者执行"插入"→"曲线"→"分割线"菜单命令，系统弹出如图 8-32 所示的"分割线"属性管理器。选择分割类型为"投影"，选择刚绘制的草图为要投影的草图，选择边界曲面为分割的面，勾选"单向"复选框。单击属性管理器中的"确定"按钮 ✔，结果如图 8-33 所示。

(19) 删除面。单击"曲面"选项卡中的"删除面"按钮 ⊞，或者执行"插入"→"面"→"删除面"菜单命令，系统弹出如图 8-34 所示的"删除面"属性管理器。选择刚创建的分割面为要删除的面，点选"删除"单选按钮，单击属性管理器中的"确定"按钮 ✔，结果如图 8-35 所示。

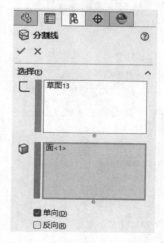

图 8-32　"分割线"属性管理器

20 缝合曲面。单击"曲面"选项卡中的"缝合曲面"按钮，或者执行"插入"→"曲面"→"缝合曲面"菜单命令，系统弹出如图 8-36 所示的"缝合曲面"属性管理器。选择删除面 1 和曲面 - 基准面 1，单击属性管理器中的"确定"按钮。

21 曲面圆角。单击"特征"选项卡中的"圆角"按钮，或者执行"插入"→"特征"→"圆角"菜单命令，系统弹出如图 8-37 所示的"圆角"属性管理器。输入圆角半径为 10.00mm，选择边线 1，单击属性管理器中的"确定"按钮。重复"圆角"命令，选择边线 2，输入半径为 5mm，结果如图 8-38 所示。

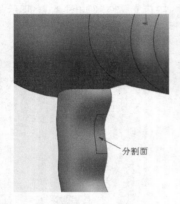

图 8-33　创建分割面

图 8-34　"删除面"属性管理器

图 8-35　删除面

图 8-36　"缝合曲面"属性管理器

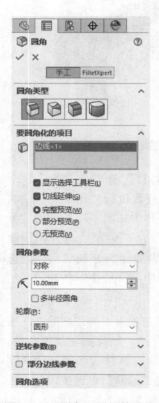

图 8-37　"圆角"属性管理器

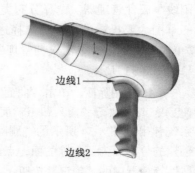

图 8-38　曲面圆角

8.2.4　绘制进风口部分

01 设置基准面。在左侧的 FeatureManager 设计树中选择"前视基准面",然后单击"视图(前导)"工具栏"视图定向"下拉列表中的"正视于"按钮 ↓,将该基准面作为绘制图形的基准面。

02 绘制草图。单击"草图"选项卡中的"边角矩形"按钮 ▢,绘制如图 8-39 所示的草图并标注尺寸。

03 创建分割面。单击"特征"选项卡"曲线"下拉列表中的"分割线"按钮 ▣,或者执行"插入"→"曲线"→"分割线"菜单命令,系统弹出"分割线"属性管理器。选择分割类型为"投影",选择刚绘制的草图为要投影的草图,选择旋转曲面为分割的面。单击属性管理器中的"确定"按钮 ✔,结果如图 8-40 所示。

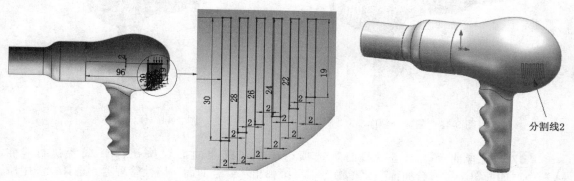

图 8-39　绘制草图　　　　　　　　　　　图 8-40　创建分割面

04 镜向分割面。单击"特征"选项卡中的"镜向"按钮 ▣,或者执行"插入"→"阵列/镜向"→"镜向"菜单命令,系统弹出如图 8-41 所示的"镜向"属性管理器。选择"上视基准面"为镜向基准面,选择刚创建的分割线 2 为要镜向的特征。单击属性管理器中的"确定"按钮 ✔,结果如图 8-42 所示。

图 8-41　"镜向"属性管理器

图 8-42　镜向分割面

05 删除面。单击"曲面"选项卡中的"删除面"按钮，或者执行"插入"→"面"→"删除面"菜单命令，系统弹出"删除面"属性管理器。选择创建的分割面和镜向后的分割面为要删除的面，点选"删除"单选按钮。单击属性管理器中的"确定"按钮，结果如图 8-43 所示。

06 镜向实体。单击"特征"选项卡中的"镜向"按钮，或者执行"插入"→"阵列 / 镜向"→"镜向"菜单命令，系统弹出"镜向"属性管理器。选择"前视基准面"为镜向基准面，选择视图中的所有实体为要镜向的实体。单击属性管理器中的"确定"按钮，结果如图 8-44 所示。

图 8-43　删除分割面　　　　　　　　　　　图 8-44　镜向实体

07 缝合曲面。单击"曲面"选项卡中的"缝合曲面"按钮，或者执行"插入"→"曲面"→"缝合曲面"菜单命令，系统弹出"缝合曲面"属性管理器。选择视图中所有的曲面，单击属性管理器中的"确定"按钮。

08 加厚曲面。执行"插入"→"凸台 / 基体"→"加厚"菜单命令，系统弹出如图 8-45 所示的"加厚"属性管理器。选择视图中所有曲面的曲面 - 缝合 2，选择"加厚侧边 2"选项按钮，输入厚度为 2.00mm。单击属性管理器中的"确定"按钮，结果如图 8-46 所示。

图 8-45　"加厚"属性管理器　　　　　　　图 8-46　加厚曲面

8.3　风叶

本例创建的风叶模型如图 8-47 所示。风叶模型主要由扇叶和扇叶轴构成。在创建该模型的过程中，应用到的命令主要有放样曲面、分割曲面、删除曲面、加厚曲面、拉伸切除实体和凸台放样。

图 8-47　风叶模型

8.3.1　新建文件

01 启动软件。执行"开始"→"所有应用"→"SOLIDWORKS 2024"菜单命令，或者双击桌面上的 SOLIDWORKS 2024 的快捷方式按钮🖼️，就可以启动该软件。

02 新建文件。单击"菜单栏"中的"文件"→"新建"菜单命令，或单击"快速访问"工具栏中的"新建"按钮🗋，在弹出的"新建 SOLIDWORKS 文件"对话框中单击"零件"按钮🈁，然后单击"确定"按钮，创建一个新的零件文件。

03 保存文件。执行"文件"→"保存"菜单命令，或者单击"快速访问"工具栏中的"保存"按钮💾，系统弹出"另存为"对话框。在"文件名"文本框中输入"风叶模型"，单击"保存"按钮，创建一个文件名为"风叶模型"的零件文件。

8.3.2　创建扇叶基体

01 创建基准面 1。单击"特征"选项卡"参考几何体"下拉列表中的"基准面"按钮📐，或者执行"插入"→"参考几何体"→"基准面"菜单命令，系统弹出"基准面"属性管理器，如图 8-48 所示。在"参考实体"📐选项中选择 FeatureManager 设计树中的"右视基准面"，在"偏移距离"📐栏中输入 155.00mm，注意添加基准面的方向，单击"确定"按钮✔️，创建基准面。单击"视图（前导）"工具栏"视图定向"下拉列表中的"等轴测"按钮📦，将视图以等轴测方式显示，结果如图 8-49 所示。

02 设置基准面。在 FeatureManager 设计树中选择"基准面 1"，然后单击"视图（前导）"工具栏中的"正视于"按钮⬇️，将该基准面转为正视方向。

03 绘制圆弧。单击"草图"选项卡"圆心/起/终点绘制圆弧"下拉列表中的"三点圆弧"按钮🔴，或者执行"工具"→"草图绘制实体"→"三点圆弧"菜单命令，绘制如图 8-50 所示的圆弧并标注尺寸，然后退出草图绘制状态。

04 设置基准面。在 FeatureManager 设计树中选择"右视基准面"，然后单击"视图（前导）"工具栏中的"正视于"按钮⬇️，将该基准面转为正视方向。

05 绘制切线弧。单击"草图"选项卡"圆心/起/终点绘制圆弧"下拉列表中的"三点圆弧"按钮🔴，绘制如图 8-51 所示的切线弧。

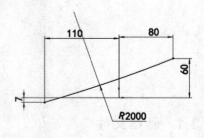

图 8-48 "基准面"属性管理器　　图 8-49 创建基准面 1　　图 8-50 绘制圆弧

06 添加几何关系。单击"草图"选项卡"显示\删除几何关系"中的"添加几何关系"按钮 └，或者执行"工具"→"几何关系"→"添加"菜单命令，系统弹出"添加几何关系"属性管理器，如图 8-52 所示。在"所选实体"选项中选择如图 8-51 所示的点 2 和点 7，单击"添加几何关系"选项组中的"竖直"按钮 │，将点 2 和点 7 设置为"竖直"几何关系，单击"确定"按钮 ✓。继续添加几何关系，将三条圆弧设置为"相切"几何关系，完成几何关系的添加，结果如图 8-53 所示。

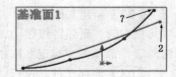

图 8-51 绘制切线弧

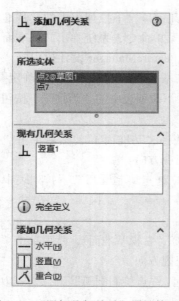

图 8-52 "添加几何关系"属性管理器

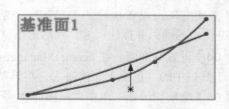

图 8-53 添加几何关系

07 标注尺寸。单击"草图"选项卡中的"智能尺寸"按钮 ✨，或者执行"工具"→"尺寸"→"智能尺寸"菜单命令，标注图 8-53 中绘制的草图尺寸，结果如图 8-54 所示。然后退出草图绘制状态。

08 创建基准面 2。单击"特征"选项卡"参考几何体"下拉列表中的"基准面"按钮 📖，或者执行"插入"→"参考几何体"→"基准面"菜单命令，系统弹出如图 8-55 所示的"基准面"属性管理器。在"第一参考"选项组中选择 FeatureManager 设计树中的"前视基准面"，在"偏移距离" 🔧 栏中输入 80.00mm，勾选"反转等距"复选框，注意添加基准面的方向，单击"确定"按钮 ✔，完成基准面 2 的创建。单击"视图（前导）"工具栏"视图定向"下拉列表中的"等轴测"按钮 📦，将视图以等轴测方向显示，结果如图 8-56 所示。

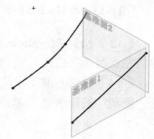

图 8-54　标注尺寸　　　　图 8-55　"基准面"属性管理器　　　图 8-56　创建基准面 2

09 设置基准面。在 FeatureManager 设计树中选择"基准面 2"，然后单击"视图（前导）"工具栏"视图定向"下拉列表中的"正视于"按钮 ⬆，将该基准面转为正视方向。

10 绘制 R300mm 圆弧。单击"草图"选项卡"圆心 / 起 / 终点绘制圆弧"下拉列表中的"三点圆弧"按钮 ⌒，绘制如图 8-57 所示的圆弧并标注尺寸。然后退出草图绘制状态。

11 创建基准面 3。单击"特征"选项卡"参考几何体"下拉列表中的"基准面"按钮 📖，或者执行"插入"→"参考几何体"→"基准面"菜单命令，系统弹出"基准面"属性管理器，如图 8-58 所示。在"第一参考"选项组中选择 FeatureManager 设计树中的"前视基准面"，在"偏移距离" 🔧 栏中输入 110.00mm，注意基准面的方向，单击"确定"按钮 ✔，完成基准面 3 的创建。单击"视图（前导）"工具栏"视图定向"下拉列表中的"等轴测"按钮 📦，将视图以等轴测方式显示，结果如图 8-59 所示。

12 设置基准面。在 FeatureManager 设计树中选择"基准面 3"，然后单击"视图（前导）"选项卡"视图定向"下拉列表中的"正视于"按钮 ⬆，将该基准面转为正视方向。

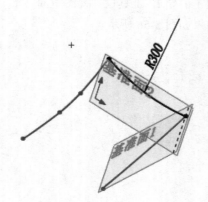

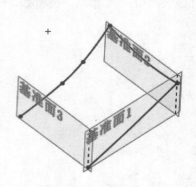

图 8-57　绘制 R300 圆弧　　　　图 8-58　"基准面"属性管理器　　　　图 8-59　创建基准面

(13) 绘制 R2500mm 圆弧。单击"草图"选项卡"圆心 / 起 / 终点绘制圆弧"下拉列表中的"三点圆弧"按钮 🔾，绘制如图 8-60 所示的圆弧并标注尺寸。然后退出草图绘制状态。

(14) 隐藏基准面。依次右键单击基准面 1、基准面 2 和基准面 3，在弹出的快捷菜单中单击"隐藏"按钮 🞂，将基准面隐藏，结果如图 8-61 所示。

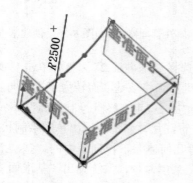

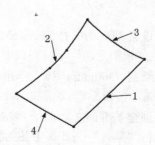

图 8-60　绘制 R2500 圆弧　　　　　　　图 8-61　隐藏基准面

(15) 放样曲面。单击"曲面"选项卡中的"放样曲面"按钮 ⬛，或者执行"插入"→"曲面"→"放样曲面"菜单命令，系统弹出"曲面 - 放样"属性管理器，如图 8-62 所示。在"轮廓"选项组中依次选择图 8-61 中的草图 3 和草图 4，在"引导线"选项组中依次选择图 8-61 中的草图 1 和草图 2。单击"确定"按钮 ✔，生成放样曲面，结果如图 8-63 所示。

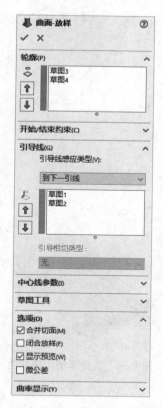

图 8-62 "曲面 - 放样"属性管理器

图 8-63 放样曲面

8.3.3 创建扇叶

01 设置基准面。在 FeatureManager 设计树中选择"上视基准面"作为草图绘制平面，然后单击"视图（前导）"工具栏"视图定向"下拉列表中的"正视于"按钮 ↧，将该基准面转为正视方向。

02 绘制草图。单击"草图"选项卡中的"直线"按钮 ／ 和"三点圆弧"按钮 ＾，绘制如图 8-64 所示的草图并标注尺寸。

03 插入分割线。单击"特征"选项卡"曲线"下拉列表中的"分割线"按钮 ，或者执行"插入"→"曲线"→"分割线"菜单命令，系统弹出"分割线"属性管理器，如图 8-65 所示。在"分割类型"选项组中点选"投影"单选按钮，在"要投影的草图"选项中选择图 8-66 中的草图 5，在"要分割的面"选项框中选择图 8-66 中的面 1，单击"确定"按钮 ，生成所需的分割线，结果如图 8-67 所示。

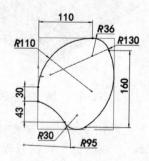

图 8-64 绘制草图

04 删除曲面。单击"曲面"选项卡中的"删除面"按钮 ，或者执行"插入"→"面"→"删除面"菜单命令，弹出"删除面"属性管理器。点选"删除"单选按钮，单击"要删除的面"选项，选择要删除的面，如图 8-68 所示。单击"确定"按钮 ，完成曲面的删除，然后将视图以适当的方向显示，结果如图 8-69 所示。

图 8-65 "分割线"属性管理器

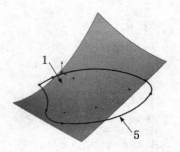

图 8-66 选择草图曲线和面

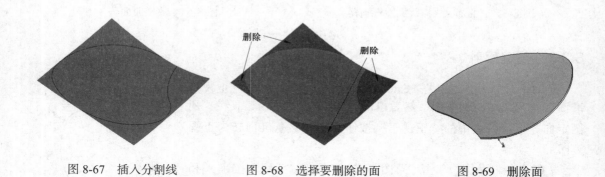

图 8-67 插入分割线　　　　图 8-68 选择要删除的面　　　　图 8-69 删除面

05 移动复制实体。执行"插入"→"曲面"→"移动/复制"菜单命令,弹出"移动/复制实体"属性管理器,单击最下面的"平移/旋转"按钮,切换到"平移/旋转"模式。选择"要移动/复制的实体"选项组,然后在绘图区中选择步骤 **04** 中生成的扇叶,勾选"复制"复选框,在"份数" 栏中输入 2,在"旋转"选项组中的 、 和 文本框中指定距离均为 0,在"Y 旋转角度" 栏中输入 120.00 度,此时在绘图区可以预览曲面移动或复制的结果,如图 8-70 所示。单击"确定"按钮 ,完成曲面的移动复制。

06 加厚曲面实体。执行"插入"→"凸台/基体"→"加厚"菜单命令,系统弹出"加厚"属性管理器;在"要加厚的曲面"选项中选择 FeatureManager 设计树中的"删除面 1",在"厚度" 栏中输入 2.00mm,其他设置如图 8-71 所示,单击"确定"按钮 ,将曲面实体加厚。重复上述操作,将另外两个扇叶同样加厚 2.00mm,结果如图 8-72 所示。

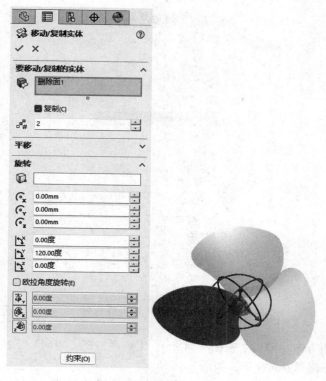

图 8-70　移动复制实体

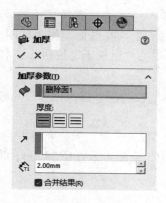

图 8-71　"加厚"属性管理器

图 8-72　加厚曲面实体

8.3.4　创建扇叶轴

01 创建基准面 4。单击"特征"选项卡"参考几何体"下拉列表中的"基准面"按钮 ![icon]，系统弹出如图 8-73 所示的"基准面"属性管理器。选择"第一参考"选项组，在 Feature-Manager 设计树中选择"上视基准面"，在"偏移距离" ![icon] 栏中输入 46.00mm，注意添加基准面的方向。单击"确定"按钮 ![icon]，完成基准面 4 的创建。

图 8-73 "基准面"属性管理器

02 设置视图方向。单击"视图（前导）"工具栏"视图定向"下拉列表中的"等轴测"按钮，将视图以等轴测方向显示，如图 8-74 所示。

03 设置基准面。在 FeatureManager 设计树中选择"基准面 4"，单击"视图（前导）"工具栏"视图定向"下拉列表中的"正视于"按钮，将该基准面转为正视方向。

04 绘制放样草图。单击"草图"选项卡中的"圆"按钮，以坐标原点为圆心绘制直径为 74mm 的圆，如图 8-75 所示。然后退出草图绘制状态。

05 设置基准面。在 FeatureManager 设计树中选择"上视基准面"作为草图绘制平面，然后单击"视图（前导）"工具栏"视图定向"下拉列表中的"正视于"按钮，将该基准面转为正视方向。

06 绘制放样草图。单击"草图"选项卡中的"圆"按钮，以坐标原点为圆心绘制直径为 78mm 的圆。然后退出草图绘制状态。

07 设置视图方向。单击"视图（前导）"工具栏"视图定向"下拉列表中的"等轴测"按钮，将视图以等轴测方向显示，如图 8-76 所示。其中，草图 1 为直径 74mm 的圆，草图 2 为直径 78mm 的圆。

图 8-74 等轴测视图

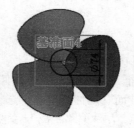

图 8-75 绘制放样草图

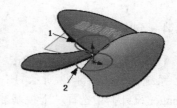

图 8-76 等轴测视图

08 放样实体。单击"特征"选项卡中的"放样凸台／基体"按钮 ⬛，或者执行"插入"→"凸台／基体"→"放样"菜单命令，系统弹出"放样"属性管理器。单击"轮廓"选项，依次选择图 8-76 中的草图 1 和草图 2 作为放样轮廓。单击"确定"按钮 ✓，完成实体放样，结果如图 8-77 所示。

09 设置基准面。在 FeatureManager 设计树中选择"基准面 4"，然后单击"视图（前导）"工具栏中的"正视于"按钮 ⬛，将该基准面转为正视方向。

10 等距实体。单击"草图"选项卡中的"草图绘制"按钮 ⬛，进入草图绘制状态。选择图 8-77 中的边线 1，然后单击"草图"选项卡中的"等距实体"按钮 ⬛，系统弹出"等距实体"属性管理器，如图 8-78 所示。在"等距距离" ⬛ 栏中输入 5.00mm，勾选"反向"复选框。单击"确定"按钮 ✓，在边线内侧等距生成一个圆，结果如图 8-79 所示。

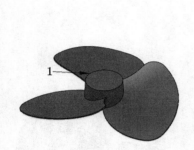

图 8-77　放样实体　　　　图 8-78　"等距实体"属性管理器　　　　图 8-79　等距实体

11 切除拉伸实体。单击"特征"选项卡中的"拉伸切除"按钮 ⬛，或者执行"插入"→"切除"→"拉伸"菜单命令，系统弹出"切除 - 拉伸"属性管理器。设置切除终止条件为"完全贯穿"，如图 8-80 所示。单击"确定"按钮 ✓，完成切除拉伸实体操作，结果如图 8-81 所示。

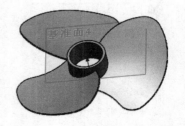

图 8-80　"切除 - 拉伸"属性管理器　　　　　　图 8-81　切除拉伸实体

(12) 设置基准面。在 FeatureManager 设计树中选择"上视基准面"作为草图绘制平面，单击"视图（前导）"工具栏"视图定向"下拉列表中的"正视于"按钮 ↥，将该基准面转为正视方向。

(13) 绘制凸台拉伸草图。单击"草图"选项卡"直线"下拉列表中的"中心线"按钮 ⌇，绘制过坐标原点的竖直中心线，再单击"草图"选项卡中的"边角矩形"按钮 ▢，绘制一个矩形并标注尺寸，结果如图 8-82 所示。然后添加几何关系，使矩形左、右两边线关于中心线对称，矩形的下边线和坐标原点为"重合"几何关系。

(14) 凸台拉伸实体。单击"特征"选项卡中的"拉伸凸台/基体"按钮 ⬛，或者执行"插入"→"凸台/基体"→"拉伸"菜单命令，系统弹出"凸台-拉伸"属性管理器，如图 8-83 所示。设置拉伸终止条件为"给定深度"，在"深度" ⬚ 栏中输入 46.00mm（即与轴高度相同），勾选"合并结果"复选框。单击"确定"按钮 ✓，完成凸台拉伸操作，结果如图 8-84 所示。

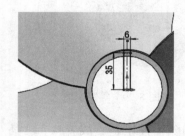

图 8-82 绘制凸台拉伸草图　　图 8-83 "凸台-拉伸"属性管理器　　图 8-84 凸台拉伸实体

(15) 添加基准轴。单击"特征"选项卡"参考几何体"下拉列表中的"基准轴"按钮 ⟋，或者执行"插入"→"参考几何体"→"基准轴"菜单命令，系统弹出"基准轴"属性管理器。在"参考实体"选项中选择图 8-84 中的面 1，系统会自动判断添加基准轴的类型，如图 8-85 所示。单击"确定"按钮 ✓，添加一个基准轴，结果如图 8-86 所示。

图 8-85 "基准轴"属性管理器　　　　图 8-86 添加基准轴

16 圆周阵列实体。单击"特征"选项卡"线性阵列"下拉列表中的"圆周阵列"按钮 ⚙，或者执行"插入"→"阵列/镜向"→"圆周阵列"菜单命令，系统弹出"阵列圆周"属性管理器。在"阵列轴"选项中选择步骤 **15** 中添加的基准轴，在"要阵列的特征"选项框中选择步骤 **14** 中生成的凸台拉伸实体 1，勾选"等间距"单选按钮，在"实例数" ✳ 栏中输入 6，如图 8-87 所示。单击"确定"按钮 ✔，完成圆周阵列实体操作，结果如图 8-88 所示。

17 边线倒圆角。单击"特征"选项卡中的"圆角"按钮 🫐，或者执行"插入"→"特征"→"圆角"菜单命令，系统弹出"圆角"属性管理器；如图 8-89 所示，在"圆角类型"选项组中选择"恒定大小圆角"按钮 🫐，在"半径" 🖊 栏中输入 6.00mm，在"要圆角化的项目"选项组中选择图 8-88 中的边线 1。单击"确定"按钮 ✔，完成边线倒圆角操作，结果如图 8-90 所示。

图 8-87　"阵列圆周"属性管理器

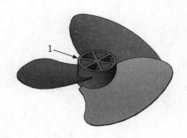

图 8-88　圆周阵列实体

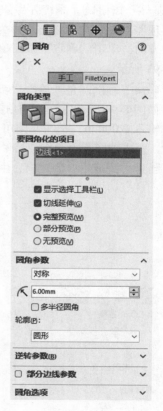

图 8-89　"圆角"属性管理器

图 8-90　边线倒圆角

8.3.5 创建与转子连接的轴

01 设置基准面。在 FeatureManager 设计树中选择"上视基准面"作为草图绘制平面，单击"视图（前导）"工具栏"视图定向"下拉列表中的"正视于"按钮，将该基准面转为正视方向。

02 绘制凸台拉伸草图。单击"草图"选项卡中的"圆"按钮⊙，以坐标原点为圆心绘制直径为 12mm 的圆，如图 8-91 所示。

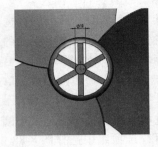

图 8-91　绘制凸台拉伸草图

03 凸台拉伸实体。单击"特征"选项卡中的"拉伸凸台 / 基体"按钮，系统弹出如图 8-92 所示的"凸台 - 拉伸"属性管理器。设置拉伸终止条件为"给定深度"，在"深度"栏中输入 80.00mm，注意拉伸实体的方向。单击"确定"按钮，完成凸台拉伸操作，然后将视图以适当的方向显示，结果如图 8-93 所示。

04 轴倒圆角。单击"特征"选项卡中的"圆角"按钮，系统弹出"圆角"属性管理器，如图 8-94 所示。在"圆角类型"选项组中选择"恒定大小圆角"按钮，在"半径"栏中输入 2.00mm，在"要圆角化的项目"选项组中选择图 8-93 中的边线 1。单击"确定"按钮，完成轴倒圆角操作，结果如图 8-95 所示。

至此，完成扇叶的建模，生成的扇叶模型及其 FeatureManager 设计树如图 8-96 所示。

图 8-92　"凸台 - 拉伸"属性管理器

图 8-93　凸台拉伸实体

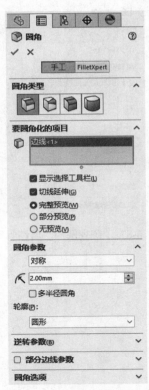

图 8-94　"圆角"属性管理器

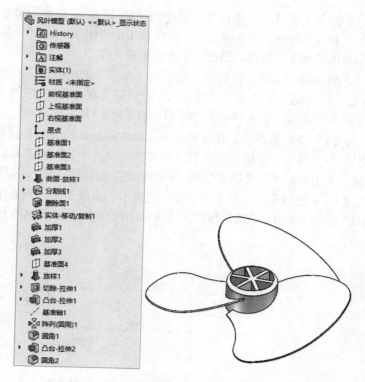

图 8-95　轴倒圆角

图 8-96　扇叶模型及其 FeatureManager 设计树

8.4　轮毂

本例创建的轮毂如图 8-97 所示。首先绘制轮毂主体曲面，然后利用旋转曲面、分割线以及放样曲面创建一个减重孔，再阵列其他减重孔后剪裁曲面，最后切割曲面生成安装孔。

图 8-97　轮毂

8.4.1　绘制轮毂主体

01 启动软件。执行"开始"→"所有应用"→"SOLIDWORKS 2024"菜单命令，或者双击桌面上的 SOLIDWORKS 2024 的快捷方式按钮 [SW]，就可以启动该软件。

02 新建文件。单击菜单栏中的"文件"→"新建"命令，或单击"快速访问"工具栏中的"新建"按钮 📄，在弹出的"新建 SOLIDWORKS 文件"对话框中，单击"零件"按钮 🔩，然后单击"确定"按钮，创建一个新的零件文件。

03 保存文件。执行"文件"→"保存"菜单命令，或者单击"快速访问"工具栏中的"保存"按钮 🖫，系统弹出"另存为"对话框。在"文件名"文本框中输入"轮毂"，单击"保存"按钮，创建一个文件名为"轮毂"的零件文件。

04 设置基准面。在左侧的 FeatureManager 设计树中选择"前视基准面"，单击"视图（前导）"工具栏"视图定向"下拉列表中的"正视于"按钮 ↓，将该基准面作为绘制图形的基准面。单击"草图"选项卡中的"草图绘制"按钮 └，进入草图绘制状态。

05 绘制草图。单击"草图"选项卡"直线"下拉列表中的"中心线"按钮 ✏、"三点圆弧"按钮 ⌒ 和"直线"按钮 ✏，绘制如图 8-98 所示的草图并标注尺寸。

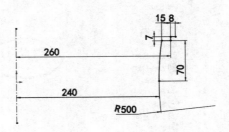

图 8-98 绘制草图

06 旋转曲面。单击"曲面"选项卡中的"旋转曲面"按钮 🌐，或者执行"插入"→"曲面"→"旋转曲面"菜单命令，系统弹出如图 8-99 所示的"曲面 - 旋转"属性管理器。选择刚创建的草图中心线为旋转轴，其他采用默认设置，单击属性管理器中的"确定"按钮 ✔，结果如图 8-100 所示。

图 8-99 "曲面 - 旋转"属性管理器   图 8-100 旋转曲面

07 镜向旋转曲面。单击"特征"选项卡中的"镜向" ᚎ 按钮，或者执行"插入"→"阵列/镜向"→"镜向"菜单命令，系统弹出如图 8-101 所示的"镜向"属性管理器。选择"上视基准面"为镜向基准面，在视图中选择刚创建的旋转曲面为要镜向的实体，单击属性管理器中的"确定"按钮 ✔，结果如图 8-102 所示。

图 8-101　"镜向"属性管理器　　　　　　　　　　图 8-102　镜向旋转曲面

08 缝合曲面。单击"曲面"选项卡中的"缝合曲面"按钮 ，或者执行"插入"→"曲面"→"缝合曲面"菜单命令，系统弹出如图 8-103 所示的"缝合曲面"属性管理器。选择视图中所有的曲面，单击属性管理器中的"确定"按钮 ✓。

图 8-103　"缝合曲面"属性管理器

8.4.2　绘制减重孔

01 设置基准面。在左侧的 FeatureManager 设计树中选择"前视基准面"，然后单击"视图（前导）"工具栏"视图定向"下拉列表中的"正视于"按钮，将该基准面作为绘制图形的基准面。单击"草图"选项卡中的"草图绘制"按钮，进入草图绘制状态。

02 绘制草图。单击"草图"选项卡"直线"下拉列表中的"中心线"按钮 🖍 和"三点圆弧"按钮 🔿，绘制如图 8-104 所示的草图并标注尺寸。

03 旋转曲面。单击"曲面"选项卡中的"旋转曲面"按钮 🔕，或者执行"插入"→"曲面"→"旋转曲面"菜单命令，系统弹出"曲面 - 旋转"属性管理器。选择刚创建的草图中心线为旋转轴，其他采用默认设置，单击属性管理器中的"确定"按钮 ✔，结果如图 8-105 所示。

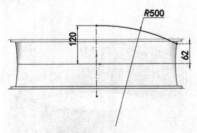

图 8-104　绘制草图（一）

图 8-105　旋转曲面（一）

04 设置基准面。在左侧的 FeatureManager 设计树中选择"前视基准面"，然后单击"视图（前导）"工具栏"视图定向"下拉列表中的"正视于"按钮 🛴，将该基准面作为绘制图形的基准面。单击"草图"选项卡中的"草图绘制"按钮 🗌，进入草图绘制状态。

05 绘制草图。单击"草图"选项卡"直线"下拉列表中的"中心线"按钮 🖍 和"直线"按钮 ╱，绘制如图 8-106 所示的草图并标注尺寸。

06 旋转曲面。单击"曲面"选项卡中的"旋转曲面"按钮 🔕，或者执行"插入"→"曲面"→"旋转曲面"菜单命令，系统弹出"曲面 - 旋转"属性管理器。选择刚创建的草图中心线为旋转轴，其他采用默认设置，单击属性管理器中的"确定"按钮 ✔，结果如图 8-107 所示。

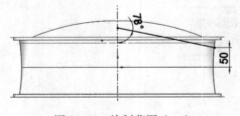

图 8-106　绘制草图（二）

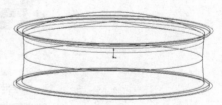

图 8-107　旋转曲面（二）

07 设置基准面。在左侧的 FeatureManager 设计树中选择"上视基准面"，然后单击"视图（前导）"工具栏"视图定向"下拉列表中的"正视于"按钮 🛴，将该基准面作为绘制图形的基准面。单击"草图"选项卡中的"草图绘制"按钮 🗌，进入草图绘制状态。

08 绘制草图。单击"草图"选项卡"直线"下拉列表中的"中心线"按钮 🖍、"直线"按钮 ╱、"圆心 / 起 / 终点绘制圆弧"按钮 🔾 和"绘制圆角"按钮 ⌐，绘制如图 8-108 所示的草图并标注尺寸。

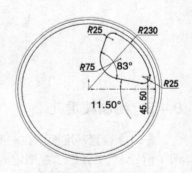

图 8-108　绘制草图（三）

09 分割曲面。单击"特征"选项卡"曲线"下拉列表中的"分割线"按钮![icon]，或者执行"插入"→"曲线"→"分割线"菜单命令，系统弹出如图 8-109 所示的"分割线"属性管理器。选择分割类型为"投影"，选择刚绘制的草图为要投影的草图，选择步骤 **03** 创建的旋转曲面为分割的面，单击属性管理器中的"确定"按钮✔，结果如图 8-110 所示。

图 8-109　"分割线"属性管理器

图 8-110　分割曲面（一）

10 设置基准面。在左侧的 FeatureManager 设计树中选择"上视基准面"，然后单击"视图（前导）"工具栏"视图定向"下拉列表中的"正视于"按钮↧，将该基准面作为绘制图形的基准面。单击"草图"选项卡中的"草图绘制"按钮![icon]，进入草图绘制状态。

11 绘制草图。单击"草图"选项卡中的"转换实体引用"按钮![icon]，将步骤 **05** 创建的草图转换为图素，单击"草图"选项卡中的"等距实体"按钮![icon]，将转换的图素向内偏移14mm，结果如图 8-111 所示。

12 分割曲面。单击"特征"选项卡"曲线"下拉列表中的"分割线"按钮![icon]，或者执行"插入"→"曲线"→"分割线"菜单命令，系统弹出"分割线"属性管理器。选择分割类型为"投影"，选择刚绘制的草图为要投影的草图，选择步骤 **06** 创建的旋转曲面为分割的面，单击属性管理器中的"确定"按钮✔，结果如图 8-112 所示。

图 8-111　绘制草图

图 8-112　分割曲面（二）

13 删除面。单击"曲面"选项卡中的"删除面"按钮 📖 ，或者执行"插入"→"面"→"删除"菜单命令，系统弹出如图 8-113 所示的"删除面"属性管理器。选择刚创建的分割面为要删除的面，点选"删除"单选按钮，单击属性管理器中的"确定"按钮 ✅ ，结果如图 8-114 所示。

图 8-113 "删除面"属性管理器

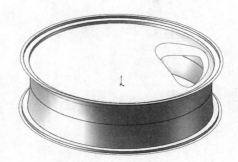

图 8-114 删除面

14 放样曲面。单击"曲面"选项卡中的"放样曲面"按钮 ♨ ，或者执行"插入"→"曲面"→"放样曲面"菜单命令，系统弹出"曲面 - 放样"属性管理器，如图 8-115 所示，在"轮廓"选项组中选择如图 8-115 所示预览图形中的删除面后的上、下对应两边线，单击"确定"按钮 ✅ ，生成放样曲面。重复"放样曲面"命令，选择其他边线进行放样，结果如图 8-116 所示。

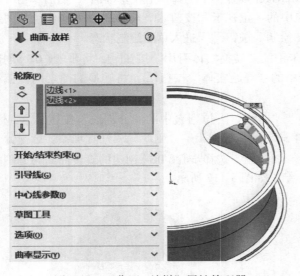

图 8-115 "曲面 - 放样"属性管理器

图 8-116 放样曲面

15 缝合曲面。单击"曲面"选项卡中的"缝合曲面"按钮 📳 ，或者执行"插入"→"曲面"→"缝合曲面"菜单命令，此时系统弹出如图 8-117 所示的"曲面 - 缝合"属性管理器。选择刚创建的所有放样曲面，单击属性管理器中的"确定"按钮 ✅ 。

图 8-117　"曲面 - 缝合"属性管理器

16 圆周阵列实体。执行"视图"→"隐藏 / 显示"→"临时轴"菜单命令，显示临时轴。执行"插入"→"阵列 / 镜向"→"圆周阵列"菜单命令，或者单击"特征"选项卡"线性阵列"下拉列表中的"圆周阵列"按钮 ，系统弹出"阵列（圆周）"属性管理器。在"阵列轴"选项中选择基准轴，在"要阵列的特征"选项中选择刚创建缝合曲面，勾选"等间距"单选按钮，在"实例数" 栏中输入 4，如图 8-118 所示。单击"确定"按钮 ，完成圆周阵列实体操作，结果如图 8-119 所示。

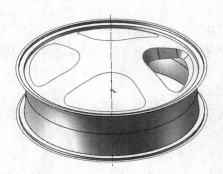

图 8-118　"阵列圆周"属性管理器　　　　　图 8-119　圆周阵列实体

17 剪裁曲面。单击"曲面"选项卡中的"剪裁曲面"按钮 ，或者执行"插入"→"曲面"→"剪裁曲面"菜单命令，系统弹出如图 8-120 所示的"剪裁曲面"属性管理器。点选"相互"单选按钮，选择视图中所有的曲面为剪裁曲面，点选"移除选择"单选按钮，选择图 8-120 所示预览图形中的上、下六个曲面为要移除的面。单击属性管理器中的"确定"按钮✅，结果如图 8-121 所示。

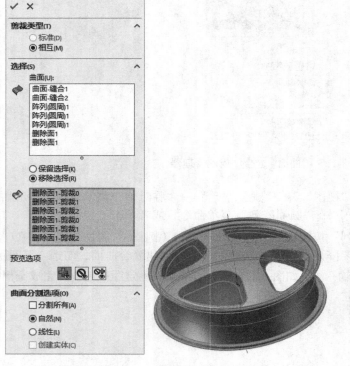

图 8-120　"剪裁曲面"属性管理器　　　　　　　　图 8-121　剪裁曲面

8.4.3　绘制安装孔

01 设置基准面。在左侧的 FeatureManager 设计树中选择"上视基准面"，然后单击"视图（前导）"工具栏"视图定向"下拉列表中的"正视于"按钮↥，将该基准面作为绘制图形的基准面。单击"草图"选项卡中的"草图绘制"按钮▭，进入草图绘制状态。

02 绘制草图。单击"草图"选项卡中的"圆"按钮⊙，绘制如图 8-122 所示的草图并标注尺寸。

03 拉伸曲面。单击"曲面"选项卡中的"拉伸曲面"按钮🗗，或者执行"插入"→"曲面"→"拉伸曲面"菜单命令，系统弹出如图 8-123 所示的"凸台 - 拉伸"属性管理器。选择刚创建的草图，设置终止条件为"给定深度"，输入拉伸距离为 120.00mm。单击属性管理器中的"确定"按钮✅，结果如图 8-124 所示。

图 8-122　绘制草图

图 8-123　"凸台 - 拉伸"属性管理器

图 8-124　拉伸曲面

04 圆周阵列实体。单击"特征"选项卡"线性阵列"下拉列表中的"圆周阵列"按钮，或者执行"插入"→"阵列 / 镜向"→"圆周阵列"菜单命令，系统弹出"阵列圆周"属性管理器。在"阵列轴"选项中选择基准轴，在"要阵列的特征"选项中选择刚创建拉伸曲面，勾选"等间距"单选按钮，在"实例数"　栏中输入 6，如图 8-125 所示。单击"确定"按钮，完成圆周阵列实体操作。执行"视图"→"隐藏 / 显示"→"临时轴"菜单命令，不显示临时轴，结果如图 8-126 所示。

图 8-125　"阵列圆周"属性管理器

图 8-126　圆周阵列实体

05 剪裁曲面。单击"曲面"选项卡中的"剪裁曲面"按钮，或者执行"插入"→"曲面"→"剪裁曲面"菜单命令，系统弹出如图 8-127 所示的"剪裁曲面"属性管理器。点选"相互"单选按钮，选择曲面剪裁 1 上、下两个曲面和圆周阵列的拉伸曲面，点选"移除选择"单选按钮，选择图 8-127 所示的六个小圆的面为要移除的面。单击属性管理器中的"确定"按钮，隐藏基准面 1，结果如图 8-128 所示。

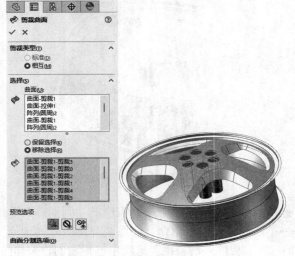

图 8-127 "剪裁曲面"属性管理器

图 8-128 剪裁曲面

06 缝合曲面。单击"曲面"选项卡中的"缝合曲面"按钮，或者执行"插入"→"曲面"→"缝合曲面"菜单命令，系统弹出如图 8-129 所示的"缝合曲面"属性管理器。选择视图中所有的曲面，单击属性管理器中的"确定"按钮。结果如图 8-130 所示。

图 8-129 "缝合曲面"属性管理器

图 8-130 缝合曲面

07 加厚曲面。执行"插入"→"凸台/基体"→"加厚"菜单命令，系统弹出如图 8-131 所示的"加厚"属性管理器。选择上视图中刚创建的缝合曲面，选择"加厚侧边 2"选项▤，输入厚度为 4.00mm。单击属性管理器中的"确定"按钮✔。结果如图 8-132 所示。

图 8-131　"加厚"属性管理器

图 8-132　加厚曲面

第 **9** 章

电子产品造型实例

在各种电子产品中，曲面造型非常常见。电子产品大量出现曲面造型，主要是基于两个方面考虑：一方面是设计美学和工业造型美学，曲面能给人以圆润动人的美的享受，所以可以看到各种电子产品，如鼠标、遥控器等的曲面造型设计越来越精巧。另一方面是出于安全性和舒适性考虑，由于曲面造型是圆滑过渡，没有各种急剧变化的拐角和折角，使用起来触感比较好，也不易出现划伤等意外事故。

本章将以两个电子产品曲面造型设计为例介绍电子产品中的曲面造型方法应用与设计技巧。

学 习 要 点

◎ 遥控器
◎ 鼠标

9.1　遥控器

遥控器模型如图 9-1 所示。绘制该模型的命令主要有旋转曲面、延展曲面和圆角曲面等。

图 9-1　遥控器模型

9.1.1　新建文件

01 启动软件。执行"开始"→"所有应用"→"SOLIDWORKS 2024"菜单命令，或者双击桌面上的 SOLIDWORKS 2024 的快捷方式按钮，就可以启动该软件。

02 创建零件文件。执行"文件"→"新建"菜单命令，或者单击"快速访问"工具栏中的"新建"按钮，系统弹出如图 9-2 所示的"新建 SOLIDWORKS 文件"对话框，在其中选择"零件"按钮，单击"确定"按钮，创建一个新的零件文件。

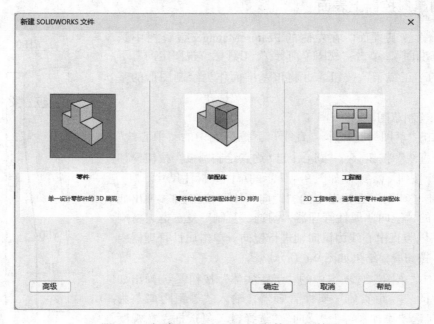

图 9-2　"新建 SOLIDWORKS 文件"对话框

03 保存文件。执行"文件"→"保存"菜单命令，或者单击"快速访问"工具栏中的"保存"按钮，系统弹出如图 9-3 所示的"另存为"对话框。在"文件名"文本框中输入"遥控器"，单击"保存"按钮，创建一个文件名为"遥控器"的零件文件。

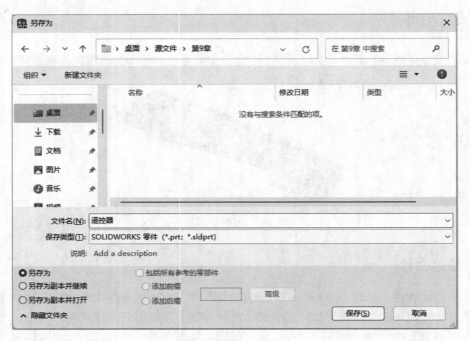

图 9-3 "另存为"对话框

9.1.2 创建遥控器上表面

01 设置基准面。在左侧的 FeatureManager 设计树中选择"前视基准面",单击"视图(前导)"工具栏"视图定向"下拉列表中的"正视于"按钮↓,将该基准面作为绘制图形的基准面。

02 绘制草图。

❶ 单击"草图"选项卡"直线"下拉列表中的"中心线"按钮、"直线"按钮、"圆心/起/终点绘制圆弧"按钮和"绘制圆角"按钮,绘制如图 9-4 所示的草图并标注尺寸。

❷ 单击"草图"选项卡中的"镜向实体"按钮,弹出如图 9-5 所示的"镜向"属性管理器,勾选"复制"复选框,将刚绘制的草图以竖直中心线为镜向轴进行镜向。单击属性管理器中的"确定"按钮,结果如图 9-6 所示。

❸ 单击"草图"选项卡中的"等距实体"按钮,弹出如图 9-7 所示的"等距实体"属性管理器,输入"等距距离"为 2.50mm,勾选"添加尺寸""反向""选择链"复选框,在视图中选择草图轮廓线,单击属性管理器中的"确定"按钮,结果如图 9-8 所示。

❹ 单击"草图"选项卡中的"直线"按钮、"绘制圆角"按钮和"剪裁实体"按钮,绘制如图 9-9 所示的草图并标注尺寸。

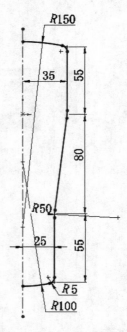

图 9-4 绘制草图

图 9-5 "镜向"属性管理器

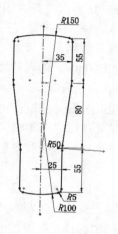

图 9-6 镜向草图

图 9-7 "等距实体"属性管理器

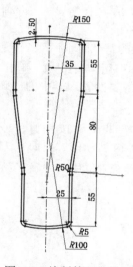

图 9-8 绘制等距实体

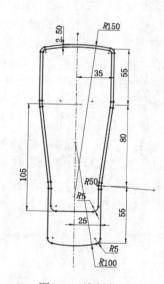

图 9-9 绘制草图

03 平面区域。单击"曲面"选项卡中的"平面区域"按钮 ▇，或者执行"插入"→"曲面"→"平面区域"菜单命令，系统弹出如图 9-10 所示的"平面"属性管理器。以刚绘制的草图为边界，单击属性管理器中的"确定"按钮 ✔，结果如图 9-11 所示。

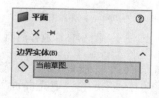

图 9-10 "平面"属性管理器

图 9-11 创建平面区域

04 创建基准面 1。单击"特征"选项卡"参考几何体"下拉列表中的"基准面"按钮 ，或者执行"插入"→"参考几何体"→"基准面"菜单命令，弹出如图 9-12 所示的"基准面"属性管理器。选择"前视基准面"作为参考面，输入偏移距离为 1.80mm，勾选"反转等距"复选框，单击属性管理器中的"确定"按钮 。

05 设置基准面。在左侧的 FeatureManager 设计树中选择"基准面 1"，单击"视图（前导）"工具栏"视图定向"下拉列表中的"正视于"按钮 ，将该基准面作为绘制图形的基准面。

06 绘制草图。单击"草图"选项卡中的"等距实体"按钮 ，弹出"等距实体"属性管理器，输入"等距距离"为 2.00mm，勾选"反向"复选框，在视图中选择平面曲面的内侧边线，单击属性管理器中的"确定"按钮 ，结果如图 9-13 所示。单击"退出草图"按钮 ，退出草图绘制状态。

07 设置基准面。在左侧的 FeatureManager 设计树中选择"前视基准面"，单击"视图（前导）"工具栏"视图定向"下拉列表中的"正视于"按钮 ，将该基准面作为绘制图形的基准面。

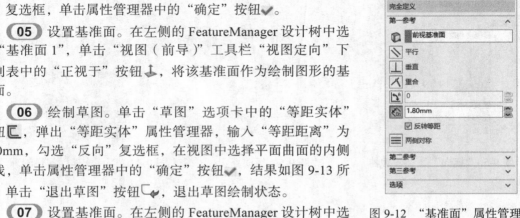

图 9-12 "基准面"属性管理器

08 绘制草图。单击"草图"选项卡中的"转换实体引用"按钮 ，弹出"转换实体引用"属性管理器，在视图中选择平面曲面的内侧边线，单击属性管理器中的"确定"按钮 。单击"退出草图"按钮 ，退出草图绘制状态。

09 放样曲面。单击"曲面"选项卡中的"放样曲面"按钮 ，或者执行"插入"→"曲面"→"放样曲面"菜单命令，系统弹出如图 9-14 所示的"曲面 - 放样"属性管理器，选择步骤 **06** 和 **08** 绘制草图为放样轮廓。单击属性管理器中的"确定"按钮 ，隐藏基准面 1，结果如图 9-15 所示。

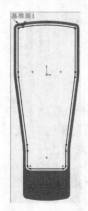

图 9-13 绘制草图　　图 9-14 "曲面 - 放样"属性管理器　　图 9-15 放样曲面

10 填充曲面。单击"曲面"选项卡中的"填充曲面"按钮 ，或者执行"插入"→"曲面"→"填充曲面"菜单命令，系统弹出如图 9-16 所示的"填充曲面"属性管理器，选择刚创建的放样曲面的下边线为修补边界。单击属性管理器中的"确定"按钮 ，结果如图 9-17 所示。

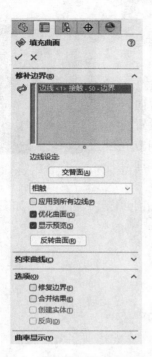

图 9-16 "填充曲面"属性管理器　　　　　　　　　图 9-17 填充曲面

⑪ 缝合曲面。单击"曲面"选项卡中的"缝合曲面"按钮 ，或者执行"插入"→"曲面"→"缝合曲面"菜单命令，系统弹出如图 9-18 所示的"缝合曲面"属性管理器，选择视图中所有的曲面。单击属性管理器中的"确定"按钮 ，结果如图 9-19 所示。

图 9-18 "缝合曲面"属性管理器　　　　　　　　图 9-19 缝合曲面

9.1.3 创建遥控器按钮孔

⓪① 设置基准面。在视图中选择填充曲面，单击"视图（前导）"工具栏"视图定向"下拉列表中的"正视于"按钮 ，将该基准面作为绘制图形的基准面。

02 绘制草图。

❶ 单击"草图"选项卡中的"圆"按钮 ⊙，绘制圆并标注尺寸，结果如图 9-20 所示。

❷ 单击"草图"选项卡中的"线性草图阵列"按钮 ，弹出如图 9-21 所示的"线性阵列"属性管理器，在 X 轴方向上设置阵列距离为 14.00mm、个数为 4，在 Y 轴方向上设置阵列距离为 14.00mm、个数为 4，单击"反向"按钮 调节阵列方向，选择刚创建的圆为要阵列的实体。单击属性管理器中的"确定"按钮 ✓，结果如图 9-22 所示。

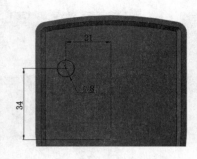

图 9-20 绘制圆

❸ 单击"草图"选项卡中的"椭圆"按钮 ⊘，绘制椭圆并标注尺寸，结果如图 9-23 所示。

图 9-21 "线性阵列"属性管理器

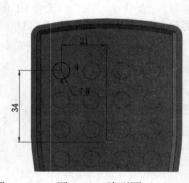

图 9-22 阵列圆　　　　　图 9-23 绘制椭圆

❹ 单击"草图"选项卡中的"圆"按钮 ⊙、"三点圆弧"按钮 、"绘制圆角"按钮 和"圆周草图阵列"按钮 ，绘制如图 9-24 所示的草图并标注尺寸（注意下端的圆弧和圆同心）。

03 分割曲面。单击"特征"选项卡"曲线"下拉列表中的"分割线"按钮 ，或者执行"插入"→"曲线"→"分割线"菜单命令，系统弹出如图 9-25 所示的"分割线"属性管理器。选择"投影"分割类型，选择刚创建的草图为要投影的草图，设置填充曲面为要分割的面，单击属性管理器中的"确定"按钮 ✓，结果如图 9-26 所示。

04 删除面。单击"曲面"选项卡中的"删除面"按钮 ，或者执行"插入"→"面"→"删除"菜单命令，系统弹出如图 9-27 所示的"删除面"属性管理器。在视图中选择刚创建的分割曲面，勾选"删除"单选按钮，单击属性管理器中的"确定"按钮 ✓，结果如图 9-28 所示。

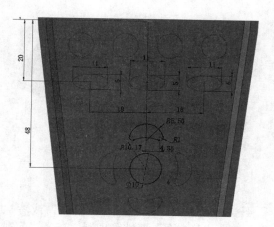

图 9-24 绘制草图

图 9-25 "分割线"属性管理器

图 9-26 分割曲面

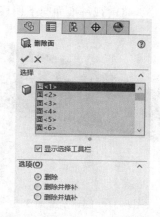

图 9-27 "删除面"属性管理器

图 9-28 删除面

9.1.4 创建遥控器的下表面曲面

01 设置基准面。在左侧的 FeatureManager 设计树中选择"前视基准面",然后单击"视图(前导)"工具栏"视图定向"下拉列表中的"正视于"按钮 ，将该基准面作为绘制图形的基准面 2。

02 绘制草图。单击"草图"选项卡中的"转换实体引用"按钮 ，将平面曲面的外轮廓边线转换为草图。

03 拉伸曲面。单击"曲面"选项卡中的"拉伸曲面"按钮 ，或者执行"插入"→"曲面"→"拉伸曲面"菜单命令，系统弹出如图 9-29 所示的"曲面 - 拉伸"属性管理器。选择刚创建的草图，设置终止条件为"给定深度"，输入拉伸距离为 10.00mm。单击属性管理器中的"确定"按钮 ，结果如图 9-30 所示。

图 9-29　"曲面 - 拉伸"属性管理器　　　　　　　图 9-30　拉伸曲面

04 单击"特征"选项卡"参考几何体"下拉列表中的"基准面"按钮■，或者执行"插入"→"参考几何体"→"基准面"菜单命令，弹出"基准面"属性管理器。选择"前视基准面"为参考面，输入偏移距离为 10.00mm，勾选"反转等距"复选框，单击属性管理器中的"确定"按钮✔。重复"基准面"命令，将前视基准面向下偏移 25mm，结果如图 9-31 所示。

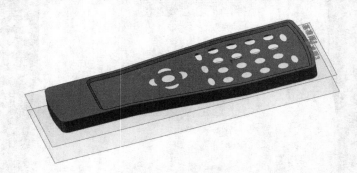

图 9-31　创建基准面 3

05 设置基准面。在左侧的 FeatureManager 设计树中选择"基准面 2"，然后单击"视图（前导）"工具栏"视图定向"下拉列表中的"正视于"按钮↓，将该基准面作为绘制图形的基准面。

06 绘制草图。单击"草图"选项卡中的"转换实体引用"按钮□，将平面曲面的下端外轮廓边线转换为草图，单击"草图"选项卡中的"直线"按钮✓，连接两端点，结果如图 9-32 所示。单击"退出草图"按钮↳，退出草图绘制状态。

07 设置基准面。在左侧的 FeatureManager 设计树中选择"基准面 3"，单击"视图（前导）"工具栏"视图定向"下拉列表中的"正视于"按钮↓，将该基准面作为绘制图形的基准面。

08 绘制草图。单击"草图"选项卡中的"等距实体"按钮⊏，将平面曲面的下端外轮廓边线转换为草图，单击"草图"选项卡中的"直线"按钮✓和"剪裁实体"按钮廴，绘制草图并标注尺寸，结果如图 9-33 所示。单击"退出草图"按钮↳，退出草图绘制状态。

图 9-32　绘制草图（一）

图 9-33　绘制草图（二）

09 放样曲面。单击"曲面"选项卡中的"放样曲面"按钮 ，或者执行"插入"→"曲面"→"放样曲面"菜单命令，系统弹出如图 9-34 所示的"曲面 - 放样"属性管理器。选择基准面 2 和基准面 3 上的两个草图为放样轮廓，单击属性管理器中的"确定"按钮 ，隐藏基准面 2 和基准面 3，结果如图 9-35 所示。

图 9-34　"曲面 - 放样"属性管理器

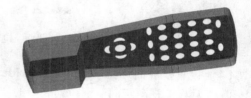

图 9-35　放样曲面

10 填充曲面。单击"曲面"选项卡中的"填充曲面"按钮 ，或者执行"插入"→"曲面"→"填充"菜单命令，系统弹出"填充曲面"属性管理器，选择放样曲面的下边线为修补边界，单击属性管理器中的"确定"按钮 。重复"填充曲面"命令，选择放样曲面的外轮廓边线为修补边界，结果如图 9-36 所示。

图 9-36　填充曲面

9.1.5　创建底部凸起及倒圆角

01　设置基准面。选择基准面 2，然后单击"视图（前导）"工具栏"视图定向"下拉列表中的"正视于"按钮，将该基准面作为绘制图形的基准面。

02　绘制草图。单击"草图"选项卡"直线"下拉列表中的"中心线"按钮、"直线"按钮、"等距实体"按钮、"镜向实体"按钮，绘制草图并标注尺寸，结果如图 9-37 所示。

03　拉伸曲面。单击"曲面"选项卡中的"拉伸曲面"按钮，或者执行"插入"→"曲面"→"拉伸曲面"菜单命令，系统弹出如图 9-38 所示的"曲面 - 拉伸"属性管理器。系统自动选择刚创建的草图为拉伸轮廓，设置终止条件为"给定深度"，输入拉伸距离为 15.00mm，勾选"封底"复选框。单击属性管理器中的"确定"按钮，结果如图 9-39 所示。

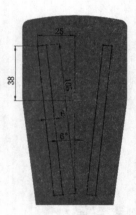

图 9-37　绘制草图　　　图 9-38　"曲面 - 拉伸"属性管理器　　　图 9-39　拉伸曲面

04　设置基准面。在左侧的 FeatureManager 设计树中选择"右视基准面"，单击"视图（前导）"工具栏"视图定向"下拉列表中的"正视于"按钮，将该基准面作为绘制图形的基准面。

05　绘制草图。单击"草图"选项卡中的"直线"按钮，绘制如图 9-40 所示的草图并标注尺寸。

06　拉伸曲面。单击"曲面"选项卡中的"拉伸曲面"按钮，或者执行"插入"→"曲面"→"拉伸曲面"菜单命令，系统弹出如图 9-41 所示的"曲面 - 拉伸"属性管理器。系统自动选择刚创建的草图为拉伸轮廓，设置终止条件为"两侧对称"，输入拉伸距离为 60.00mm。单击属性管理器中的"确定"按钮，结果如图 9-42 所示。

07　剪裁曲面。单击"曲面"选项卡中的"剪裁曲面"按钮，或者执行"插入"→"曲面"→"剪裁曲面"菜单命令，系统弹出如图 9-43 所示的"剪裁曲面"属性管理器。选择"相互"剪裁类型，选择两个拉伸曲面 2 和一个拉伸曲面 3 为要剪裁曲面，选择"移除选择"单选按钮，选择两个拉伸曲面 2 的剪裁 1 和拉伸曲面 3 剪裁 2，单击属性管理器中的"确定"按钮。重复"剪裁曲面"命令，将剪裁曲面和填充曲面进行相互剪裁，选择"保留选择"单选按钮，结果如图 9-44 所示。

图 9-40　绘制草图

图 9-41　"曲面 - 拉伸"属性管理器

图 9-42　拉伸曲面

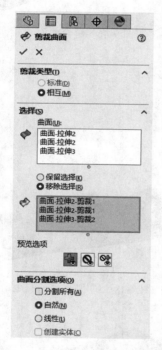

图 9-43　"剪裁曲面"属性管理器

图 9-44　剪裁曲面

08 缝合曲面。单击"曲面"选项卡中的"缝合曲面"按钮🔲，或者执行"插入"→"曲面"→"缝合曲面"菜单命令，系统弹出如图 9-45 所示的"缝合曲面"属性管理器。选择视图中所有的曲面，单击属性管理器中的"确定"按钮✔，结果如图 9-46 所示。

09 倒圆角。单击"特征"选项卡中的"圆角"按钮🟦，或者执行"插入"→"特征"→"圆角"菜单命令，系统弹出如图 9-47 所示的"圆角"属性管理器。选择后板与电池板的连接边线，输入半径为 12mm。单击属性管理器中"确定"按钮，结果如图 9-48 所示。重复"圆角"命令，选择电池盖板的边线，设置圆角半径为 5mm，然后选择遥控器的适当边线，设置圆角半径为 1mm，单击属性管理器中的"确定"按钮✔，结果如图 9-49 所示。

图 9-45 "缝合曲面"属性管理器

图 9-46 缝合曲面

图 9-47 "圆角"属性管理器

图 9-48 倒半径 12mm 圆角

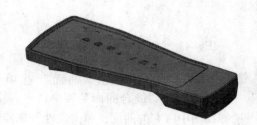

图 9-49 倒半径 1mm 圆角

(10) 加厚曲面。执行"插入"→"凸台/基体"→"加厚"菜单命令，系统弹出如图 9-50 所示的"加厚"属性管理器。选择视图中所有的曲面，选择"加厚侧边 1"选项 ，输入厚度为 0.50mm，单击属性管理器中的"确定"按钮 ，结果如图 9-51 所示。

图 9-50　"加厚"属性管理器

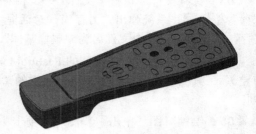

图 9-51　加厚曲面

9.2　鼠标

鼠标模型由底座、上盖、左键、右键、滚轮、滚珠和滚珠盖组成。其绘制过程为：首先绘制鼠标基体模型，然后通过编辑鼠标基体创建底座、上盖、左键、右键，再绘制滚轮、滚珠和滚珠盖等部分的模型，最后装配成鼠标模型。

鼠标模型的装配图如图 9-52 所示，爆炸视图如图 9-53 所示。绘制该模型的命令主要有添加基准面、样条曲线、放样曲面、平面区域和缝合曲面等。

图 9-52　鼠标模型

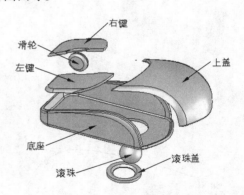

图 9-53　鼠标结构爆炸视图

 注意

本例为机械鼠标的设计，不采用光电鼠标目的是为了让读者更好地得到练习。

9.2.1　鼠标基体

01 启动软件。执行"开始"→"所有程序"→"SOLIDWORKS 2024"菜单命令，或者双击桌面上的 SOLIDWORKS 2024 的快捷方式按钮，就可以启动该软件。

02 创建零件文件。执行"文件"→"新建"菜单命令，或者单击"快速访问"工具栏中的"新建"按钮，系统弹出"新建 SOLIDWORKS 文件"对话框，在其中选择"零件"按

钮 ，单击"确定"按钮，创建一个新的零件文件。

03 保存文件。执行"文件"→"保存"菜单命令，或者单击"快速访问"工具栏中的"保存"按钮 ，系统弹出"另存为"对话框。在"文件名"文本框中输入"鼠标基体"，单击"保存"按钮，创建一个文件名为"鼠标基体"的零件文件。

04 设置基准面。在左侧的 FeatureManager 设计树中选择"前视基准面"，单击"视图（前导）"工具栏"视图定向"下拉列表中的"正视于"按钮 ，将该基准面作为绘制图形的基准面。

05 绘制草图。单击"草图"选项卡中的"直线"按钮 和"样条曲线"按钮 ，绘制如图 9-54 所示的草图并标注尺寸。然后退出草图绘制状态。

06 添加基准面 1。单击"特征"选项卡"参考几何体"下拉列表中的"基准面"按钮 ，或者执行"插入"→"参考几何体"→"基准面"菜单命令，系统弹出如图 9-55 所示的"基准面"属性管理器。选择 FeatureManager 设计树中的"前视基准面"，输入"偏移距离" 为 25.00mm，注意添加基准面的方向。单击属性管理器中的"确定"按钮 ，添加一个基准面。

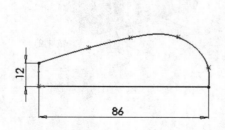

图 9-54　绘制草图

图 9-55　"基准面"属性管理器

07 设置视图方向。单击"视图（前导）"工具栏"视图定向"下拉列表中的"等轴测"按钮 ，将视图以等轴测方向显示，结果如图 9-56 所示。

08 设置基准面。在左侧的 FeatureManager 设计树中选择步骤 **06** 添加的"基准面 1"，然后单击"视图（前导）"工具栏"视图定向"下拉列表中的"正视于"按钮 ，将该基准面作为绘制图形的基准面。

09 绘制草图。单击"草图"选项卡中的"直线"按钮 和"样条曲线"按钮 ，绘制如图 9-57 所示的草图并标注尺寸，然后退出草图绘制状态。

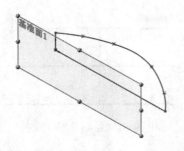

图 9-56　添加基准面 1（等轴测视图）

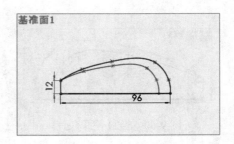

图 9-57　绘制草图

⑩ 添加基准面 2。单击"特征"选项卡"参考几何体"下拉列表中的"基准面"按钮▥，或者执行"插入"→"参考几何体"→"基准面"菜单命令，系统弹出如图 9-58 所示的"基准面"属性管理器。选择 FeatureManager 设计树中的"基准面 1"，输入"偏移距离"▧为 25.00mm，注意添加基准面的方向。单击属性管理器中的"确定"按钮✔，添加一个基准面。

⑪ 设置视图方向。单击"视图（前导）"工具栏"视图定向"下拉列表中的"等轴测"按钮▦，将视图以等轴测方向显示，结果如图 9-59 所示。

图 9-58　"基准面"属性管理器

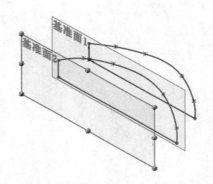

图 9-59　添加基准面 2（等轴测视图）

⑫ 设置基准面。在左侧的 FeatureManager 设计树中选择步骤 **⑩** 添加的"基准面 2"，单击"视图（前导）"工具栏"视图定向"下拉列表中的"正视于"按钮↧，将该基准面作为绘制图形的基准面。

⑬ 绘制草图。单击"草图"选项卡中的"直线"按钮╱和"样条曲线"按钮∿，绘制如图 9-60 所示的草图（注意该草图的大小、形状与步骤 **⑤** 绘制的草图相同）。然后退出草图绘制状态。

⑭ 设置基准面。在左侧的 FeatureManager 设计树中选择"上视基准面"，单击"视图"工具栏"视图定向"下拉列表中的"正视于"按钮↧，将该基准面作为绘制图形的基准面。

⑮ 绘制草图。单击"草图"选项卡中的"直线"按钮╱，绘制如图 9-61 所示的草图（注意绘制的直线的端点位于上、下草图的中心），然后退出草图绘制状态。

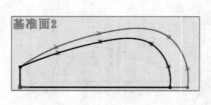

图 9-60　绘制草图（一）

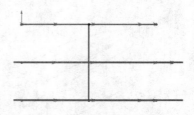

图 9-61　绘制草图（二）

16 设置视图方向。单击"视图（前导）"工具栏"视图定向"下拉列表中的"等轴测"按钮，将视图以等轴测方向显示，结果如图 9-62 所示。

17 放样曲面。单击"曲面"选项卡中的"放样曲面"按钮，或者执行"插入"→"曲面"→"放样曲面"菜单命令，系统弹出如图 9-63 所示的"曲面 - 放样"属性管理器。在属性管理器的"轮廓"选项组中依次选择图 9-62 中的草图 1、草图 2 和草图 3，在"引导线"选项组中选择图 9-62 中草图 4。单击属性管理器中的"确定"按钮，生成放样曲面，结果如图 9-64 所示。

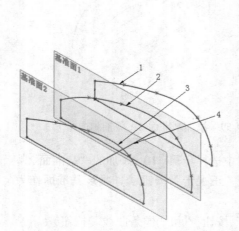

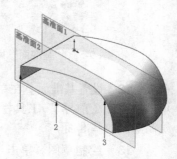

图 9-62　等轴测视图　　　　　图 9-63　"曲面 - 放样"属性管理器　　　　图 9-64　放样曲面

18 生成平面区域。单击"曲面"选项卡中的"平面区域"按钮，或者执行"插入"→"曲面"→"平面区域"菜单命令，系统弹出如图 9-65 所示的"平面"属性管理器。在"边界实体"选项组中依次选择图 9-64 中的边线 1、边线 2 和边线 3。单击属性管理器中的"确定"按钮，生成平面区域，结果如图 9-66 所示。

图 9-65 "平面"属性管理器

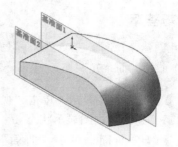

图 9-66 生成平面区域

 技巧荟萃

可以生成平面区域的类型有：①非相交的闭合草图；②一组闭合边线；③多条共有平面的分型线。

19 继续生成平面区域。重复步骤 **18**，生成放样曲面后的内侧平面区域。

20 创建剖视图。单击"视图（前导）"工具栏"视图定向"下拉列表中的"剖面视图"按钮，或者执行"视图"→"显示"→"剖面视图"菜单命令，系统弹出如图 9-67 所示的"剖面视图"属性管理器。在"参考剖面"选项中选择视图中的"基准面 1"，如图 9-68 所示。单击属性管理器中的"确定"按钮，完成剖视图的创建。

图 9-67 "剖面视图"属性管理器

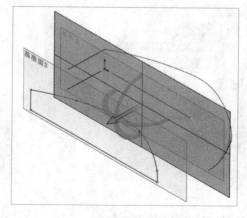

图 9-68 选择基准面 1

技巧荟萃

　　此处创建剖视图，主要是为了观察鼠标内部的基体情况，从上面可以看出，现在的基体仍然是个曲面，而不是实体。

㉑ 退出剖视图显示。单击"视图（前导）"工具栏"视图定向"下拉列表中的"剖面视图"按钮，退出剖视图显示状态。

㉒ 缝合曲面。单击"曲面"选项卡中的"缝合曲面"按钮，或者执行"插入"→"曲面"→"缝合曲面"菜单命令，系统弹出如图 9-69 所示的"缝合曲面"属性管理器。在"要缝合的曲面和面"选项中选择视图中所有的曲面和面，单击属性管理器中的"确定"按钮，生成实体图形。调整视图方向，将视图以适当的方向显示，结果如图 9-70 所示。

㉓ 等半径圆角处理。单击"特征"选项卡中的"圆角"按钮，或者执行"插入"→"特征"→"圆角"菜单命令，系统弹出如图 9-71 所示的"圆角"属性管理器。在"圆角类型"选项组中选择"恒定大小圆角"按钮，在"要圆角化的项目"选项组中选择图 9-70中的边线 1 和边线 2；在"半径"栏中输入 10.00mm。单击属性管理器中的"确定"按钮，完成等半径圆角处理，结果如图 9-72 所示。

㉔ 设置视图方向。单击"视图（前导）"工具栏"视图定向"下拉列表中的"等轴测"按钮，将视图以等轴测方向显示。

㉕ 变半径圆角处理。单击"特征"选项卡中的"圆角"按钮，系统弹出如图 9-73 所示的"圆角"属性管理器。

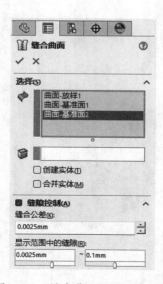

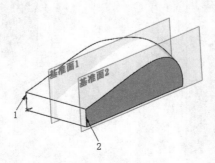

图 9-69 "缝合曲面"属性管理器　　　　图 9-70 调整视图方向　　　　图 9-71 "圆角"属性管理器

图 9-72 等半径圆角处理　　　　　　　　图 9-73 "圆角"属性管理器

26 设置属性管理器。在属性管理器的"圆角类型"选项组中选择"变量大小圆角"按钮，在"要圆角化的项目"选项组中选择鼠标实体上面曲面四周的边线，在"变半径参数"选项组中输入相应的参数值，参数值设置如图 9-74 所示。单击属性管理器中的"确定"按钮，完成变半径圆角处理，结果如图 9-75 所示。

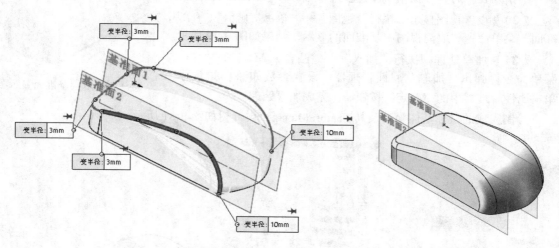

图 9-74 参数值设置　　　　　　　　　　图 9-75 变半径圆角处理

27 设置视图方向。按住鼠标中键旋转视图，将视图以适当的方向显示，结果如图 9-76 所示。

28 等半径圆角处理。单击"特征"选项卡中的"圆角"按钮，系统弹出如图 9-77 所示的"圆角"属性管理器。在"圆角类型"选项组中选择"恒定大小圆角"按钮，在"要圆角化的项目"选项组中选择图 9-78 中的底部面 1，在"半径"栏中输入 3.00mm。单击属性管理器中的"确定"按钮，完成等半径圆角处理，结果如图 9-78 所示。

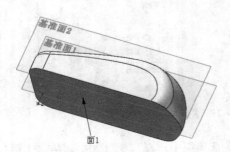

图 9-76　调整视图方向　　　　图 9-77　"圆角"属性管理器　　　　图 9-78　等半径圆角处理

(29) 设置视图方向。单击"视图（前导）"工具栏"视图定向"下拉列表中的"等轴测"按钮⬡，将视图以等轴测方向显示。

(30) 设置视图显示。执行"视图"→"隐藏/显示"→"基准面"菜单命令，取消视图中基准面的显示，结果如图 9-79 所示。

(31) 加厚处理。执行"插入"→"凸台/基体"→"加厚"菜单命令，弹出"加厚"属性管理器，设置参数如图 9-80 所示。单击属性管理器中的"确定"按钮✔，完成加厚处理。

图 9-79　取消基准面显示

绘制完成的鼠标基体模型及其 FeatureManager 设计树如图 9-81 所示。

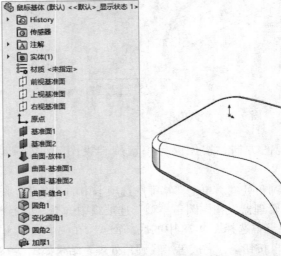

图 9-80　"加厚"属性管理器　　　　图 9-81　鼠标基体模型及其 FeatureManager 设计树

9.2.2 鼠标底座

01 打开文件。执行"文件"→"打开"菜单命令，或者单击"快速访问"工具栏中的"打开"按钮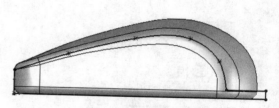，打开 9.2.1 节绘制的"鼠标基体 .sldprt"文件。

02 另存为文件。执行"文件"→"另存为"菜单命令，系统弹出另存为对话框，在"文件名"文本框中输入"鼠标底座"，单击"保存"按钮，创建一个文件名为"鼠标底座"的零件文件，此时图形如图 9-82 所示。

03 设置基准面。选择图 9-82 中的面 1，单击"视图（前导）"工具栏"视图定向"下拉列表中的"正视于"按钮，将该面作为绘制图形的基准面。

04 绘制草图。单击"草图"选项卡中的"直线"按钮和"样条曲线"按钮，绘制如图 9-83 所示的草图，注意草图各点的几何关系。

图 9-82　另存为的图形

图 9-83　绘制草图

05 切除拉伸实体。单击"特征"选项卡中的"拉伸切除"按钮，或者执行"插入"→"切除"→"拉伸"菜单命令，系统弹出如图 9-84 所示的"切除 - 拉伸"属性管理器。在"终止条件"下拉菜单中选择"完全贯穿"选项，勾选"反侧切除"选项，并注意切除拉伸的方向。单击属性管理器中的"确定"按钮，完成切除拉伸处理。

06 设置视图方向。单击"视图（前导）"工具栏"视图定向"下拉列表中的"等轴测"按钮，将视图以等轴测方向显示，结果如图 9-85 所示。

图 9-84　"切除 - 拉伸"属性管理器

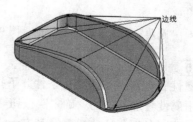

图 9-85　切除拉伸实体（等轴测视图）

07 圆角实体。单击"特征"选项卡中的"圆角"按钮 📦，或者执行"插入"→"特征"→"圆角"菜单命令，系统弹出如图 9-86 所示的"圆角"属性管理器。在"圆角类型"选项组中选择"恒定大小圆角"按钮 📦，在"要圆角化的项目"选项组中选择图 9-85 中的指示的边线，在"半径" 📐 栏中输入 1.00mm。单击属性管理器中的"确定"按钮 ✔，完成圆角处理，结果如图 9-87 所示。

08 设置基准面。选择图 9-87 中的面 1，单击"视图（前导）"工具栏"视图定向"下拉列表中的"正视于"按钮 ⚓，将该面作为绘制图形的基准面。

09 绘制草图。单击"草图"选项卡中的"圆"按钮 ⊙，在刚设置的基准面上绘制如图 9-88 所示的草图并标注尺寸。

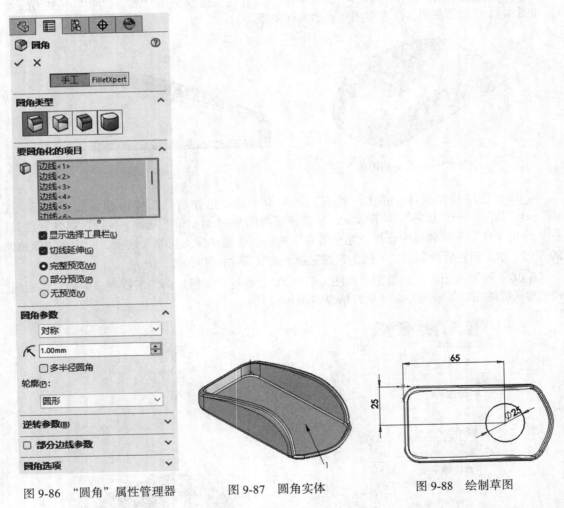

图 9-86 "圆角"属性管理器　　　　图 9-87 圆角实体　　　　图 9-88 绘制草图

10 切除拉伸实体。执行"插入"→"切除"→"拉伸"菜单命令，系统弹出"切除-拉伸"属性管理器。在"终止条件"下拉菜单中选择"完全贯穿"选项，并注意切除拉伸的方向。单击属性管理器中的"确定"按钮 ✔，完成切除拉伸处理，结果如图 9-89 所示。

绘制完成的鼠标底座模型及其 FeatureManager 设计树如图 9-90 所示。

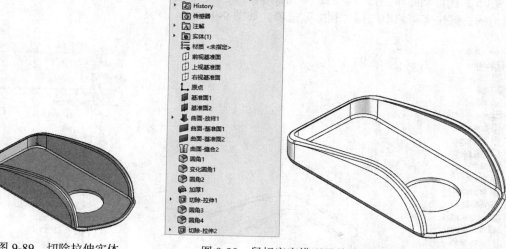

图 9-89　切除拉伸实体 　　　　图 9-90　鼠标底座模型及其 FeatureManager 设计树

9.2.3　鼠标上盖

01 打开文件。执行"文件"→"打开"菜单命令，或者单击快速访问工具栏中的"打开"按钮，打开 9.4.2 节绘制的"鼠标底座 .sldprt"文件。

02 另存为文件。执行"文件"→"另存为"菜单命令，系统弹出另存为对话框，在"文件名"文本框中输入"鼠标上盖"，单击"保存"按钮，创建一个文件名为"鼠标上盖"的零件文件。

03 执行删除特征命令。按住 Shift 键，选择图 9-90 所示的 FeatureManager 设计树中的"圆角 3"和"切除 - 拉伸 2"，然后单击右键，在系统弹出的快捷菜单中选择"删除"选项，如图 9-91 所示。

04 删除特征。执行命令后，系统弹出如图 9-92 所示的"确认删除"对话框，单击"全部是"按钮，删除所选择的特征。删除特征后的图形及其 FeatureManager 设计树如图 9-93 所示。

图 9-91　右键快捷菜单

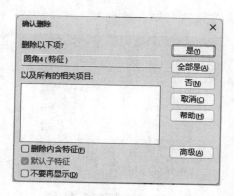

图 9-92　"确认删除"对话框

05 执行删除草图命令。右键单击图 9-93 所示的 FeatureManager 设计树中的"草图 6"，在弹出的右键快捷菜单中选择"删除"选项，如图 9-94 所示。

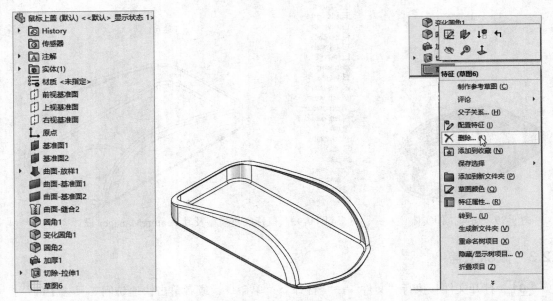

图 9-93　删除特征后的图形及其 FeatureManager 设计树　　　　图 9-94　右键快捷菜单

06 删除草图。执行命令后，系统弹出如图 9-95 所示的"确认删除"对话框，单击"是"按钮，删除所选择的草图。

07 执行编辑特征命令。右键单击 FeatureManager 设计树中的"切除 - 拉伸 1"，在弹出的右键快捷菜单中选择"编辑特征"选项，如图 9-96 所示。

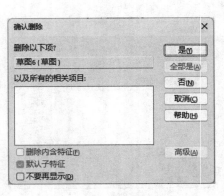

图 9-95　"确认删除"对话框

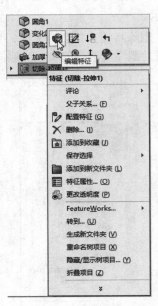

图 9-96　右键快捷菜单

08 编辑特征。执行命令后，系统弹出"切除 - 拉伸 1"属性管理器，取消勾选"反侧切除"选项，如图 9-97 所示。单击属性管理器中的"确定"按钮 ✔，完成特征编辑，结果如图 9-98 所示。

09 设置视图方向。按住鼠标中键拖动视图，将视图以适当的方向显示，结果如图 9-99 所示。

图 9-97　"切除 - 拉伸 1"属性管理器　　　　图 9-98　编辑特征　　　　图 9-99　设置视图方向

10 设置基准面。在左侧的 FeatureManager 设计树中选择"上视基准面"，然后单击"视图（前导）"工具栏"视图定向"下拉列表中的"正视于"按钮 ⬆，将该基准面作为绘制图形的基准面。

11 绘制草图。单击"草图"选项卡中的"矩形"按钮 □ 和"三点圆弧"按钮 ⬚，绘制如图 9-100 所示的草图并标注尺寸。

12 剪裁草图实体。单击"草图"选项卡中的"剪裁实体"按钮 ✂，或者执行"工具"→"草图绘制工具"→"剪裁"菜单命令，系统弹出如图 9-101 所示"剪裁"属性管理器，单击其中的"剪裁到最近端"按钮 ⊞，然后单击图 9-100 中的圆弧和矩形的交线处。单击属性管理器中的"确定"按钮 ✔，完成草图实体剪裁，结果如图 9-102 所示。

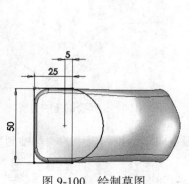

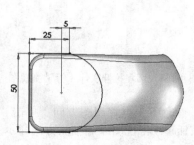

图 9-100　绘制草图　　　　图 9-101　"剪裁"属性管理器　　　　图 9-102　剪裁实体

(13) 切除拉伸实体。执行"插入"→"切除"→"拉伸"菜单命令，系统弹出如图 9-103 所示的"切除 - 拉伸"属性管理器。在"终止条件"下拉菜单中选择"完全贯穿"选项，并注意切除拉伸的方向。单击属性管理器中的"确定"按钮✔，完成切除拉伸处理。

(14) 设置视图方向。单击"视图（前导）"工具栏"视图定向"下拉列表中的"等轴测"按钮，将视图以等轴测方向显示，结果如图 9-104 所示。

(15) 圆角实体。单击"特征"选项卡中的"圆角"按钮，或者执行"插入"→"特征"→"圆角"菜单命令，系统弹出如图 9-105 所示的"圆角"属性管理器。在"圆角类型"选项组中选择"恒定大小圆角"按钮，在"半径"栏中输入 0.50mm，在"要圆角化的项目"选项组中，选择图 9-104 所示上曲面的边线，如图 9-106 所示。单击属性管理器中的"确定"按钮✔，完成圆角处理。

图 9-103 "切除 - 拉伸"属性管理器

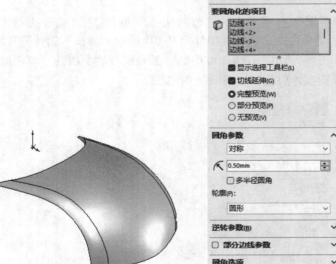

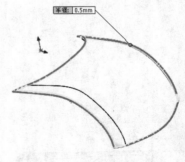

图 9-104 切除拉伸实体（等轴测视图）　图 9-105 "圆角"属性管理器　图 9-106 选择要圆角的边线

(16) 设置视图方向。单击"视图（前导）"工具栏"视图定向"下拉列表中的"等轴测"按钮，将视图以等轴测方向显示，结果如图 9-107 所示。

绘制完成的鼠标上盖模型及其 FeatureManager 设计树如图 9-108 所示。

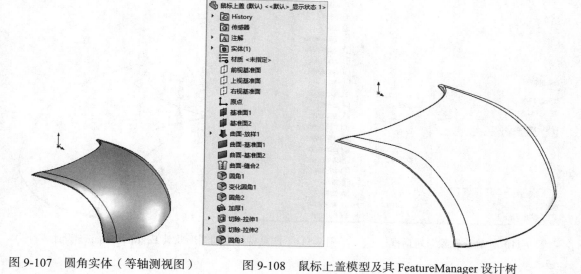

图 9-107　圆角实体（等轴测视图）　　　　图 9-108　鼠标上盖模型及其 FeatureManager 设计树

9.2.4　鼠标左键

01 打开文件。执行"文件"→"打开"菜单命令，或者单击"快速访问"工具栏中的"打开"按钮📂，打开 9.2.3 节绘制的"鼠标上盖 .sldprt"文件。

02 另存为文件。执行"文件"→"另存为"菜单命令，系统弹出另存为对话框，在"文件名"文本框中输入"鼠标左键"，单击"保存"按钮，创建一个文件名为"鼠标左键"的零件文件。

03 执行删除特征命令。选择图 9-108 所示的 FeatureManager 设计树中的"圆角 3"，然后单击右键，在系统弹出的右键快捷菜单中选择"删除"选项，如图 9-109 所示。

04 删除特征。执行命令后，系统弹出如图 9-110 所示的"确认删除"对话框，单击"全部是"按钮，删除所选择的特征。删除特征后的图形及其 FeatureManager 设计树如图 9-111 所示。

05 执行编辑特征命令。右键单击 FeatureManager 设计树中的"切除 - 拉伸 2"，在弹出的右键快捷菜单中选择"编辑特征"选项，如图 9-112 所示。

06 编辑特征。执行命令后，系统弹出"切除 - 拉伸 2"属性管理器，勾选"反侧切除"选项，如图 9-113 所示。单击属性管理器中的"确定"按钮✔，完成特征编辑，结果如图 9-114 所示。

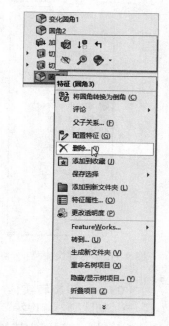

图 9-109　右键快捷菜单

07 设置基准面。单击左侧的 FeatureManager 设计树中的"基准面 1"，然后单击"视图（前导）"工具栏"视图定向"下拉列表中的"正视于"按钮🡱，将该基准面作为绘制图形的基准面。

08 绘制草图。单击"草图"选项卡"直线"下拉列表中的"中心线"按钮🖋、"直线"按钮🖊和"三点圆弧"按钮⌒，绘制如图 9-115 所示的草图并标注尺寸。

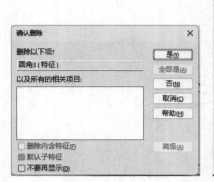

图 9-110　"确认删除"对话框

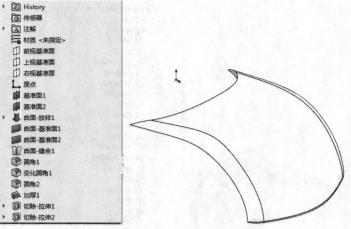

图 9-111　删除特征后的图形及其 FeatureManager 设计树

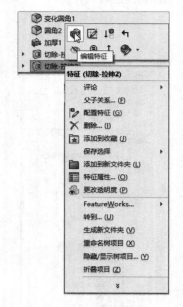

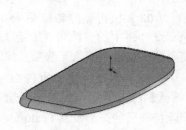

图 9-112　右键快捷菜单　　　图 9-113　"切除 - 拉伸"属性管理器　　　图 9-114　编辑特征

09 切除旋转实体。单击"特征"选项卡中的"旋转切除"按钮 ，或者执行"插入"→"切除"→"旋转"菜单命令，系统弹出如图 9-116 所示的"切除 - 旋转"属性管理器。在"旋转轴"选项组中选择图 9-115 中的中心线。单击属性管理器中的"确定"按钮 ，完成切除旋转实体。

10 设置视图方向。单击"视图（前导）"工具栏"视图定向"下拉列表中的"等轴测"按钮 ，将视图以等轴测方向显示，结果如图 9-117 所示。

11 设置基准面。单击左侧的 FeatureManager 设计树中的"上视基准面"，然后单击"视图（前导）"工具栏"视图定向"下拉列表中的"正视于"按钮 ，将该基准面作为绘制图形的基准面。

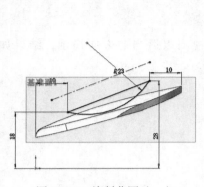

图 9-115　绘制草图（一）　　　图 9-116　"切除 - 旋转"　　　图 9-117　切除旋转实体
属性管理器　　　　　　　（等轴测视图）

（12） 绘制草图。单击"草图"选项卡中的"直线"按钮 ／，绘制如图 9-118 所示的草图并标注尺寸。

（13） 圆角草图实体。单击"草图"选项卡中的"绘制圆角"按钮 ￣，或者执行"工具"→"草图绘制工具"→"圆角"菜单命令，系统弹出如图 9-119 所示的"绘制圆角"属性管理器。在"半径" 栏中输入 1.00mm，分别单击图 9-118 中点 1 和点 2 的两个边线。单击属性管理器中的"确定"按钮 ✓，完成圆角草图实体，结果如图 9-120 所示。

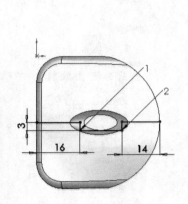

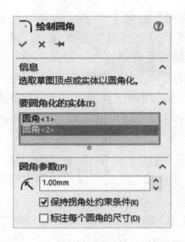

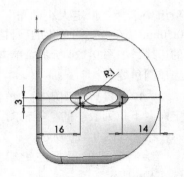

图 9-118　绘制草图（二）　　图 9-119　"绘制圆角"属性管理器　　图 9-120　圆角草图实体

（14） 切除拉伸实体。执行"插入"→"切除"→"拉伸"菜单命令，系统弹出如图 9-121 所示的"切除 - 拉伸"属性管理器。在"方向 1"和"方向 2"的"终止条件"下拉菜单中选择"完全贯穿"选项，并注意切除拉伸的方向。单击属性管理器中的"确定"按钮 ✓，完成切除拉伸处理。

技巧荟萃

此处执行切除拉伸命令时，必须两个方向都进行设置，因为切除拉伸的草图是绘制在上视基准面上，并不与被切除的实体相交。另外，在本例中绘制鼠标左键时，要注意切除拉伸的方向，要保留左侧的部分。

15 设置视图方向。按住鼠标中键拖动视图，将视图以适当的方向显示，结果如图 9-122 所示。

图 9-121　"切除 - 拉伸"属性管理器

图 9-122　设置视图方向

16 圆角处理。单击"特征"选项卡中的"圆角"按钮，或者执行"插入"→"特征"→"圆角"菜单命令，系统弹出如图 9-123 所示的"圆角"属性管理器。在"圆角类型"选项组中选择"恒定大小圆角"按钮，在"半径"栏中输入 0.50mm，在"要圆角化的项目"选项组中选择图 9-122 所示底面的边线，如图 9-124 所示。单击属性管理器中的"确定"按钮，完成圆角处理。

17 设置视图方向。单击"视图（前导）"工具栏"视图定向"下拉列表中的"等轴测"按钮，将视图以等轴测方向显示，结果如图 9-125 所示。

绘制完成的鼠标左键模型及其 FeatureManager 设计树如图 9-126 所示。

9.2.5　鼠标右键

01 打开文件。执行"文件"→"打开"菜单命令，或者单击"快速访问"工具栏中的"打开"按钮，打开 9.2.4 节绘制的"鼠标左键 .sldprt"文件。

图 9-123　"圆角"属性管理器

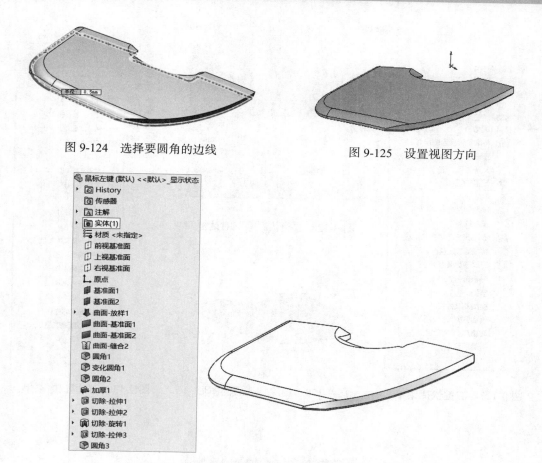

图 9-124　选择要圆角的边线

图 9-125　设置视图方向

图 9-126　鼠标左键模型及其 FeatureManager 设计树

02 另存为文件。执行"文件"→"另存为"菜单命令，系统弹出另存为对话框，在"文件名"文本框中输入"鼠标右键"，单击"保存"按钮，创建一个名为"鼠标右键"的零件文件。

03 执行删除特征命令。选择图 9-126 所示的 FeatureManager 设计树中的"圆角 3"，然后右键单击，在系统弹出的右键快捷菜单中选择"删除"选项，如图 9-127 所示。

04 删除特征。执行命令后，系统弹出如图 9-128 所示的"确认删除"对话框，单击"全部是"按钮，删除所选择的特征。删除特征后的图形如图 9-129 所示。

05 执行编辑草图命令。右键单击 FeatureManager 设计树中的"切除 - 拉伸 3"，在弹出的右键快捷菜单中选择"编辑草图"选项，如图 9-130 所示。

06 设置视图方向。单击"视图（前导）"工具栏"视图定向"下拉列表中的"正视于"按钮，将视图设置为正视于上视基准面方向，结果如图 9-131 所示。

07 镜向草图。单击"草图"选项卡中的"镜向实体"按钮，或者执行"工具"→"草图工具"→"镜向"菜单命令，系统弹出如图 9-132 所示的"镜向"属性管理器。在"要镜向的实体"选项中选择图 9-131 中的直线 3、圆弧 3、直线 4、圆弧 2 和直线 5，在"镜向轴"选项中选择图 9-131 中的直线 1。单击属性管理器中的"确定"按钮，完成镜向草图，结果如图 9-133 所示。

图 9-127　右键快捷菜单

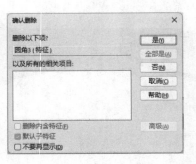

图 9-128　"确认删除"对话框

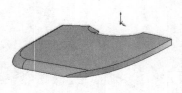

图 9-129　删除特征后的图形

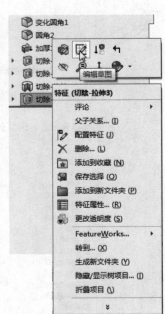

图 9-130　右键快捷菜单

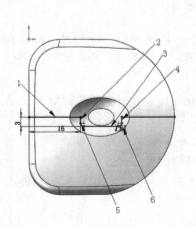

图 9-131　设置视图方向

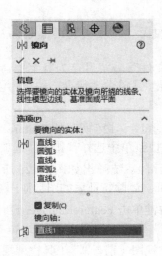

图 9-132　"镜向"属性管理器

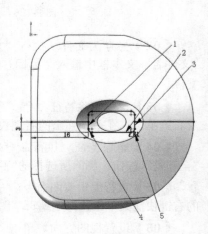

图 9-133　镜向草图

08 删除草图。按住 Ctrl 键，依次选择图 9-133 中的直线 1、直线 2、直线 3、圆弧 4 和圆弧 5，按 Del 键将草图删除，结果如图 9-134 所示。然后退出草图绘制状态，结果如图 9-135 所示。

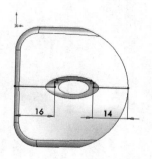

图 9-134　删除草图

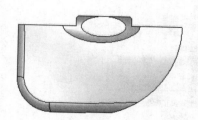

图 9-135　编辑草图后的图形

09 执行编辑特征命令。右键单击 FeatureManager 设计树中的"切除 - 拉伸 3"，在弹出的右键快捷菜单中选择"编辑特征"选项，如图 9-136 所示。

10 编辑特征。执行命令后，系统弹出"切除 - 拉伸 3"属性管理器，勾选"反侧切除"选项，如图 9-137 所示。单击属性管理器中的"确定"按钮✔，完成特征编辑。

11 设置视图方向。单击"视图（前导）"工具栏"视图定向"下拉列表中的"等轴测"按钮，将视图以等轴测方向显示，结果如图 9-138 所示。

图 9-136　右键快捷菜单

图 9-137　"切除 - 拉伸 3"属性管理器

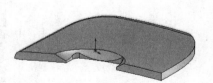

图 9-138　等轴测视图形

12 圆角处理。单击"特征"选项卡中的"圆角"按钮，或者执行"插入"→"特征"→"圆角"菜单命令，系统弹出如图 9-139 所示的"圆角"属性管理器。在"圆角类型"选项组中选择"恒定大小圆角"按钮，在"半径"栏中输入 0.50mm，在"要圆角化的项目"选项组中选择图 9-138 所示底面的边线，如图 9-140 所示。单击属性管理器中的"确定"按钮✔，完成圆角处理，结果如图 9-141 所示。

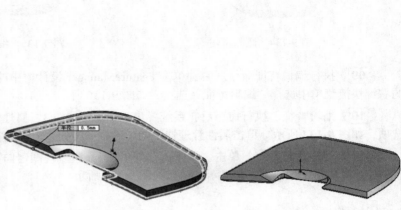

图 9-139　"圆角"属性管理器　　图 9-140　选择要圆角的边线　　图 9-141　圆角处理

13 设置视图方向。按住鼠标中键拖动视图，将视图以适当的方向显示，结果如图 9-142 所示。

绘制完成的鼠标右键模型及其 FeatureManager 设计树如图 9-143 所示。

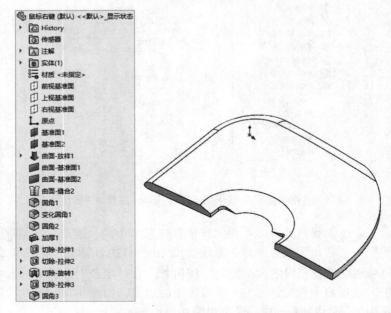

图 9-142　设置视图方向　　　　　图 9-143　鼠标右键模型及其 FeatureManager 设计树

9.2.6　鼠标滚轮

01 创建零件文件。执行"文件"→"新建"菜单命令，或者单击"快速访问"工具栏中的"新建"按钮，系统弹出"新建 SOLIDWORKS 文件"对话框，在其中选择"零件"按钮，单击"确定"按钮，创建一个新的零件文件。

02 保存文件。执行"文件"→"保存"菜单命令，或者单击"快速访问"工具栏中的"保存"按钮，系统弹出"另存为"对话框。在"文件名"文本框中输入"鼠标滚轮"，单击"保存"按钮，创建一个文件名为"鼠标滚轮"的零件文件。

03 设置基准面。在左侧的 FeatureManager 设计树中选择"前视基准面"，单击"视图（前导）"工具栏"视图定向"下拉列表中的"正视于"按钮，将该基准面作为绘制图形的基准面。

04 绘制草图。单击"草图"选项卡中的"圆"按钮，以坐标原点为圆心绘制一个直径为 12mm 的圆，结果如图 9-144 所示。

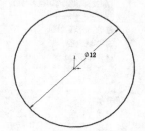

图 9-144　绘制草图

05 拉伸实体。单击"特征"选项卡中的"拉伸凸台 / 基体"按钮，或者执行"插入"→"凸台 / 基体"→"拉伸"菜单命令，系统弹出如图 9-145 所示的"凸台 - 拉伸"属性管理器。在"深度"栏中输入 5.00mm。单击属性管理器中的"确定"按钮，完成拉伸实体。

06 设置视图方向。单击"视图（前导）"工具栏"视图定向"下拉列表中的"等轴测"按钮，将视图以等轴测方向显示，结果如图 9-146 所示。

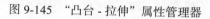

图 9-145　"凸台 - 拉伸"属性管理器

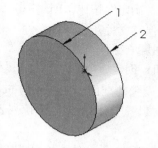

图 9-146　拉伸实体（等轴测视图）

07 圆角处理。执行"插入"→"特征"→"圆角"菜单命令，系统弹出如图 9-147 所示的"圆角"属性管理器。在"圆角类型"选项组中选择"恒定大小圆角"按钮，在"半径"栏中输入 2.00mm，在"要圆角化的项目"选项组中选择图 9-146 中的边线 1 和边线 2。单击属性管理器中的"确定"按钮，完成圆角处理，结果如图 9-148 所示。

绘制完成的鼠标滚轮模型及其 FeatureManager 设计树如图 9-149 所示。

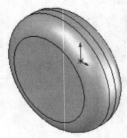

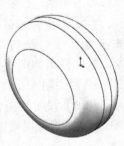

图 9-147　"圆角"属性管理器　　图 9-148　圆角处理　　图 9-149　鼠标滚轮模型及其 FeatureManager 设计树

9.2.7　鼠标滚珠

01 创建零件文件。执行"文件"→"新建"菜单命令，或者单击"快速访问"工具栏中的"新建"按钮 🗋，系统弹出"新建 SOLIDWORKS 文件"对话框，在其中选择"零件"按钮 🥭，单击"确定"按钮，创建一个新的零件文件。

02 保存文件。执行"文件"→"保存"菜单命令，或者单击"快速访问"工具栏中的"新建"按钮 🔚，系统弹出"另存为"对话框。在"文件名"文本框中输入"鼠标滚珠"，单击"保存"按钮，创建一个文件名为"鼠标滚珠"的零件文件。

03 设置基准面。在左侧的 FeatureManager 设计树中选择"前视基准面"，单击"视图（前导）"工具栏"视图定向"下拉列表中的"正视于"按钮 ↥，将该基准面作为绘制图形的基准面。

04 绘制草图。单击"草图"选项卡"直线"下拉列表中的"中心线"按钮 ⁄、"直线"按钮 ∕ 和"三点圆弧"按钮 ∩，绘制如图 9-150 所示的草图并标注尺寸。

05 旋转实体。单击"特征"选项卡中的"旋转凸台 / 基体"按钮 🗩，或者执行"插入"→"凸台 / 基体"→"旋转"菜单命令，系统弹出如图 9-151 所示的"旋转"属性管理器。在"旋转轴"选项组中选择图 9-150 中的竖直中心线，其他设置如图 9-151 所示。单击属性管理器中的"确定"按钮 ✔，完成旋转实体，结果如图 9-152 所示。

绘制完成的鼠标滚珠模型及其 FeatureManager 设计树如图 9-153 所示。

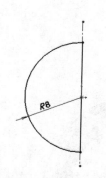

图 9-150　绘制草图

图 9-151　"旋转"属性管理器

图 9-152　旋转实体

图 9-153　鼠标滚珠模型及其 FeatureManager 设计树

9.2.8　鼠标滚珠盖

01 创建零件文件。执行"文件"→"新建"菜单命令，或者单击"快速访问"工具栏中的"新建"按钮，系统弹出"新建 SOLIDWORKS 文件"对话框，在其中选择"零件"按钮，单击"确定"按钮，创建一个新的零件文件。

02 保存文件。执行"文件"→"保存"菜单命令，或者单击"快速访问"工具栏中的"新建"按钮，系统弹出"另存为"对话框。在"文件名"文本框中输入"鼠标滚珠盖"，单击"保存"按钮，创建一个文件名为"鼠标滚珠盖"的零件文件。

03 设置基准面。在左侧的 FeatureManager 设计树中选择"前视基准面"作为绘制图形的基准面。

04 绘制草图。单击"草图"选项卡中的"圆"按钮，以坐标原点为圆心绘制两个同心圆，直径分别为 14mm 和 25mm，结果如图 9-154 所示。

图 9-154　绘制草图

05 拉伸实体。单击"特征"选项卡中的"拉伸凸台 / 基体"按钮，或者执行"插入"→"凸台 / 基体"→"拉伸"菜单命令，系统弹出如图 9-155 所示的"凸台 - 拉伸"属性管理器。在"深度"栏中输入 2.00mm。单击属性管理器中的"确定"按钮，完成拉伸实体。

06 设置视图方向。单击"视图（前导）"工具栏"视图定向"下拉列表中的"等轴测"按钮，将视图以等轴测方向显示，结果如图 9-156 所示。

图 9-155 "凸台-拉伸" 属性管理器

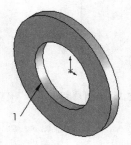

图 9-156 拉伸实体（等轴测视图）

07 倒角处理。单击"特征"选项卡中的"倒角"按钮 ，或者执行"插入"→"特征"→"倒角"菜单命令，系统弹出如图 9-157 所示的"倒角"属性管理器。在"倒角类型"选项组中选择"角度距离" ，在"距离" 栏中输入 1.50mm，在"角度" 栏中输入 45.00 度，在"要倒角化的项目"选项组中选择图 9-156 中的边线 1。单击属性管理器中的"确定"按钮 ，结果如图 9-158 所示。

绘制完成的鼠标滚珠盖模型及其 FeatureManager 设计树如图 9-159 所示。

图 9-157 "倒角" 属性管理器

图 9-158 倒角处理

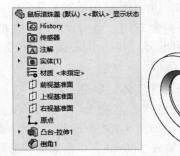

图 9-159 鼠标滚珠盖模型及其 FeatureManager 设计树

9.2.9 鼠标装配体

01 创建装配体文件。执行"文件"→"新建"菜单命令，或者单击"快速访问"工具栏中的"新建"按钮▯，系统弹出"新建 SOLIDWORKS 文件"对话框，在其中选择"装配体"按钮▮，单击"确定"按钮，创建一个新的装配体文件。

02 保存文件。执行"文件"→"保存"菜单命令，或者单击"快速访问"工具栏中的"保存"按钮▮，系统弹出"另存为"对话框。在"文件名"文本框中输入"鼠标装配体"，单击"保存"按钮，创建一个文件名为"鼠标装配体"的装配体文件。

03 插入鼠标底座。单击"装配体"选项卡中的"插入零部件"按钮▮，或者执行"插入"→"零部件"→"现有零件/装配体"菜单命令，系统弹出如图 9-160 所示的"插入零部件"属性管理器。单击"浏览"按钮，系统弹出如图 9-161 所示的"打开"对话框，在其中选择需要的零部件，即鼠标底座 .sldprt。单击"打开"按钮，此时所选的零部件显示在图 9-160 中的"打开文档"中。单击属性管理器中的"确定"按钮▮，此时所选的零部件显示在视图中。

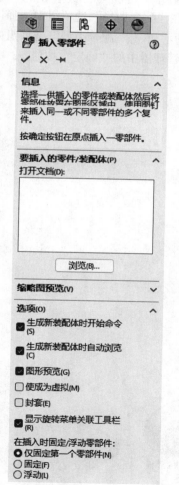

图 9-160 "插入零部件"属性管理器

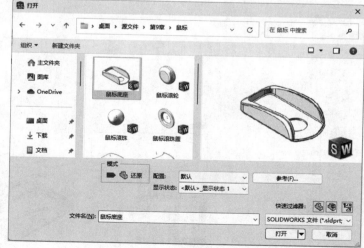

图 9-161 "打开"对话框

04 设置视图方向。单击"视图（前导）"工具栏"视图定向"下拉列表中的"等轴测"按钮📦，将视图以等轴测方向显示，结果如图 9-162 所示。

05 插入鼠标上盖。单击"装配体"选项卡中的"插入零部件"按钮📯，或者执行"插入"→"零部件"→"现有零件/装配体"菜单命令，在图中适当的位置插入鼠标上盖（具体操作步骤参考步骤 **03**），结果如图 9-163 所示。

图 9-162　插入鼠标底座（等轴测视图）

图 9-163　插入鼠标上盖

06 插入配合关系。单击"装配体"选项卡中的"配合"按钮◎，或者执行"插入"→"配合"菜单命令，系统弹出"重合 1"属性管理器。在"配合选择"选项组中选择鼠标底座的前视基准面和鼠标上盖的前视基准面，如图 9-164 所示。单击"配合类型"选项组中的"重合"按钮🗹，将两个基准面配合为重合关系。单击属性管理器中的"确定"按钮✔，完成重合配合，结果如图 9-165 所示。

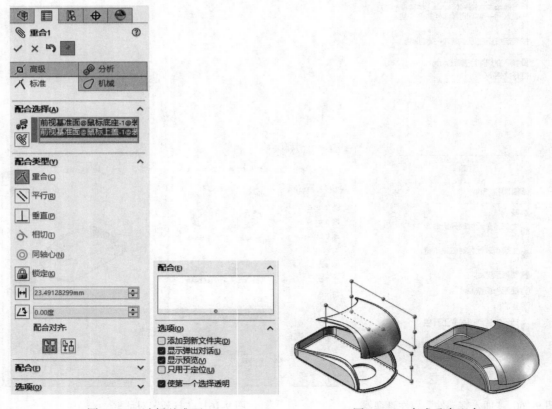

图 9-164　选择基准面

图 9-165　完成重合配合

技巧荟萃

> 配合时选择零件的基准面的步骤为：首先执行配合命令，此时视图左上角出现装配体文件名称；然后单击文件名称前面的按钮 ▶，将文件展开；最后单击需要的文件名称前面的按钮 ▶，将被装配零件展开，在其中选择需要的基准面。

07 插入配合关系。重复步骤 **06**，将鼠标底座和鼠标上盖的上视基准面、右视基准面分别设置为重合配合关系，结果如图 9-166 所示。

08 插入鼠标左键。单击"装配体"选项卡中的"插入零部件"按钮 📇，在图中适当的位置插入鼠标左键（具体操作步骤参考步骤 **03**），结果如图 9-167 所示。

09 插入配合关系。重复步骤 **06**，将鼠标底座和鼠标左键的前视基准面、上视基准面和右视基准面分别设置为重合配合关系，结果如图 9-168 所示。

图 9-166　配合鼠标底座和鼠标上盖　　图 9-167　插入鼠标左键　　图 9-168　配合鼠标底座和鼠标左键

10 插入鼠标右键。单击"装配体"选项卡中的"插入零部件"按钮 📇，在图中适当的位置插入鼠标右键（具体操作步骤参考步骤 **03**），结果如图 9-169 所示。

11 插入配合关系。重复步骤 **06**，将鼠标底座和鼠标右键的前视基准面、上视基准面和右视基准面分别设置为重合配合关系，结果如图 9-170 所示。

12 插入鼠标滚轮。单击"装配体"选项卡中的"插入零部件"按钮 📇，在图中适当的位置插入鼠标滚轮，具体操作步骤参考步骤 **03**，结果如图 9-171 所示。

图 9-169　插入鼠标右键　　图 9-170　配合鼠标底座和鼠标右键　　图 9-171　插入鼠标滚轮

13 插入配合关系。重复步骤 **06**，将鼠标滚轮的面 1 和鼠标左键切除拉伸的内表面 2 设置为距离为 0.50mm 的配合关系，将鼠标底座的上视基准面和鼠标滚轮的上视基准面设置为距离为 20.00mm 的配合关系，将鼠标底座的右视基准面和鼠标滚轮的右视基准面设置为距离为 22.50mm 的配合关系，结果如图 9-172 所示。

14 插入鼠标滚珠盖。单击"装配体"选项卡中的"插入零部件"按钮 📇，在图中适当的位置插入鼠标滚珠盖（具体操作步骤参考步骤 **03**），然后将视图以适当的方向显示，结果如图 9-173 所示。

15 插入配合关系。重复步骤 **06**，将鼠标底座的面 2 和鼠标滚珠盖的面 3 设置为同轴心的配合关系，将鼠标底座的面 1 和鼠标滚珠盖的面 4 设置为重合的配合关系，结果如图 9-174 所示。

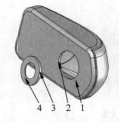

4 3 2 1

图 9-172　完成鼠标滚轮配合　　图 9-173　插入鼠标滚珠盖　图 9-174　配合鼠标底座和鼠标滚珠盖

16 隐藏鼠标底座。右键单击左侧的 FeatureManager 设计树中的"（f）鼠标底座 <1>"，系统弹出如图 9-175 所示的右键快捷菜单，选择其中的"隐藏零部件"选项，或者右键单击视图中的鼠标底座零件，系统弹出如图 9-176 所示的右键快捷菜单，选择其中的"隐藏零部件"选项，将鼠标底座隐藏，结果如图 9-177 所示。

17 插入鼠标滚珠。单击"装配体"选项卡中的"插入零部件"按钮，在图中适当的位置插入鼠标滚珠（具体操作步骤参考步骤 **03**），然后将视图以适当的方向显示，结果如图 9-178 所示。

18 插入配合关系。重复步骤 **06**，将鼠标滚珠盖的面 1 和鼠标滚珠的面 1 设置为同轴心的配合关系，将鼠标滚珠盖的前视基准面和鼠标滚珠的上视基准面设置为距离为 5.00mm 的配合关系，结果如图 9-179 所示。

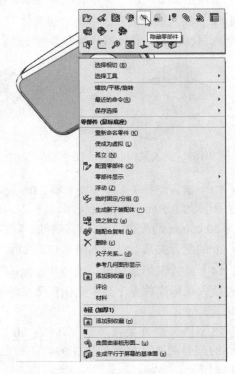

图 9-175　右键快捷菜单（一）　　　　　　图 9-176　右键快捷菜单（二）

图 9-177 隐藏鼠标底座   图 9-178 插入鼠标滚珠   图 9-179 配合鼠标滚珠盖和鼠标滚珠

⑲ 显示鼠标底座。右键单击左侧的 FeatureManager 设计树中的 "(f) 鼠标底座 <1>"，系统弹出如图 9-180 所示的右键快捷菜单，选择其中的 "显示零部件" 选项，显示视图中的鼠标底座，结果如图 9-181 所示。

⑳ 设置视图方向。单击 "视图（前导）" 工具栏 "视图定向" 下拉列表中的 "等轴测" 按钮 **◈**，将视图以等轴测方向显示，结果如图 9-182 所示。

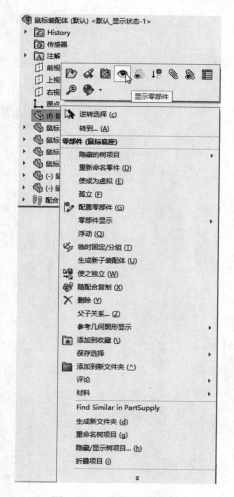

图 9-180 右键快捷菜单

图 9-181 显示底座

图 9-182 等轴测视图

绘制完成的鼠标装配体模型及其 FeatureManager 设计树如图 9-183 所示。

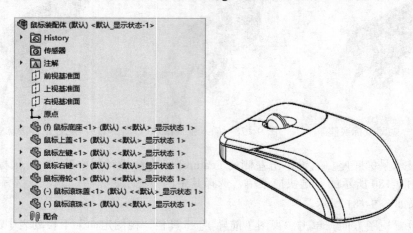

图 9-183　鼠标装配体模型及其 FeatureManager 设计树

第 **10** 章

航天飞机和火箭建模实例

本章介绍航天飞机模型和火箭模型的建模方法，这两个模型属于航天和航空领域，是复杂的曲面类模型，几乎涉及实体和曲面建模的全部知识。

学 习 要 点

◎ 航天飞机建模
◎ 火箭建模

10.1　航天飞机

本例创建的航天飞机模型如图 10-1 所示。航天飞机模型主要由机身、侧翼、尾翼和喷气部分等组成。创建该模型时主要用到了创建基准面、绘制样条曲线、曲面拉伸、曲面放样、曲面剪裁、曲面扫描和镜向曲面实体等命令。

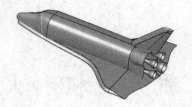

图 10-1　航天飞机模型

10.1.1　创建机身

01 启动软件。执行"开始"→"所有应用"→"SOLIDWORKS 2024"菜单命令，或者双击桌面上的 SOLIDWORKS 2024 的快捷方式按钮，就可以启动该软件。

02 创建零件文件。执行"文件"→"新建"菜单命令，或者单击"快速访问"工具栏中的"新建"按钮，系统弹出如图 10-2 所示的"新建 SOLIDWORKS 文件"对话框，在其中选择"零件"按钮，单击"确定"按钮，创建一个新的零件文件。

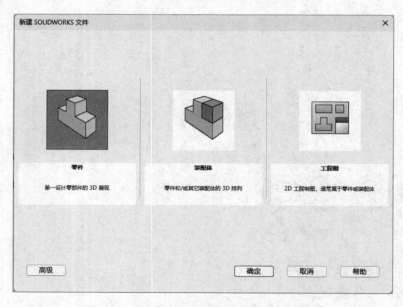

图 10-2　"新建 SOLIDWORKS 文件"对话框

03 保存文件。执行"文件"→"保存"菜单命令，或者单击"快速访问"工具栏中的"保存"按钮，系统弹出"另存为"对话框。在"文件名"文本框中输入"航天飞机模型"，单击"保存"按钮，创建一个文件名为"航天飞机模型"的零件文件。

04 创建基准面。单击"特征"选项卡"参考几何体"下拉列表中的"基准面"按钮 ![],或者执行"插入"→"参考几何体"→"基准面"菜单命令,系统弹出"基准面"属性管理器。单击"第一参考"选项组,在 FeatureManager 设计树中选择"右视基准面",在 ![]"偏移距离"栏中输入 8680.00mm,如图 10-3 所示,注意基准面的方向,单击"确定"按钮 ✔,完成基准面的创建。单击"视图(前导)"工具栏"视图定向"下拉列表中的"等轴测"按钮 ![],将视图以等轴测方式显示,如图 10-4 所示。

05 设置视图方向。在 FeatureManager 设计树中选择"基准面 1"选项,然后单击"视图(前导)"工具栏"视图定向"下拉列表中的"正视于"按钮 ![],将该基准面转换为正视方向。

06 绘制曲面拉伸草图。单击"草图"选项卡中的"样条曲线"按钮 ∿,或者执行"工具"→"草图绘制实体"→"样条曲线"菜单命令,绘制如图 10-5 所示的样条曲线,然后添加约束并标注尺寸。

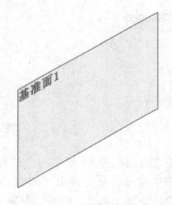

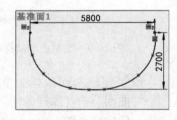

图 10-3　"基准面"属性管理器　　　图 10-4　创建基准面　　　图 10-5　绘制曲面拉伸草图

07 创建曲面拉伸。单击"曲面"选项卡中的"拉伸曲面"按钮 ![],或者执行"插入"→"曲面"→"拉伸曲面"菜单命令,系统弹出"曲面 - 拉伸"属性管理器,如图 10-6 所示;设置拉伸终止条件为"给定深度",在 ![]"深度"栏中输入 19810.00mm,注意曲面的拉伸方向,单击"确定"按钮 ✔,完成曲面拉伸,单击"视图(前导)"工具栏"视图定向"下拉列表中的"等轴测"按钮 ![],将视图以等轴测方式显示,如图 10-7 所示。

08 设置基准面。在 FeatureManager 设计树中选择"上视基准面"选项,单击"视图(前导)"工具栏"视图定向"下拉列表中的"正视于"按钮 ![],将该基准面作为绘制图形的基准面。

09 绘制曲面放样的草图。单击"草图"选项卡中的"样条曲线"按钮 ∿,绘制如图 10-8 所示的样条曲线并标注尺寸,退出草图绘制状态。

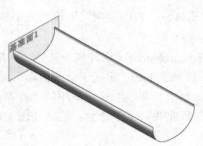

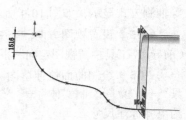

图 10-6　"曲面 - 拉伸"属性管理器　　　　图 10-7　曲面拉伸　　　　图 10-8　绘制曲面放样的草图 1

⑩ 设置基准面。在 FeatureManager 设计树中选择"上视基准面",单击"视图(前导)"工具栏"视图定向"下拉列表中的"正视于"按钮↑,将该基准面转换为正视方向。

⑪ 绘制曲面放样草图。单击"草图"选项卡中的"样条曲线"按钮∿,绘制如图 10-9 所示的样条曲线并标注尺寸,退出草图绘制状态。将视图以合适的方向显示,如图 10-10 所示。

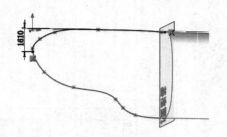

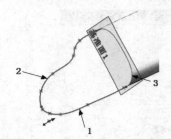

图 10-9　绘制曲面放样的草图 2　　　　　　　　图 10-10　设置视图方向

⑫ 创建曲面放样。单击"曲面"选项卡中的"放样曲面"按钮↓,或者执行"插入"→"曲面"→"放样曲面"菜单命令,系统弹出"曲面 - 放样"属性管理器;单击"轮廓"选项组,依次选择图 10-10 中的样条曲线 1 和 2,单击"引导线"选项组,选择样条曲线 3,如图 10-11 所示,单击"确定"按钮✓,生成的放样曲面如图 10-12 所示。

⑬ 曲面缝合。单击"曲面"选项卡中的"缝合曲面"按钮📧,或者执行"插入"→"曲面"→"缝合曲面"菜单命令,系统弹出"缝合曲面"属性管理器;在"要缝合的曲面和面"选项组中,选择"曲面 - 拉伸 1"和"曲面 - 放样 1"特征,如图 10-13 所示。单击"确定"按钮✓,将两个曲面缝合。将图形以合适的方向显示,如图 10-14 所示。

⑭ 镜向曲面实体。单击"特征"选项卡中的"镜向"按钮◄◄,或者执行"插入"→"阵列 / 镜向"→"镜向"菜单命令,系统弹出如图 10-15 所示的"镜向"属性管理器。在"镜向面 / 基准面"选项组中,选择 FeatureManager 设计树中的"上视基准面"选项;在"要镜向的实体"选项组中,选择 FeatureManager 设计树中的"曲面 - 缝合 1"特征,即缝合曲面后的图形,单击"确定"按钮✓,完成曲面实体的镜向。单击"视图(前导)"工具栏"视图定向"下拉列表中的"等轴测"按钮📦,将视图以等轴测方式显示,如图 10-16 所示。

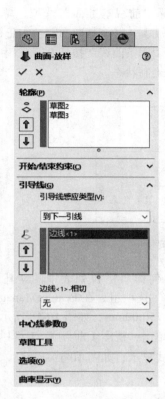

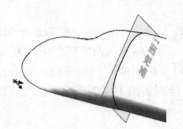

图 10-12　曲面放样

图 10-11　"曲面 - 放样"属性管理器

图 10-13　"缝合曲面"属性管理器

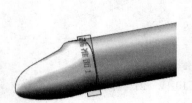

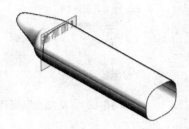

图 10-14　曲面缝合　　　　图 10-15　"镜向"属性管理器　　　　图 10-16　镜向曲面实体

10.1.2　创建侧翼

01　设置基准面。在 FeatureManager 设计树中选择"前视基准面"选项，单击"视图（前导）"工具栏"视图定向"下拉列表中的"正视于"按钮 ⬇，将该基准面转换为正视方向。

02　绘制曲面扫描草图。单击"草图"选项卡中的"样条曲线"按钮 Ⓝ 和"中心线"按钮 ⟋，绘制如图 10-17 所示的草图并标注尺寸，退出草图绘制状态。

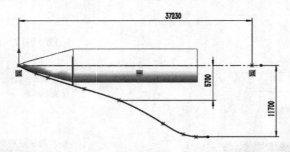

图 10-17　绘制曲面扫描草图

03　创建基准面。单击"特征"选项卡"参考几何体"下拉列表中的"基准面"按钮 📏，系统弹出"基准面"属性管理器；单击"第一参考"选项组，在 FeatureManager 设计树中选择"右视基准面"选项，在 🔧 "偏移距离"栏中输入 750.00mm，如图 10-18 所示，注意基准面的方向，单击"确定"按钮 ✓，完成基准面的创建。单击"视图（前导）"工具栏"视图定向"下拉列表中的"等轴测"按钮 ▣，将视图以等轴测方式显示，如图 10-19 所示。

图 10-18　"基准面"属性管理器

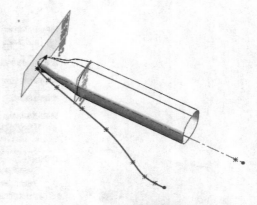

图 10-19　创建基准面

04　设置视图方向。在 FeatureManager 设计树中选择"基准面 2"选项，单击"视图（前导）"工具栏"视图定向"下拉列表中的"正视于"按钮 ⬇，将该基准面转换为正视方向。

05 绘制曲面扫描草图。单击"草图"选项卡中的"样条曲线"按钮 Λ，绘制如图 10-20 所示的样条曲线并标注尺寸，退出草图绘制状态。将视图以合适的方向显示，如图 10-21 所示。

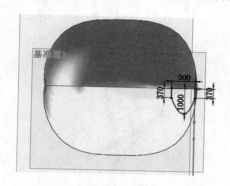

图 10-20　绘制曲面扫描草图

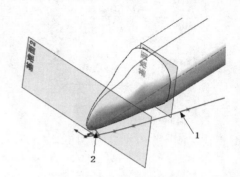

图 10-21　设置视图方向

06 创建曲面扫描 1。单击"曲面"选项卡中的"扫描曲面"按钮 ，或者执行"插入"→"曲面"→"扫描曲面"菜单命令，系统弹出"曲面-扫描"属性管理器，如图 10-22 所示；在"轮廓"选项组中，选择图 10-21 中的草图 5，在"路径"选项组中，选择图 10-21 中的草图 4，单击"确定"按钮 ，完成曲面扫描，效果如图 10-23 所示。

07 设置基准面。在 FeatureManager 设计树中选择"前视基准面"选项，然后单击"视图（前导）"工具栏"视图定向"下拉列表中的"正视于"按钮 ，将该基准面转换为正视方向。

08 绘制曲面拉伸草图。单击"草图"选项卡中的"直线"按钮 ，绘制一条直线，注意直线端点的几何关系，直线的起始端点位于缝合曲面边线的中点处，末端点位于侧翼外侧，如图 10-24 所示。

图 10-22　"曲面-扫描"属性管理器

图 10-23　曲面扫描

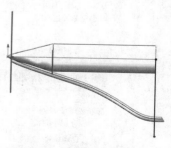

图 10-24　绘制曲面拉伸草图

09 创建曲面拉伸。单击"曲面"选项卡中的"拉伸曲面"按钮 ，系统弹出"曲面-拉伸"属性管理器。设置拉伸终止条件为"给定深度"，在 "深度"栏中输入 10000.00mm，如图 10-25 所示，注意曲面拉伸的方向，单击"确定"按钮 ，完成曲面拉伸。将视图以合适的方向显示，如图 10-26 所示。

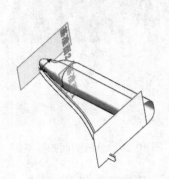

图 10-25 "曲面 - 拉伸"属性管理器   图 10-26 曲面拉伸

10 曲面剪裁。单击"曲面"选项卡中的"剪裁曲面"按钮 🐾，或者执行"插入"→"曲面"→"剪裁曲面"菜单命令，系统弹出"剪裁曲面"属性管理器；在"剪裁工具"选项组中，选择 FeatureManager 设计树中的"曲面 - 拉伸"特征，即步骤 **09** 中的曲面 - 拉伸 2，点选"保留选择"单选按钮，在"保留的部分"选项组中，选择"曲面 - 拉伸 2"特征内侧的侧翼，如图 10-27 所示，单击"确定"按钮 ✔，完成对曲面的剪裁，效果如图 10-28 所示。

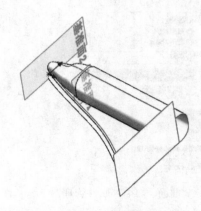

图 10-27 "剪裁曲面"属性管理器   图 10-28 曲面剪裁

11 隐藏曲面实体。在 FeatureManager 设计树中选择"曲面 - 拉伸"特征并右键单击，即步骤 **09** 中的曲面 - 拉伸 2，系统弹出如图 10-29 所示的右键快捷菜单，单击"隐藏"命令，效果如图 10-30 所示。

图 10-29　右键快捷菜单

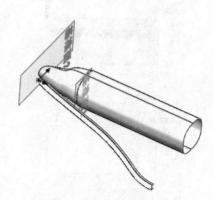

图 10-30　隐藏曲面实体

12 镜向曲面实体。单击"特征"选项卡中的"镜向"按钮 ⊢╢，系统弹出"镜向"属性管理器；如图 10-31 所示；在"镜向面 / 基准面"选项组中选择"上视基准面"，在"要镜向的实体"选项组中，选择 FeatureManager 设计树中的"曲面 - 剪裁 1"，即步骤 **10** 中剪裁后的曲面实体，单击"确定"按钮 ✔，镜向结果如图 10-32 所示。将视图以合适的方向显示，如图 10-33 所示。

图 10-31　"镜向"属性管理器

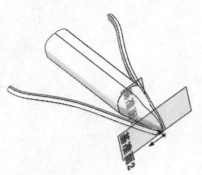

图 10-32　镜向曲面实体

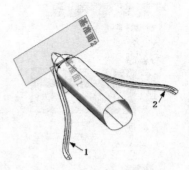

图 10-33　设置视图方向

10.1.3　填充侧翼

01 创建边界曲面 1。单击"曲面"选项卡中的"边界曲面"按钮 ◆，系统弹出如图 10-34 所示的"边界 - 曲面"属性管理器；依次选择图 10-33 中的下边线 1 和下边线 2，单击"确定"按钮 ✔，生成边界曲面 1，将视图以合适的方向显示，如图 10-35 所示。

图 10-34 "边界 - 曲面"属性管理器

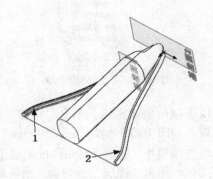

图 10-35 创建边界曲面 1

02 创建边界曲面 2。重复步骤 **01**，其"边界 - 曲面"属性管理器中的设置如图 10-36 所示，选择图 10-35 中侧翼的上边线 1 和上边线 2，生成的边界曲面 2 如图 10-37 所示。

03 编辑视图。依次右键单击视图中的基准面，在弹出的快捷菜单中单击"隐藏"按钮 ，将视图中的基准面隐藏。将视图以合适的方向显示，结果如图 10-38 所示。

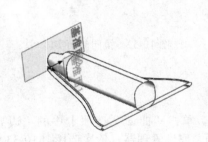

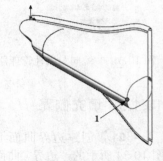

图 10-36 "边界 - 曲面"属性管理器 图 10-37 创建边界曲面 2 图 10-38 设置视图方向

10.1.4 创建上尾翼

01 创建基准面。单击"特征"选项卡"参考几何体"下拉列表中的"基准面"按钮 🗔，系统弹出"基准面"属性管理器；选择 FeatureManager 设计树中的"前视基准面"作为第一参考，选择图 10-38 中的顶点 1 作为第二参考，如图 10-39 所示，单击"确定"按钮 ✔，完成基准面的创建，如图 10-40 所示。

02 设置基准面。在 FeatureManager 设计树中选择"基准面 3"选项，单击"视图（前导）"工具栏"视图定向"下拉列表中的"正视于"按钮 ⬇，将该基准面转为正视方向。

03 绘制曲面扫描草图（一）。单击"草图"选项卡中的"样条曲线"按钮 ∿，绘制如图 10-41 所示的样条曲线，并标注尺寸，退出草图绘制状态。

图 10-39　"基准面"属性管理器

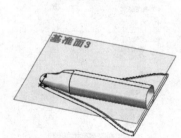

图 10-40　创建基准面

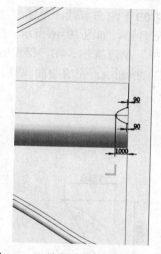

图 10-41　绘制曲面扫描草图（一）

04 设置基准面。在 FeatureManager 设计树中选择"上视基准面"选项，然后单击"视图（前导）"工具栏"视图定向"下拉列表中的"正视于"按钮 ⬇，将该基准面转为正视方向。

05 绘制曲面扫描草图（二）。单击"草图"选项卡中的"样条曲线"按钮 ∿，绘制如图 10-42 所示的样条曲线，并标注尺寸，退出草图绘制状态。注意，草图的端点与图 10-41 所示草图的左顶点重合。

06 创建曲面扫描。单击"曲面"选项卡中的"扫描曲面"按钮 🗇，或者执行"插入"→"曲面"→"扫描曲面"菜单命令，系统弹出"曲面 - 扫描"属性管理器，如图 10-43 所示。在"轮廓"选项组中，选择图 10-41 所示的样条曲线，在"引导线"选项组中，选择图 10-42 所示的样条曲线，单击"确定"按钮 ✔，生成曲面扫描。将视图以合适的方向显示，如图 10-44 所示。

07 设置基准面。在 FeatureManager 设计树中选择"上视基准面"选项，单击"视图（前导）"工具栏"视图定向"下拉列表中的"正视于"按钮 ⬇，将该基准面转为正视方向。

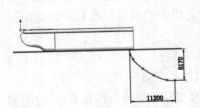

图 10-42　绘制曲面扫描草图（二）

图 10-43　"曲面 - 扫描"
属性管理器

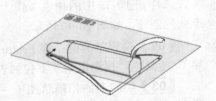

图 10-44　曲面扫描

08 绘制曲线剪裁草图。单击"草图"选项卡中的"直线"按钮 ，绘制如图 10-45 所示的直线并标注尺寸。

09 曲面剪裁。单击"曲面"选项卡中的"剪裁曲面"按钮 ，系统弹出"剪裁曲面"属性管理器，如图 10-46 所示；在"剪裁工具"选项组中，选择图 10-45 中绘制的草图；点选"保留选择"单选按钮，在"保留的部分"选项组中，选择图 10-45 中草图左侧的扫描曲面。单击"确定"按钮 ，完成曲面剪裁，效果如图 10-47 所示。

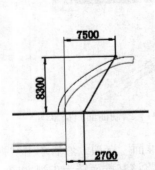

图 10-45　绘制曲线剪裁草图　　图 10-46　"剪裁曲面"属性管理器

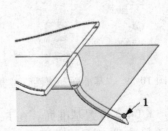

图 10-47　曲面剪裁

10 创建基准面。单击"特征"选项卡"参考几何体"下拉列表中的"基准面"按钮 ，系统弹出"基准面"属性管理器；在"第一参考"选项组中，选择 FeatureManager 设计树中的"前视基准面"选项；在"第二参考"选择框中，选择图 10-47 中的顶点 1，如图 10-48 所示，单击"确定"按钮 ，完成基准面的创建，如图 10-49 所示。

11 设置基准面。在 FeatureManager 设计树中选择"基准面 4"选项，然后单击"视图（前导）"工具栏"视图定向"下拉列表中的"正视于"按钮 ，将该基准面转换为正视方向。

12 绘制曲面放样草图。单击"草图"选项卡中的"样条曲线"按钮 ，绘制如图 10-50 所示的样条曲线，并标注尺寸，添加草图的端点与尾翼中的两个端点为"重合"几何关系，退出草图绘制状态。

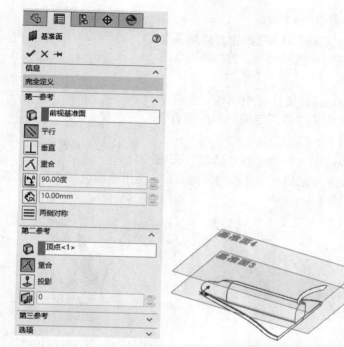

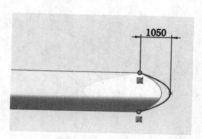

图 10-48　"基准面"属性管理器　　　图 10-49　创建基准面　　　图 10-50　绘制曲面放样草图

13 设置基准面。在 FeatureManager 设计树中选择"基准面 3"选项，单击"视图（前导）"工具栏"视图定向"下拉列表中的"正视于"按钮，将该基准面转换为正视方向。

14 绘制曲面放样草图。单击"草图"选项卡中的"样条曲线"按钮 ∿，绘制如图 10-51 所示的样条曲线，并标注尺寸，退出草图绘制状态。

15 创建曲面放样（一）。单击"曲面"选项卡中的"放样曲面"按钮，系统弹出"曲面 - 放样"属性管理器；在"轮廓"选项组中依次选择图 10-50 和图 10-51 绘制的样条曲线，单击"确定"按钮，生成放样曲面。将视图以合适的方向显示，如图 10-52 所示。

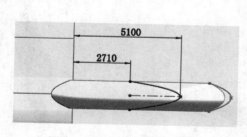

图 10-51　绘制曲面放样草图

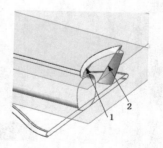

图 10-52　曲面放样（一）

10.1.5　填充上尾翼

01 创建曲面放样（二）。单击"曲面"选项卡中的"放样曲面"按钮，系统弹出"曲面 - 放样"属性管理器。在"轮廓"选项组中，依次选择图 10-52 中的边线 1 和边线 2，单击

"确定"按钮✔，生成曲面放样特征如图 10-53 所示。

02 创建曲面放样（三）。重复步骤 **01** 的操作，将尾翼上与图 10-52 中边线 1 和边线 2 对应的另一侧进行放样。将视图以合适的方向显示，如图 10-54 所示。

03 设置基准面。在 FeatureManager 设计树中选择"上视基准面"选项，单击"视图（前导）"工具栏"视图定向"下拉列表中的"正视于"按钮↓，将该基准面转换为正视方向。

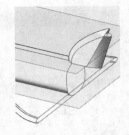

图 10-53　曲面放样（二）

04 绘制草图。单击"草图"选项卡中的"样条曲线"按钮 Ｎ 和"直线"按钮✐，绘制如图 10-55 所示的草图并添加几何关系，退出草图绘制状态。将视图以合适的方向显示，如图 10-56 所示。

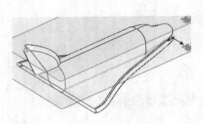

图 10-54　曲面放样（三）

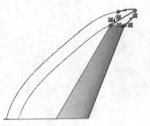

图 10-55　绘制草图

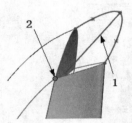

图 10-56　设置视图方向

05 创建基准面。单击"特征"选项卡"参考几何体"下拉列表中的"基准面"按钮▦，系统弹出"基准面"属性管理器；选择图 10-56 中的直线 1 作为第一参考，选择图 10-56 中的顶点 2 作为第二参考，此时"重合"选项会自动被选择。单击"确定"按钮✔，完成基准面的创建，如图 10-57 所示。

06 设置基准面。在 FeatureManager 设计树中选择"基准面"选项，单击"视图（前导）"工具栏"视图定向"下拉列表中的"正视于"按钮↓，将该基准面转为正视方向。

07 绘制曲面放样草图。单击"草图"选项卡中的"样条曲线"按钮 Ｎ，绘制如图 10-58 所示的样条曲线并添加几何关系，退出草图绘制状态。将视图以合适的方向显示，如图 10-59 所示。

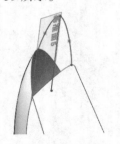

图 10-57　创建基准面

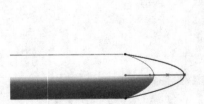

图 10-58　创建曲面放样草图

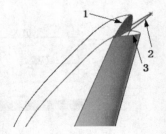

图 10-59　设置视图方向

08 创建曲面放样（一）。单击"曲面"选项卡中的"放样曲面"按钮◤，系统弹出"曲面 - 放样"属性管理器。在"轮廓"选项组中，依次选择图 10-59 中的边线 1 和样条曲线 2，单击"确定"按钮✔，生成的放样曲面特征，结果如图 10-60 所示。

09 创建曲面放样（二）。重复上一步操作，利用图 10-59 中的样条曲线 2 和边线 3 进行曲面放样。将视图以合适的方向显示，如图 10-61 所示。

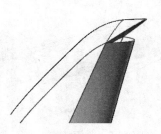

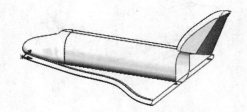

图 10-60　曲面放样（一）　　　　　　　　图 10-61　曲面放样（二）

10.1.6　创建下尾翼

01 创建基准面。单击"特征"选项卡"参考几何体"下拉列表中的"基准面"按钮 ，系统弹出"基准面"属性管理器；选择 FeatureManager 设计树中的"前视基准面"选项作为第一参考，在 "偏移距离"栏中输入 450.00mm，单击"确定"按钮 ，完成基准面的创建，如图 10-62 所示。

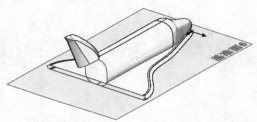

图 10-62　创建基准面

02 设置基准面。在 FeatureManager 设计树中选择"基准面 6"选项，单击"视图（前导）"工具栏"视图定向"下拉列表中的"正视于"按钮 ，将该基准面转为正视方向。

03 绘制曲面放样草图。单击"草图"选项卡中的"样条曲线"按钮 和"中心线"按钮 ，绘制如图 10-63 所示的草图并添加几何关系，退出草图绘制状态。将视图以合适的方向显示，如图 10-64 所示。

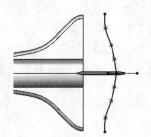

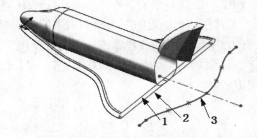

图 10-63　绘制曲面放样草图　　　　　　　图 10-64　设置视图方向

04 创建曲面放样（一）。单击"曲面"选项卡中的"放样曲面"按钮 ，系统弹出"曲面 - 放样"属性管理器。在"轮廓"选项组中依次选择图 10-64 中的边线 1 和样条曲线 3，单击"确定"按钮 ，生成的放样曲面如图 10-65 所示。

05 创建曲面放样（二）。重复上面步骤，将图 10-64 中的边线 2 和样条曲线 3 进行曲面放样，效果如图 10-66 所示。

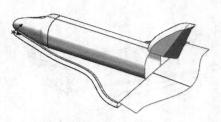

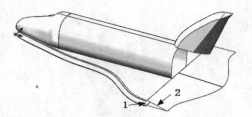

图 10-65　曲面放样（一）　　　　　　　图 10-66　曲面放样（二）

10.1.7　填充下尾翼

创建曲面放样。单击"曲面"选项卡中的"放样曲面"按钮 ，系统弹出"曲面 - 放样"属性管理器。在"轮廓"选项组中，依次选择图 10-66 中的边线 1 和边线 2，单击"确定"按钮 ，生成的曲面放样如图 10-67 所示。采用同样方法，将下尾翼上与图 10-66 中曲面放样对称的边线进行放样。将视图以合适的方向显示，如图 10-68 所示。

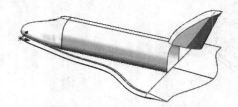

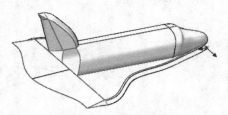

图 10-67　曲面放样　　　　　　　　　图 10-68　设置视图方向

10.1.8　创建喷气部分

01 创建基准面。单击"特征"选项卡"参考几何体"下拉列表中的"基准面"按钮 ，系统弹出"基准面"属性管理器；选择 FeatureManager 设计树中的"右视基准面"选项作为第一参考，在 "偏移距离"栏中输入 32400.00mm，单击"确定"按钮 ，完成基准面的创建，如图 10-69 所示。

02 设置基准面。在 FeatureManager 设计树中选择"基准面 7"选项，单击"视图（前导）"工具栏"视图定向"下拉列表中的"正视于"按钮 ，将该基准面转为正视方向。

03 绘制曲面放样草图。单击"草图"选项卡中的"样条曲线"按钮 和"中心线"按钮 ，绘制如图 10-70 所示的草图并标注尺寸，退出草图绘制状态。将视图以合适的方向显示，如图 10-71 所示。

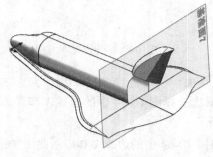

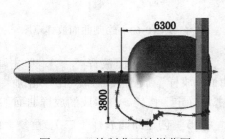

图 10-69　创建基准面　　　　　　　　图 10-70　绘制曲面放样草图

04 创建曲面放样。单击"曲面"选项卡中的"放样曲面"按钮 ，系统弹出"曲面 -
放样"属性管理器;在"轮廓"选项组中,依次选择图 10-71 中的边线 1 和样条曲线 2。单击"确
定"按钮 ，生成的曲面放样如图 10-72 所示。

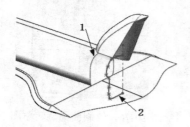

图 10-71 设置视图方向

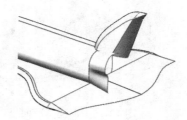

图 10-72 曲面放样

05 镜向曲面实体。单击"特征"选项卡中的"镜向"按钮 ，或者执行"插
入"→"阵列/镜向"→"镜向"菜单命令,系统弹出"镜向"属性管理器;选择 FeatureMan-
ager 设计树中的"上视基准面"选项作为镜向面,选择 FeatureManager 设计树中的"曲面 - 放
样"特征(即上一步中创建的放样曲面实体)作为要镜向的实体,如图 10-73 所示。单击"确
定"按钮 ,镜向结果如图 10-74 所示。

图 10-73 "镜向"属性管理器

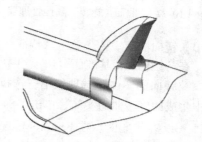

图 10-74 镜向曲面实体

06 创建基准面。单击"特征"选项卡"参考几何体"下拉列表中的"基准面"按钮 ,
系统弹出"基准面"属性管理器;在"第一参考"选项组中,选择 FeatureManager 设计树中的
"上视基准面"选项,在 "偏移距离"栏中输入 1600.00mm(注意,基准面的位置在上视基
准面的右侧)。单击"确定"按钮 ,完成基准面的创建,如图 10-75 所示。

07 设置基准面。在 FeatureManager 设计树中选择"基准面 8",单击"视图(前导)"
工具栏"视图定向"下拉列表中的"正视于"按钮 ,将该基准面转为正视方向。

08 绘制曲面旋转草图。单击"草图"选项卡中的"样条曲线"按钮 和"中心线"按
钮 ,绘制如图 10-76 所示的草图并标注尺寸。

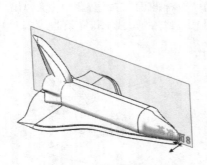

图 10-75　创建基准面

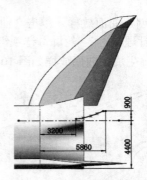

图 10-76　绘制曲面旋转草图

09 曲面旋转。单击"曲面"选项卡中的"旋转曲面"按钮，或者执行"插入"→"曲面"→"旋转曲面"菜单命令，系统弹出"曲面 - 旋转"属性管理器；在"旋转轴"选项组中选择图 10-76 中的中心线，其他选项设置如图 10-77 所示，单击"确定"按钮，完成曲面旋转。将视图以合适的方向显示，如图 10-78 所示。

图 10-77　"曲面 - 旋转"属性管理器

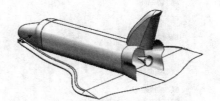

图 10-78　曲面旋转

10 镜向曲面实体。单击"特征"选项卡中的"镜向"按钮，系统弹出"镜向"属性管理器。在"镜向面 / 基准面"选项组中，选择 FeatureManager 设计树中的"上视基准面"选项；在"要镜向的实体"选项组中，选择 FeatureManager 设计树中的"曲面 - 旋转"特征，即上一步中生成的旋转曲面实体，单击"确定"按钮，镜向结果如图 10-79 所示。

11 设置基准面。在 FeatureManager 设计树中选择"上视基准面"选项，单击"视图（前导）"工具栏"视图定向"下拉列表中的"正视于"按钮，将该基准面转换为正视方向。

12 绘制曲面旋转草图。单击"草图"选项卡中的"样条曲线"按钮和"中心线"按钮，绘制如图 10-80 所示的草图并标注尺寸。

13 曲面旋转。单击"曲面"选项卡中的"旋转曲面"按钮，系统弹出"曲面 - 旋转"属性管理器；在"旋转轴"选项组中，选择图 10-80 中的中心线，其他选项设置如图 10-81 所示。单击"确定"按钮，完成曲面旋转。将视图以合适的方向显示，如图 10-82 所示。

14 创建基准面。单击"特征"选项卡"参考几何体"下拉列表中的"基准面"按钮，系统弹出"基准面"属性管理器；在"第一参考"选项组中，选择 FeatureManager 设计树中的"前视基准面"选项，在"偏移距离"栏中输入 2900.00mm（注意，基准面在上视基准面的右侧），单击"确定"按钮，完成基准面的创建，如图 10-83 所示。

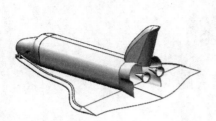

图 10-79　镜向曲面实体

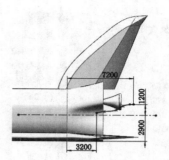

图 10-80　绘制曲面旋转草图

图 10-81　"曲面 - 旋转"属性管理器

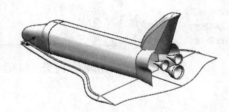

图 10-82　旋转曲面

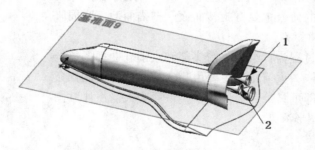

图 10-83　创建基准面

(15) 镜向曲面实体。单击"特征"选项卡中的"镜向"按钮 ⋈ℍ，系统弹出"镜向"属性管理器；在"镜向面 / 基准面"选项组中，选择 FeatureManager 设计树中的"基准面 9"选项；在"要镜向的实体"选项组中，选择图 10-83 中的曲面实体 1 和曲面实体 2，单击"确定"按钮 ✔，完成镜向操作。

至此，完成航天飞机模型的创建。航天飞机模型及其 FeatureManager 设计树如图 10-84 所示。

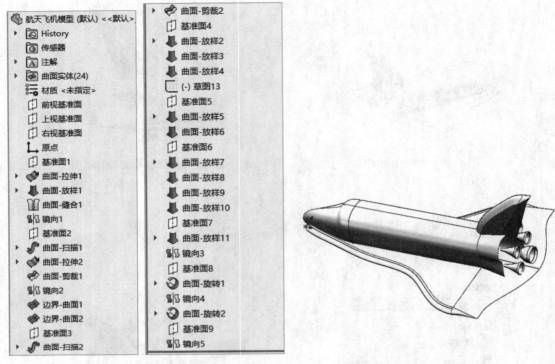

图 10-84　航天飞机模型及其 FeatureManager 设计树

10.2　火箭

火箭模型如图 10-85 所示，由火箭主体、火箭尾部和箭体文字组成。绘制该模型的命令主要有旋转曲面、扫描曲面、圆周阵列曲面实体以及缝合曲面等。

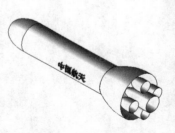

火箭主体的绘制过程为：绘制火箭头部和火箭仓曲面，缝合为一体，构成火箭主体；火箭尾部主要由喷气槽组成，绘制样条曲线，然后旋转曲面即可；绘制箭体文字，最后为火箭主体贴图并设置布景，将火箭图形渲染。

图 10-85　火箭模型

10.2.1　新建文件

01 启动软件。执行"开始"→"所有应用"→"SOLIDWORKS 2024"菜单命令，或者双击桌面上的 SOLIDWORKS 2024 的快捷方式按钮，就可以启动该软件。

02 创建零件文件。执行"文件"→"新建"菜单命令，或者单击"快速访问"工具栏中的"新建"按钮，系统弹出"新建 SOLIDWORKS 文件"对话框，在其中选择"零件"按钮，单击"确定"按钮，创建一个新的零件文件。

03 保存文件。执行"文件"→"保存"菜单命令，或者单击"快速访问"工具栏中的"保存"按钮 ，系统弹出"另存为"对话框。在"文件名"文本框中输入"火箭"，单击"保存"按钮，创建一个文件名为"火箭"的零件文件。

10.2.2　绘制火箭主体

01 设置基准面。在左侧的 FeatureManager 设计树中选择"前视基准面"，单击"视图（前导）"工具栏"视图定向"下拉列表中的"正视于"按钮 ，将该基准面作为绘制图形的基准面。

02 绘制草图。单击"草图"选项卡中的"样条曲线"按钮 和"中心线"按钮 ，绘制如图 10-86 所示的草图并标注尺寸。

03 旋转曲面。单击"曲面"选项卡中的"旋转曲面"按钮 ，或者执行"插入"→"曲面"→"旋转曲面"菜单命令，系统弹出如图 10-87 所示的"曲面 - 旋转"属性管理器。在"旋转轴"栏中，选择图 10-86 中的水平中心线，其他设置参考图 10-87 所示。单击属性管理器中的"确定"按钮 ，完成曲面旋转。

04 设置视图方向。单击"视图（前导）"工具栏"视图定向"下拉列表中的"等轴测"按钮 ，将视图以等轴测方向显示，结果如图 10-88 所示。

05 添加基准面。单击"特征"选项卡"参考几何体"下拉列表中的"基准面"按钮 ，或者执行"插入"→"参考几何体"→"基准面"菜单命令，系统弹出如图 10-89 所示的"基准面"属性管理器。在"参考实体"栏中，选择 FeatureManager 设计树中的"右视基准面"，在"偏移距离"栏中 输入值 1000.00mm，注意添加基准面的方向。单击属性管理器中的"确定"按钮 ，添加一个基准面。

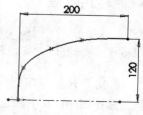

图 10-86　绘制草图

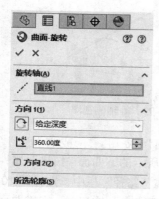

图 10-87　"曲面 - 旋转"属性管理器

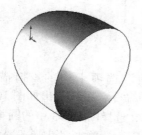

图 10-88　旋转曲面

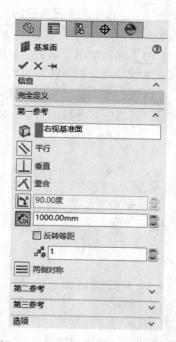

图 10-89　"基准面"属性管理器

06 设置视图方向。单击"视图（前导）"工具栏"视图定向"下拉列表中的"等轴测"按钮🔲，将视图以等轴测方向显示，结果如图 10-90 所示。

07 设置基准面。在左侧的 FeatureManager 设计树中选择"基准面 1"，将该基准面作为绘制图形的基准面。

 技巧荟萃

不要单击"视图（前导）"工具栏"视图定向"下拉列表中的"正视于"按钮⬆️，将基准面正视，这样主要是为了下一步方便执行"转换实体引用"命令。

08 转换草图实体。单击"草图"选项卡中的"草图绘制"按钮▭，进入草图绘制状态，选择图 10-90 中的边线 1，单击"草图"选项卡中的"转换实体引用"按钮📦，将边线 1 转换为草图实体，结果如图 10-91 所示，退出草图绘制状态。

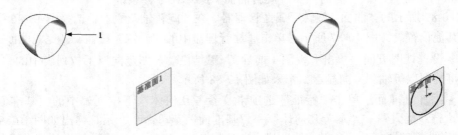

图 10-90　添加基准面　　　　　　　　　　图 10-91　转换草图实体

09 设置基准面。在左侧的 FeatureManager 设计树中选择"上视基准面"，然后单击"视图（前导）"工具栏"视图定向"下拉列表中的"正视于"按钮⬆️，将该基准面作为绘制图形的基准面。

10 绘制草图。单击"草图"选项卡中的"直线"按钮╱，绘制如图 10-92 所示的直线，注意直线的端点分别与曲面边线和草图圆上的点重合，退出草图绘制状态。

11 设置视图方向。单击"视图（前导）"工具栏"视图定向"下拉列表中的"等轴测"按钮🔲，将视图以等轴测方向显示，结果如图 10-93 所示。

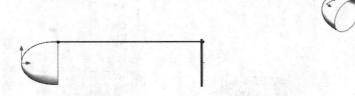

图 10-92　绘制草图　　　　　　　　　　图 10-93　等轴测视图

12 扫描曲面。单击"曲面"选项卡中的"扫描曲面"按钮🔩，或者执行"插入"→"曲面"→"扫描曲面"菜单命令，系统弹出如图 10-94 所示的"曲面 - 扫描"属性管理器。在属性管理器的"轮廓"栏中，选择图 10-93 中的圆 1；在"路径"栏中，选择图 10-93 中的直线 2，其他设置参考图 10-94 所示，单击属性管理器中的"确定"按钮✔️，完成曲面扫描，结果如图 10-95 所示。

13 缝合曲面。单击"曲面"选项卡中的"缝合曲面"按钮 🗑，或者执行"插入"→"曲面"→"缝合曲面"菜单命令，系统弹出如图 10-96 所示的"缝合曲面"属性管理器。在"选择"栏中，选择"曲面 - 旋转 1"和"曲面 - 扫描 1"，单击属性管理器中的"确定"按钮 ✓，将两个曲面缝合。

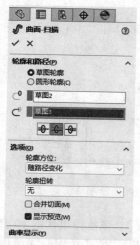

图 10-94　"曲面 - 扫描"属性管理器

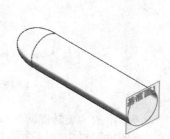

图 10-95　扫描曲面后的图形

图 10-96　"曲面 - 缝合"属性管理器

10.2.3　绘制火箭尾部

01 设置基准面。在左侧的 FeatureManager 设计树中选择"上视基准面"，然后单击"视图（前导）"工具栏"视图定向"下拉列表中的"正视于"按钮 ↨，将该基准面作为绘制图形的基准面。

02 绘制草图。单击"草图"选项卡中的"样条曲线"按钮 ∿ 和"中心线"按钮 ⋰，绘制如图 10-97 所示的草图并标注尺寸。

03 旋转曲面。单击"曲面"选项卡中的"旋转曲面"按钮 ⦿，或者执行"插入"→"曲面"→"旋转曲面"菜单命令，系统弹出如图 10-98 所示的"曲面 - 旋转"属性管理器。在"旋转轴"栏中，选择图 10-97 中的水平中心线，其他设置参考图 10-98 所示。单击属性管理器中的"确定"按钮 ✓，完成旋转曲面。

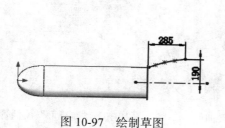

图 10-97　绘制草图

图 10-98　"曲面 - 旋转"属性管理器

04 设置视图方向。单击"视图（前导）"工具栏"视图定向"下拉列表中的"等轴测"按钮，将视图以等轴测方向显示，结果如图 10-99 所示。

05 设置基准面。在左侧的 FeatureManager 设计树中选择"上视基准面"，单击"视图（前导）"工具栏中"视图定向"下拉列表的"正视于"按钮，将该基准面作为绘制图形的基准面。

06 绘制草图。单击"草图"选项卡中的"样条曲线"按钮和"中心线"按钮，绘制如图 10-100 所示的草图并标注尺寸。

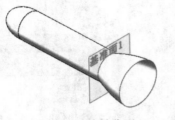

图 10-99　旋转曲面

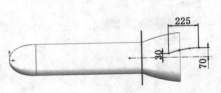

图 10-100　绘制草图

07 旋转曲面。单击"曲面"选项卡中的"旋转曲面"按钮，系统弹出如图 10-101 所示的"曲面 - 旋转"属性管理器。在"旋转轴"栏中，选择图 10-100 中的水平中心线，其他设置参考图 10-101 所示。单击属性管理器中的"确定"按钮，完成曲面旋转。

08 设置视图方向。单击"视图（前导）"工具栏"视图定向"下拉列表中的"等轴测"按钮，将视图以等轴测方向显示，结果如图 10-102 所示。

09 添加基准面。单击"特征"选项卡"参考几何体"下拉列表中的"基准面"按钮，或者执行"插入"→"参考几何体"→"基准面"菜单命令，系统弹出如图 10-103 所示的"基准面"属性管理器。在"参考实体"栏中，选择 FeatureManager 设计树中的"上视基准面"，在"偏移距离"栏中输入值 120.00mm，注意添加基准面的方向为上视基准面的上侧。单击属性管理器中的"确定"按钮，添加一个基准面。

图 10-101　"曲面 - 旋转"属性管理器

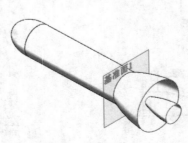

图 10-102　旋转曲面

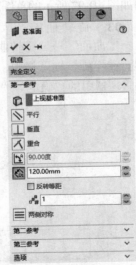

图 10-103　"基准面"属性管理器

10　设置视图方向。单击"视图（前导）"工具栏"视图定向"下拉列表中的"等轴测"按钮🔲，将视图以等轴测方向显示，结果如图 10-104 所示。

11　设置基准面。在左侧的 FeatureManager 设计树中选择"基准面 2"，然后单击"视图（前导）"工具栏"视图定向"下拉列表中的"正视于"按钮⚓，将该基准面作为绘制图形的基准面。

12　绘制草图。单击"草图"选项卡中的"样条曲线"按钮 Ⴖ 和"中心线"按钮 ✏️，绘制如图 10-105 所示的草图并标注尺寸。

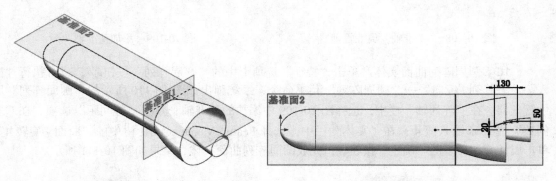

图 10-104　添加基准面　　　　　　　　　　图 10-105　绘制草图

13　旋转曲面。单击"曲面"选项卡中的"旋转曲面"按钮🌀，系统弹出如图 10-106 所示的"曲面 - 旋转"属性管理器。在"旋转轴"栏中，选择图 10-105 中的水平中心线，其他设置参考图 10-106 所示。单击属性管理器中的"确定"按钮✔️，完成旋转曲面。

14　设置视图方向。单击"视图（前导）"工具栏"视图定向"下拉列表中的"等轴测"按钮🔲，将视图以等轴测方向显示，结果如图 10-107 所示。

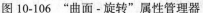

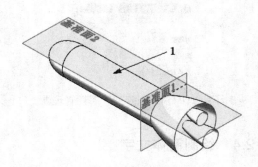

图 10-106　"曲面 - 旋转"属性管理器　　　　图 10-107　旋转曲面

15　添加基准轴。单击"特征"选项卡中的"基准轴"按钮 ⟋，或者执行"插入"→"参考几何体"→"基准轴"菜单命令，系统弹出如图 10-108 所示的"基准轴"属性管理器。在"参考实体"栏中，选择图 10-108 中的面 1，此时"基准轴"属性管理器如图 10-108 所示。单击属性管理器中的"确定"按钮✔️，添加一个基准轴，结果如图 10-109 所示。

图 10-108　"基准轴"属性管理器

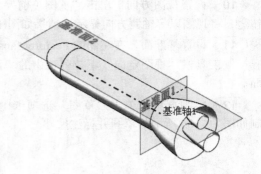

图 10-109　添加基准轴

16 圆周阵列曲面实体。单击"特征"选项卡中的"圆周阵列"按钮，或者执行"插入"→"阵列 / 镜向"→"圆周阵列"菜单命令，系统弹出如图 10-110 所示的"圆周阵列"属性管理器。在"阵列轴"栏中，选择图 10-109 中添加的基准轴；点选"等间距"选项，在"实例数"栏中输入值 4；在"实体"栏中，选择 FeatureManager 设计树中的"曲面 - 旋转 4"。单击属性管理器中的"确定"按钮，完成圆周阵列曲面实体，结果如图 10-111 所示。

图 10-110　"圆周阵列"属性管理器

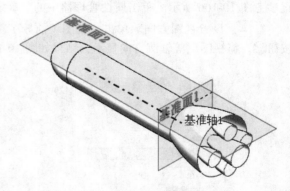

图 10-111　圆周阵列后的图形

10.2.4　绘制箭体文字

01 添加基准面。单击"特征"选项卡"参考几何体"下拉列表中的"基准面"按钮，系统弹出如图 10-112 所示的"基准面"属性管理器。在"参考实体"栏中，选择 Feature-Manager 设计树中的"右视基准面"，在"偏移距离"栏中输入值 200.00mm，注意添加基准面的方向。单击属性管理器中的"确定"按钮，添加一个基准面。

02 设置视图方向。单击"视图（前导）"工具栏"视图定向"下拉列表中的"等轴测"按钮，将视图以等轴测方向显示，结果如图 10-113 所示。

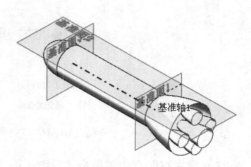

图 10-112　"基准面"属性管理器　　　　　图 10-113　添加基准面

03 设置基准面。在左侧的 FeatureManager 设计树中选择"基准面 3",单击"视图（前导）"工具栏"视图定向"下拉列表中的"正视于"按钮 🡇,将该基准面作为绘制图形的基准面。

04 绘制草图。单击"草图"选项卡"直线"下拉列表中的"中心线"按钮 ✏ 和"圆"按钮 ⊙,绘制如图 10-114 所示的草图并标注尺寸。

05 剪裁草图实体。单击"草图"选项卡中的"剪裁实体"按钮 ✂,将图 10-114 中的中心线右侧的半圆剪裁掉,结果如图 10-115 所示。

图 10-114　绘制草图　　　　　　　　　　图 10-115　剪裁草图实体

06 拉伸曲面。单击"曲面"选项卡中的"拉伸曲面"按钮 ✦,或者执行"插入"→"曲面"→"拉伸曲面"菜单命令,系统弹出如图 10-116 所示的"曲面 - 拉伸"属性管理器。在"终止条件"栏的下拉菜单中,选择"给定深度"选项,在"深度"栏中 ⟳ 输入值 800.00mm,注意曲面拉伸的方向。单击属性管理器中的"确定"按钮 ✓,完成拉伸曲面。

图 10-116　"曲面 - 拉伸"属性管理器

07 设置视图方向。单击"视图（前导）"工具栏"视图定向"下拉列表中的"等轴测"按钮，将视图以等轴测方向显示，结果如图 10-117 所示。

08 设置视图显示。执行"视图"→"隐藏 / 显示"→"基准面"和"基准轴"菜单命令，取消视图中基准面和基准轴的显示，结果如图 10-118 所示。

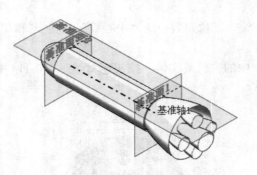

图 10-117　拉伸曲面

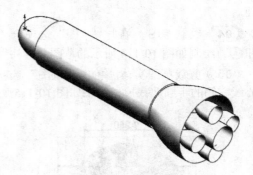

图 10-118　设置视图显示

09 设置基准面。在左侧的 FeatureManager 设计树中选择"前视基准面"，然后单击"视图（前导）"工具栏"视图定向"下拉列表中的"正视于"按钮，将该基准面作为绘制图形的基准面。

10 绘制草图文字。单击"草图"选项卡中的"文本"按钮，或者执行"工具"→"草图绘制实体"→"文本"菜单命令，系统弹出如图 10-119 所示的"草图文字"属性管理器。在"文字"栏中输入"中国航天"，单击取消勾选"使用文档字体"选项，再单击属性管理器下面的"字体"按钮，系统弹出如图 10-120 所示的"选择字体"对话框。在"高度"的"单位"栏中设置字体为 50.00mm，单击"确定"按钮。调整草图文字在视图中的位置。单击属性管理器中的"确定"按钮，完成草图文字的输入，结果如图 10-121 所示。

图 10-119　"草图文字"属性管理器

图 10-120　"选择字体"对话框

图 10-121　输入草图文字

11 拉伸草图文字。单击"曲面"选项卡中的"拉伸曲面"按钮，或者执行"插入"→"曲面"→"拉伸曲面"菜单命令，系统弹出如图 10-122 所示的"曲面 - 拉伸"属性管理器。在"终止条件"栏的下拉菜单中，选择"成形到面"选项，在"面 / 平面"栏中，选择 FeatureManager 设计树中的"曲面 - 拉伸 1"。单击属性管理器中的"确定"按钮，完成草图文字拉伸。

12 设置视图方向。单击"视图（前导）"工具栏"视图定向"下拉列表中的"等轴测"按钮，将视图以等轴测方向显示，结果如图 10-123 所示。

13 隐藏曲面。右键单击 FeatureManager 设计树中的"曲面 - 拉伸 1"，系统弹出如图 10-124 所示的右键快捷菜单。单击"隐藏"选项，将该曲面在视图中隐藏，结果如图 10-125 所示。

火箭模型及其 FeatureManager 设计树如图 10-126 所示。

图 10-122　"曲面 - 拉伸"
属性管理器图

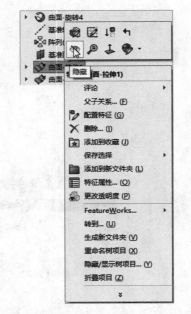

图 10-123　拉伸草图文字　　　　图 10-124　右键快捷菜单　　　　图 10-125　隐藏曲面后的图形

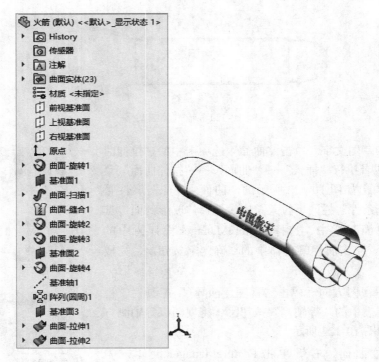

图 10-126　火箭模型及其 FeatureManager 设计树